AF357053

GÉOLOGIE

ET

VOLCANS ÉTEINTS

DU CENTRE DE LA FRANCE.

« Ce n'est pas avec d'immenses connaissances qu'on parvient
toujours à mieux voir que les autres; c'est par une bonne méthode toujours secondée de l'observation, surtout l'observation.
C'est ce qui fait que le chimiste, enfermé au milieu de son laboratoire et de ses fourneaux, est souvent un médiocre naturaliste
et un mauvais géologue : il voit bien là peut-être comment la
nature a fait dans une pierre; mais c'est dans les champs, c'est
sur la cime des monts, qu'on voit comment elle a fait sur le
globe. »

Montlosier, Essai sur la théorie des volcans
d'Auvergne, p. 159.

« Il n'y a peut-être pas dans tout l'univers une contrée où
les terrains volcaniques soient plus variés, mieux liés entre eux,
et par conséquent plus instructifs, que le milieu de la France. »

De Buch, Lettre à Pictet.

GÉOLOGIE

ET

VOLCANS ÉTEINTS

DU CENTRE DE LA FRANCE

PAR

G. POULETT-SCROPE

MEMBRE DU PARLEMENT, DE LA SOCIÉTÉ ROYALE, DE LA SOCIÉTÉ GÉOLOGIQUE DE LONDRES, ETC.

TRADUIT DE L'ANGLAIS SUR LA DEUXIÈME ÉDITION

PAR

Ed. VIMONT

Bibliothécaire de la Ville de Clermont-Ferrand.

Ouvrage accompagné de deux Cartes géologiques tirées en couleurs
de Planches et de Vues panoramiques dont une coloriée.

CLERMONT-F^d   PARIS

F^d THIBAUD, IMPR.-LIBR.   CH. DUMOULIN, LIBRAIRE

Rue St-Genès, 8-10.   Quai des Augustins, 13.

1866.

AVERTISSEMENT DU TRADUCTEUR.

L'ouvrage dont nous offrons la traduction au public est
à peu près le seul où les terrains volcaniques de l'Auvergne et des régions voisines soient traités d'*ensemble* avec
quelque détail. Resserré dans les bornes d'un volume
in-8°, il n'en présente pas moins l'exposé suffisamment
complet des phénomènes géologiques si intéressants, si
instructifs, qu'on rencontre à chaque pas dans cette partie de la France. Chacune des subdivisions des terrains
volcaniques y est étudiée et détaillée à son tour ; tandis
que de grands traits esquissent la disposition générale du
sol granitique dont est composé le plateau central de la
France, et que plusieurs chapitres nous montrent la configuration et la nature des différentes formations lacustres qu'on y remarque, et dont la Limagne d'Auvergne
constitue la plus importante. La simplicité de la méthode
d'exposition, ainsi que la netteté et la précision du style
de l'auteur, netteté et précision que nous nous sommes
efforcé de rendre autant qu'il nous a été possible, et qui,
du reste, facilitaient notre tâche de traducteur ; tout cela

en fait un livre qu'on peut mettre, pour ainsi dire, dans toutes les mains. Utile au géologue de profession, il n'en sera pas moins facilement compris par le simple amateur de géologie, par celui même qui ne possède que quelques notions élémentaires de cette science. Ajoutons enfin que la forme adoptée et la disposition des matières ont été combinées de telle sorte que l'ouvrage puisse servir de guide du voyageur et du curieux au milieu des volcans français. On peut donc le considérer comme le vrai VADE MECUM *du touriste géologue en Auvergne ;* et celui-ci reconnaîtra à chaque pas la scrupuleuse exactitude qui y règne, et la connaissance étendue que l'auteur avait de la région qu'il décrit, connaissance qu'on trouve rarement au même point chez quelqu'un qui n'a jamais fait son séjour habituel du pays, mais qui l'a parcouru en voyageur amoureux de la science.

Si seulement ce livre pouvait amener en Auvergne quelque voyageur désireux de voir par lui-même les phénomènes volcaniques, d'un si puissant intérêt, qui y sont décrits, le traducteur se trouverait trop payé de ses soins. Il dirait comme Titus : « Je n'ai pas perdu ma journée. » Hélas ! l'Auvergne est peu ou mal connue, surtout en France. Et cependant on y voit, écrite sur son sol en traits larges et non effacés, l'histoire d'une suite d'événements grandioses qui remontent à une antiquité à côté de laquelle la date la plus reculée qu'aient consignée les Annales des nations semble n'être que d'hier. On saisit, on voit encore ces événements si anciens. Lisez seulement l'éloquente et remarquable page de l'éminent géologue anglais,

Sir Ch. Lyell, ce grand vulgarisateur de la science géologique, qui joint le talent de l'écrivain et de l'orateur à celui du savant, page qui termine cet ouvrage. Lisez cette page, et vous comprendrez alors tout l'attrait qui s'attache à l'Auvergne et aux régions volcaniques circonvoisines.

Des gravures nombreuses et importantes, ainsi que deux cartes géologiques accompagnant le texte, le complètent et l'éclaircissent. Utiles au voyageur en ce qu'elles lui permettront de retrouver sur place et de reconnaître à première vue les principaux traits du pays, elles mettront ces traits sous les yeux du simple lecteur et les lui représenteront d'une manière plus sensible que ne pourrait le faire le texte seul. Ces planches sont certainement parmi les plus fidèles qu'on ait faites sur l'Auvergne, dont on a, presque toujours, étrangement défiguré les sites, souvent rendus tout à fait méconnaissables dans les trop nombreux dessins, plus qu'inexacts, qu'on en a donnés. L'Auvergne a été réellement malheureuse sous ce rapport ; et il semblerait qu'un sort fatal ait été jeté sur elle.

Pour ce qui est des vues théoriques qui sont exposées dans l'ouvrage, on verra qu'elles sont généralement déduites et développées avec logique et simplicité. Un grand nombre, parmi elles, seront admises sans conteste ; et s'il n'en est pas ainsi de toutes, on avouera qu'il n'en est pas moins intéressant de les étudier, ne fût-ce que pour les connaître. D'ailleurs, la lumière ne jaillit-elle pas du choc ; la vérité ne naît-elle pas de la discussion ? Nous faisons ici allusion à l'hypothèse, admise par tant de géologues, relativement à l'état présumé de fluidité incandescente de la masse intérieure du globe terrestre. L'auteur est un ardent adversaire de cette hypothèse qu'il ne néglige en aucune occasion de combattre, et qui, d'ailleurs, après avoir comme fait foi dans l'école, est aujourd'hui attaquée et battue en brèche par les arguments les plus sérieux. Son affirmation, trop absolue, ne pourrait avoir pour résultat que d'entraver les progrès de la science géologique elle-même, et de lui faire prendre une fausse direction, qui ne serait alors que la voie de l'erreur. Quelque séduisante qu'elle paraisse au premier abord, la doctrine de la fluidité ignée du globe n'est pas moins des plus contestables. Quoi qu'on ait dit, elle n'est point du tout essentielle pour arriver à l'explication des dislocations, des soulèvements, des tremblements de terre, des volcans et des autres phénomènes géologiques, qui se déduisent tout aussi bien avec la supposition de la solidité de la terre. Dans un volume tout récent, M. Emm. Liais l'a vivement attaquée, spécialement au point de vue astronomique et mathématique. S'appuyant sur les phénomènes de la nutation et de la précession des équinoxes, M. Liais a trouvé que le résultat du calcul appliqué à ces phénomènes est entièrement défavorable aux fluidistes. Pour nous, dans un ordre d'idées analogues, nous nous bornerons à ajouter que l'influence qu'on a accordée aux soulèvements, en ce qui regarde les grandes masses volcaniques de l'Auvergne, le Mont-Dore, par exemple, nous paraît peu justifiée, ou tout au moins fort exagérée. Nous croyons même qu'il serait assez facile de démontrer, d'une façon convaincante, que le soulèvement n'est pour rien, ou qu'il n'est que pour presque rien, dans l'exhaussement du massif montagneux du Mont-Dore.

En terminant, qu'il nous soit permis d'exprimer publiquement nos remercîments à **M.** Poulett-Scrope pour l'accueil tout gracieux, les encouragements et l'appui qu'il a donnés à nos efforts pour faire passer son ouvrage dans notre langue. Que le savant géologue reçoive ici l'expression de notre respectueuse gratitude pour la façon dont il a mis à notre disposition les cartes et les planches qui le complètent, sans parler de l'occasion qu'il nous a fournie de vulgariser en France un bon livre, et de contribuer à faire connaître et apprécier davantage les chères montagnes de notre province natale.

TABLE DES MATIÈRES.

TABLE DES CARTES ET PLANCHES [*].

[*] Devront être placées en regard de la page indiquée.

ERRATA.

Pages Lignes.

5	1	*au lieu de :* **Ce** livre, ma première tentative,... etc., *lisez :* Ce livre, ma première tentative comme auteur, quoique assez bien conçu et ordonné, et même assez bien imprimé, n'était pas suffisant pour amener une critique,... etc.
12	19	*au lieu de :* ces traces, *lisez :* les traces.
20	31	*au lieu de :* adjacent, *lisez :* adjacents.
28	32	*au lieu de :* les éruptions, *lisez :* des éruptions.
48	21	*au lieu de :* pour eux-mêmes, *lisez :* par eux-mêmes.
57	23	*au lieu de :* distincs, *lisez :* distincts.
129	22	*au lieu de :* l'une de l'autre parmi les variétés, *lisez :* l'une de l'autre. Parmi les variétés.....
159	31	*au lieu de :* comme dans les vallées de Salers et du Falgoux, *lisez :* comme dans les vallées de St-Paul-de-Salers et du Falgoux.
160	20	*au lieu de :* le puy Griou, séparé d'un massif de phonolite, le Plomb du Cantal, etc., *lisez :* le puy Griou, massif de phonolite séparé du Plomb du Cantal.....
169	23	*au lieu de :* composés de trachyte, *lisez :* composés de phonolite.
197	6	*avant :* Chillac, St-Arcons, *ajoutez :* St-Ilpize.

EXPLICATION

DES

CARTES ET PLANCHES.

CARTES.

N° 1. — *Carte du district volcanique du centre de
la France.*

Cette carte comprend la plus grande partie du plateau primaire, et contient les départements du *Puy-de-Dôme*, de la
Loire, du *Rhône*, de la *Haute-Loire*, du *Cantal*, de l'*Ardèche*
et de la *Lozère*, ainsi qu'une partie de l'*Aveyron*, de la *Corrèze*,
de la *Creuse* et de l'*Allier*. Les espaces occupés par les produits
volcaniques sont distingués par des teintes, de même que les principales formations cristallines et sédimentaires, ainsi que plusieurs bassins houillers. Cette carte est tirée en grande partie de
la *Carte géologique de France*. On a supprimé les subdivisions
qui l'auraient trop chargée à cause de la réduction de l'échelle.

N° 2. — *Carte des Monts Dôme comprenant une portion
de la Limagne.*

Cette carte comprend la chaîne des Puys qui s'élèvent au-
dessus du plateau granitique qui sépare l'Allier de la Sioule.
Les couleurs indiquent l'étendue de la surface recouverte par
les cônes volcaniques et leurs coulées de lave. Elles montrent
aussi les limites des formations primaire et lacustre, et les courants basaltiques plus anciens qui ont coulé du Mont-Dore dans
cette direction.

GRAVURES.

PLANCHE Ire.

Panorama circulaire des environs de Clermont, pris du sommet du puy Girou, pic conique de basalte columnaire, situé à environ 6 kilomètres au sud de cette ville.

Comme on a été forcé de diviser cette vue panoramique en deux parties, les lettres placées sur les marges latérales de la gravure indiquent comment elles se raccordent, A B se continuant avec A B et C D avec C D, de façon à former un cercle complet. Les directions suivant les quatre points cardinaux sont inscrites au-dessous du dessin.

À l'ouest on remarque la chaîne des puys des Monts-Dôme avec le Puy-de-Dôme au centre, se dressant au-dessus du large plateau granitique. Au nord s'étend le bassin de Clermont, creusé dans la formation lacustre, et dominé par la falaise primaire sur la crête de laquelle s'élève le cône volcanique récent de Gravenoire. Par delà Clermont, on aperçoit les plateaux basaltiques des Côtes et de Chanturgues ; et en face, en avant de la ville, le pic basaltique aigu que couronnent les ruines du château de Montrognon. Vers l'est, et au-dessus du village d'Opme, s'élève le puy de Jussat et, derrière lui, le plateau de Gergovia, tous deux très-probablement jadis continus avec le basalte du puy Girou. Au sud, on embrasse en totalité le plateau basaltique de la Serre qui repose en partie sur le granite et en partie sur les marnes d'eau douce, et se termine au village du Crest. Au delà de ce plateau, s'élèvent les sommités trachytiques du Mont-Dore et ses ramifications basaltiques, ainsi que les plateaux ou les pics basaltiques isolés de St-Sandoux, de St-Saturnin, de Corent, de Monton, etc.

L'horizon est fermé par les montagnes du département de la Haute-Loire. Immédiatement au-dessous de ces hauteurs lointaines apparaît l'Allier, resserrée par la grande quantité

de basalte qui, des environs du Mont-Dore, a coulé dans cette direction. Au delà de cette rivière, se montre un groupe détaché de collines à chapeaux basaltiques principalement constituées par le calcaire d'eau douce, mais aussi en partie par le granite et les grès tertiaires. Ce sont les puys de Mireflcurs, de St-Romain, de St-Maurice, de Dallet, etc. L'Allier coule au pied de cette chaîne de collines, et s'engage immédiatement après dans la partie la plus élargie de la Limagne d'Auvergne, qui n'est plus bornée vers l'est que par la chaîne distante du Forez qui se déploie à l'horizon au nord-est de notre station. Le cône de Gravenoire et la coulée de lave qui s'échappe de ses flancs, et va de là s'étaler largement sur la plaine inférieure, attirent l'attention du spectateur quand il se tourne vers le nord.

PLANCHE II.

Vue lointaine de la chaîne des puys ou Monts-Dôme, prise d'un reste de basalte qui couronne l'escarpement oriental de la vallée de la Sioule, à peu de distance de Pontgibaud. Presque tous les cônes qui la composent sont visibles de ce point ; les plus apparents sont ceux de Louchadière et de Côme. On distingue les coulées de laves vomies par ces deux bouches qui s'étalent en larges nappes à partir de la base des cônes sur une vaste étendue du plateau granitique, et qui se réunissent immédiatement au-dessus du château de Pontgibaud pour se précipiter le long de l'escarpement de la vallée de la Sioule en une large nappe, cependant en partie cachée par des bois et des broussailles. La partie de la coulée qui occupe l'ancien lit de la Sioule est, au contraire, encore apparente et hérissée, sa surface se présentant sous l'aspect d'une série d'amas de blocs basaltiques détachés les uns des autres. Entre cette coulée et l'escarpement granitique qu'on voit à droite, la rivière se brise et écume dans un étroit canal qu'elle s'est creusé en rongeant le granite. A l'angle qui est immédiatement au-dessous du spectateur, le basalte offre une structure prismatique régulière.

Au loin, sur la droite, apparaît le profil des sommités trachytiques centrales et des plateaux du Mont-Dore, où la Sioule prend sa source.

PLANCHE III.

Vue transversale de la chaîne des puys, prise du sommet du puy Chopine. Le cône des Gouttes qui entoure à moitié le puy Chopine, forme le premier plan. Le puy de Côme et le commencement de sa coulée se voient à l'extrême droite ; les puys de Dôme, de Clierzou, les deux Suchet, Pariou et l'origine de sa coulée, etc., ainsi que le puy de Chaumont se montrent à gauche. Le Mont-Dore et les montagnes du Forez et de la Haute-Loire bordent l'horizon de droite à gauche. L'observateur fait exactement face au sud.

PLANCHE IV.

Vue latérale de la partie nord de la chaîne des puys, prise du côté de l'est, entre Volvic et Chanat. On remarque vers la droite le cône et le cratère de la Nugère ; une coulée de lave semble encore bouillonner sur un de ses flancs ; après avoir entouré une éminence de granite, elle pénètre dans la vallée de Volvic qu'elle enfile en se dirigeant vers la plaine de la Limagne. Immédiatement à gauche du puy de la Nugère est un groupe de cônes boisés, connus sous les noms de Jumes, de la Coquille et de Levronne, du pied desquels une nappe de lave s'étend sur la surface du plateau granitique, et, pénétrant dans une gorge étroite, située entre le point d'où la vue est prise et le puy de Chanat, visible sur la gauche de la planche, parvient à la plaine basse de la Limagne qu'elle a inondée sur un large espace (Voyez *carte des Monts-Dôme*, et p. 210 et seq.). La configuration remarquable du grand Sarcouy se distingue très-bien de cet endroit. C'est une masse de trachyte terreux et poreux, et il s'élève entre le petit Sarcouy et le puy des Goules, deux cônes de scories avec lesquels il est étroitement uni. On peut observer au milieu de la planche le puy Chopine, étrange amas de roches,

moitié granite et moitié trachyte, reposant sur du basalte et se dressant au milieu du cratère du puy des Gouttes.

Planche V.

Vue transversale de la partie sud de la chaîne des puys, prise du sommet du puy de la Rodde. Au centre apparaissent les cratères ébréchés de Charmont, de Lassolas et de la Vache, du fond de chacun desquels est sortie une coulée de lave. Celles des deux derniers cônes descendent ensemble vers l'est, passent derrière le puy de Charmont, et ont donné naissance au lac d'Aydat en barrant le cours de la rivière de la Veyre qui descend du Mont-Dore. Au-dessous du lac, cette lave continue à occuper le lit étroit du cours d'eau, creusé à travers le granite, jusqu'au village de Tallende, à une distance de 24 kilomètres (Voyez *carte des Monts-Dôme*).

Au delà du lac, on aperçoit le plateau basaltique de la Serre, et le château de Montredon, bâti sur un pic isolé de basalte jadis continu avec la Serre. A la gauche du dessin, sont les puys de Combegrasse, de la Taupe, de Montgy, de Pourcharet, de Montjugheat et de Montchal. Au pied de cette dernière montagne, est située la ferme de *M. le comte de Montlosier*, auteur de l'*Essai sur les volcans d'Auvergne*; ferme qu'il créa au milieu de ce désert volcanique, et où il réussit à transformer cette aride plaine de scories en champs de blé productifs; nonobstant sa grande élévation, l'endroit est abrité par le groupe circulaire des cônes volcaniques, et la fertilité du sol est incontestable. M. de Montlosier est mort en 1840, et y a été enterré, l'influence des jésuites, dont il avait démasqué les intrigues dans ses remarquables écrits politiques, ayant empêché de l'inhumer dans un terrain consacré.

Planche VI.

Vallée de Villars et plateau de Prudelles, au sommet de l'escarpement granitique à gauche. Au-dessous une voie ro-

maine pavée est assise sur la coulée de lave relativement récente de Pariou. Le ravin à droite a été creusé depuis l'épanchement de cette lave à travers le versant granitique de droite.

Planche VII.

Vue générale du Mont-Dore, prise du pied du puy Gros,
d'où on embrasse à vol d'oiseau la vallée de la Dordogne où se
trouve le village des Bains. A l'extrémité supérieure de cette
vallée est un cirque profond qui paraît avoir été l'emplacement
de la bouche principale du volcan. Les principaux pics qui entourent cette gorge sont désignés dans la légende de la planche.
A partir de celui qu'on appelle le Roc de Cuzeau, sur la gauche, et du Cliergue situé sur la droite, deux larges plate-formes
de trachyte descendent graduellement vers le spectateur. La
première forme les plateaux de Durbize et de Langle, et on
voit dans les coupes formées par la vallée des Bains, qu'ils reposent sur le tuf ; celui-ci est à son tour superposé à une
nappe parallèle de phonolite, et cette dernière au basalte avec
interposition de conglomérat. A la cascade du Mont-Dore,
immédiatement au-dessus des Bains, cet ordre de superposition est très-évident (Voir *planche* 5). Le plateau de Rigolet,
de l'autre côté de la vallée, offre une semblable superposition,
comme on peut le voir dans la vallée de la Scie sur son flanc ouest.
Cette dernière vallée sépare le plateau de Rigolet d'une autre
large ramification, composée de lits répétés de trachyte, et
qui constitue le plateau de Bozat, au-dessous duquel le basalte
vient affleurer à la plaine de Chamablanc. La similitude d'élévation, d'inclinaison et de structure des plateaux de Langle et
de Rigolet vient appuyer l'opinion de ceux qui les regardent
comme ayant été jadis continus. Leur séparation peut avoir été
effectuée par un tremblement de terre local, et agrandie par la
force érosive de la rivière. La partie gauche de la planche est
occupée par une série d'éminences trachytiques en forme d'*am-
poules*, dont il est difficile de décider si elles se sont élevées sous
leurs formes actuelles irrégulièrement arrondies, de même que

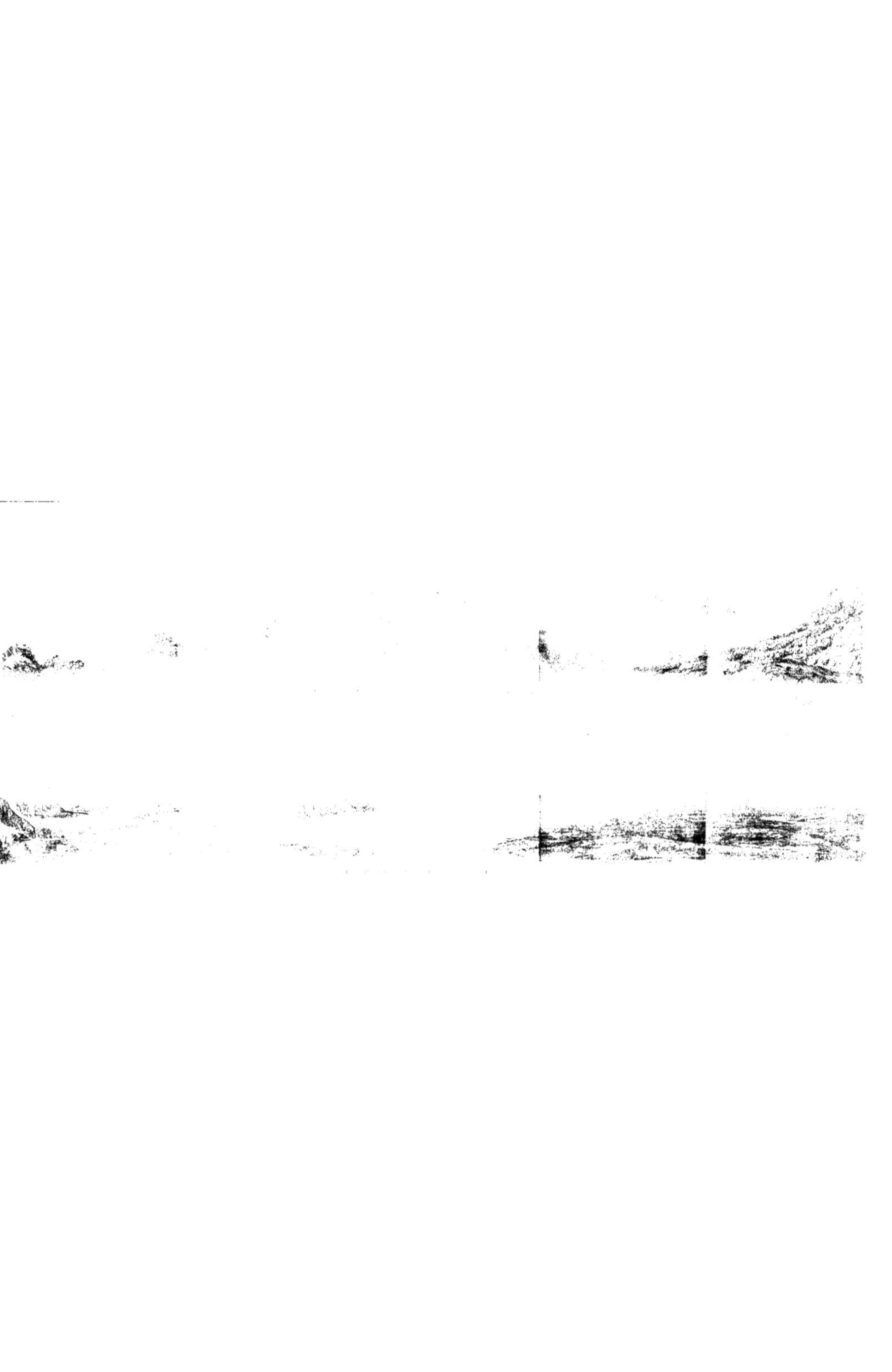

les puys trachytiques des Monts-Dôme, où si elles sont l'effet
de la résistance inégale aux agents de destruction d'une croupe
massive. Le basalte paraît en outre affleurer au-dessous des
trachytes, sur le flanc nord-est; mais, à cause de la grande
quantité de débris trachytiques accumulés le long des lignes
de jonction, il est difficile de trouver un fait positif de superposition. Les puys de Loucire et de Trioulerou, à l'extrême
gauche, sont formés d'un trachyte très-schisteux (phonolite),
variété qui prédomine dans cette direction.

Planche VIII.

Vue prise vers le nord, des environs du puy Gros, d'où on
domine une des vallées tributaires de la Sioule vers Rochefort.
Les roches Sanadoire et Tuilière (phonolite) se dressent très-
apparentes de chaque côté, et le puy de Loucire se montre
en partie à l'extrême droite.

Planche IX.

Vue de la vallée du Chambon, une des principales excavations qui sillonnent le Mont-Dore. Elle a son origine au centre
du groupe montagneux, et se dirige en droite ligne vers l'est.
La gorge profonde connue sous le nom de Chaudefour, qui
forme son extrémité supérieure et est probablement un des
derniers cratères centraux du volcan, est bornée par des escarpements perpendiculaires et ébouleux de trachyte, qui présente
trois ou quatre variétés superposées les unes aux autres en couches irrégulières avec des lits intercalés de tuf, le tout traversé
par des dykes de roche trachytique. A une faible distance des
sommités centrales, des nappes épaisses de basalte reposent
d'abord sur le trachyte, puis sur le granite fondamental; et
s'étalant au loin et en largeur sous forme de vastes plateaux,
descendent avec une pente graduelle vers la grande vallée de
l'Allier, cependant avec des interruptions occasionnées sur certains points par des excavations subséquentes, sur d'autres par

des soulèvements partiels dus peut-être aux convulsions du volcan. Ces nappes de basalte sont accompagnées sur toute leur
étendue par des dépôts irréguliers de conglomérats volcaniques, qui varient d'une brèche volcanique grossière à un fin
tuf ponceux. Les conglomérats supportent généralement le basalte ou alternent avec lui, spécialement à la partie inférieure
de la vallée où le granite est complétement recouvert par les
accumulations de produits volcaniques. Ce qui fait le principal
intérêt de cette Vue, c'est la bouche volcanique récente du Tartaret qui a éclaté au milieu de la vallée, et qui a barré la rivière par la masse des matériaux qu'elle a projetés en donnant
naissance au lac du Chambon, lequel s'étendait primitivement,
il est facile de le voir, jusqu'à l'entrée de la gorge de Chaudefour, mais a diminué d'étendue par suite de l'approfondisse-
ment de son canal de décharge. Immédiatement à la gauche du
cône du Tartaret, on peut apercevoir le commencement de sa
coulée de lave qui continue d'occuper l'ancien lit de la rivière
jusqu'à la distance de vingt-et-un kilomètres. Plus à gauche
s'élèvent les ruines du château de Murol qui était jadis une
puissante forteresse appartenant à la maison d'Estaing.

Planche X.

Vue de la montagne de Bonnevie, énorme faisceau de colonnes basaltiques qui domine la ville de Murat (Cantal). C'est
un lambeau détaché des courants répétés de basalte qui ont
coulé des hauteurs centrales du Cantal et qu'on aperçoit au
delà formant une ligne d'escarpements.

Planche XI.

*Panorama circulaire du bassin du Puy et des montagnes
du Mézenc*, pris de la colline d'Ours et Mons, près de cette
ville (Haute-Loire). [Les teintes indiquent : jaune, granite ;
bleu, phonolite ; rougeâtre, scories ; parties ombrées, basalte ;
parties claires, terrain lacustre.]

La vue qu'on découvre de ce point est extrêmement instructive ; car elle embrasse tous les traits principaux de cette région
intéressante et singulière. La colline d'Ours et Mons est un double cône volcanique d'origine récente, quoique ses cratères aient
disparu. Les éruptions qui lui ont donné naissance ont éclaté à
travers une vaste couche de brèche volcanique et de basalte,
encore apparente au village d'Ours, et qui forme une succession
de terrasses rocheuses à partir de ce point dans la direction du
Puy. Cette colline s'élève près de la limite orientale de la formation d'eau douce, dont on aperçoit les restes de chaque côté, reposant contre les parois cristallines de la cavité dans laquelle ses
dépôts ont eu lieu. Au sud-est on aperçoit les sommets supérieurs du Mézenc ; et à partir de là, dans la direction du nord,
l'horizon est borné par une chaîne d'éminences rocheuses, qui
sont les débris d'une énorme coulée de phonolite (*voyez* p. 290).
La dernière de ces masses rocheuses, appelée *Miaune*, et une
autre non visible dans la gravure, située près de la ville de
Roche-en-Reignier, s'élèvent sur l'autre rive de la Loire, au-
dessus d'une base de granite ; la coulée paraissant avoir occupé
l'ancien lit de cette rivière pendant un certain trajet, et l'a-
voir forcée à s'en creuser un nouveau à travers toute l'épaisseur de la masse de phonolite. Les coulées basaltiques du Mézenc qui, accompagnées de prodigieuses accumulations alluviales de conglomérat bréchiforme, ont recouvert en totalité la
surface de la formation lacustre, se montrent dans toutes les
directions, et il est évident, puisqu'on les trouve sur les deux
rives de la Loire, que le lit actuel de cette rivière n'était pas
creusé à l'époque où elles se sont épanchées. On peut remarquer que le canal par lequel la Loire sort aujourd'hui du bassin
du Puy a été entièrement creusé dans le granite, quoiqu'il soit
situé tout à fait dans la limite de la formation calcaire ; fait remarquable qui démontre que les marnes, même les plus tendres, résistent mieux aux érosions météoriques que le granite
lui-même, alors qu'elles sont protégées par un recouvrement
basaltique.

Les eaux retenues de nouveau dans le bassin du Puy n'ont

pu s'écouler que par suite du creusement de cette étroite, profonde et sinueuse gorge. Comme le canal devient graduellement plus profond, la vallée qui sillonne aujourd'hui les formations tertiaire et volcanique de ce bassin se creusa progressivement. Que cela eut lieu par degrés, et non par suite d'aucune débâcle soudaine, c'est prouvé : 1°. par l'état de conservation des cônes de scories qui n'ont pas été bouleversés ; 2°. par les niveaux si variés auxquels on rencontre les nappes de basalte. Ces nappes, en effet, paraissent, de même que dans la Limagne, occuper des niveaux plus bas à mesure qu'elles sont plus récentes, et marquent ainsi les diverses phases de la dénudation (voyez p. 292). Il n'est pas impossible néanmoins que quelque fissure ouverte dans la barrière granitique par la force d'expansion souterraine ait contribué à faire décharger le lac dans cette direction particulière.

Vers l'est la perspective est également intéressante. L'horizon est limité de ce côté par la grande chaîne volcanique qui commençant au pied des hauteurs primaires de la Chaise-Dieu, se continue sans interruption jusqu'à Pradelles. Les coulées de laves produites par ces éruptions ont inondé une grande plaine à peu près horizontale qui s'étend depuis la base de la chaîne jusqu'au Puy. Cette plaine est intersectée par ces ravins qui servent de lit à divers torrents ; et on peut voir dans ces sections qu'elle est formée par des coulées répétées de basalte qui reposent sur le calcaire d'eau douce. Quelques cônes isolés sont disséminés sur cette plaine, et on en rencontre plusieurs à une distance considérable de la ligne, le long de laquelle la plupart des éruptions se sont fait jour. Celui qui avoisine le village de Chaspinhac, sur le flanc d'une croupe granitique massive qui domine la rivière de Sumène, est remarquable par sa situation élevée. Il paraît avoir fourni la coulée de lave du plateau de Fay, qui en est cependant aujourd'hui séparée par la gorge profonde à travers laquelle la Sumène rejoint la Loire. Le grand cône de Bar, près d'Allègre, qui présente encore un cratère très-parfait, ainsi que ceux de Saint-Geneys et de Couran sont visibles dans l'éloignement, aussi bien que ceux qui, dans la direc-

tion opposée, s'élèvent dans la forêt de Breysse, près de Prézailles , sur la pente occidentale du Mézenc.

La vallée de la Borne où est bâtie la ville du Puy, chef-lieu
du département de la Haute-Loire, n'est pas la partie la moins
intéressante de ce panorama. Ses nombreuses gorges tributaires
qui se réunissent près du remarquable roc isolé connu sous le
nom d'*Orgues d'Expailly*, ont été creusées chacune à travers
un système de nappes basaltiques, ordinairement prismatiques,
souvent doubles avec interposition de conglomérats ou de matières alluviales, et qui reposent sur les strates de calcaire d'eau
douce. Le grand massif de brèche volcanique , désigné sous la
dénomination de rocher de Corneille, s'élève au-dessus du Puy,
ainsi que l'aiguille élancée de Saint-Michel , composée de la
même substance , qui se dresse au milieu de la ville. Une masse
analogue domine le bourg de Polignac et se laisse voir au-dessus
à une distance d'environ 6 kilomètres. Ces rochers étaient nécessairement des sites favorables pour des châteaux-forts dans
le *bon vieux temps* de rapine et de meurtre ; et la plupart des
villes du centre de la France ont été bâties sous la protection
de semblables forteresses.

Il n'y a peut-être qu'un petit nombre d'endroits sur le globe
qui puissent offrir un panorama plus extraordinaire que celui-
ci. Aux yeux du géologue, il est intéressant au plus haut degré,
car il présente d'un seul coup d'œil un vaste théâtre de l'action
volcanique, contenant des produits ignés de nature variée ,
d'époques différentes, et se montrant avec une grande diversité
d'aspect.

Planche XII.

*Vue des extrémités de la ramification latérale sud-ouest du
plateau du Coiron,* tel qu'on l'aperçoit des environs de Saint-
Jean-le-Noir, sur la route de Villeneuve-de-Berg à Viviers
(Ardèche).

Planche XIII.

Cône volcanique et coulée de Jaujac (Ardèche). Le cône

s'élève au milieu d'une vallée en forme d'auge, occupée par la formation houillère, et bordée de chaque côté par des escarpements de granite et de gneiss. On voit une coulée s'échapper de la brèche ouverte dans les parois du cratère, et qui descend dans la vallée de l'Alignon qu'elle a jadis comblée sur une épaisseur et une largeur considérable. L'excavation produite depuis par la rivière a mis à nu une ligne d'escarpements perpendiculaires de basalte columnaire d'environ 35 mètres de haut, et qui s'étend sans solution de continuité jusqu'à la vallée plus éloignée de l'Ardèche qu'elle suit même sur un certain espace le long de cette dernière rivière. Le village de Jaujac est bâti sur le bord de cet escarpement. Au loin, sur la gauche apparaissent les hauteurs primitives du Haut-Vivarais, et à travers l'ouverture de la vallée de Prades se montrent une partie des flancs du plateau basaltique du Coiron. Le groupe de collines qui s'élèvent au centre de la gravure est granitique. Le sommet d'un autre cône volcanique voisin, appelé la Gravenne de Souillols, se laisse apercevoir tout à fait à l'extrême droite.

Planche XIV.

Vallée de Montpezat. Cette vue est prise à la jonction des torrents de Fontaulier et de Pourseille, dont les ravins ont été creusés à travers une nappe massive de basalte qui provient d'un cône volcanique dont une partie seulement est visible à l'extrême gauche du dessin. Le plateau qui sépare ces deux cours d'eau se termine en un angle extrêmement aigu, et est formé par des colonnes très-belles et très-régulières qui reposent sur le granite. A la pointe extrême de cet angle s'élèvent les ruines d'un château qui ajoutent leur effet pittoresque aux beautés naturelles de cette scène véritablement des plus agréables. La vallée est encaissée par les contreforts granitiques du plateau du Haut-Vivarais. Leurs flancs sont revêtus de riches forêts de châtaigniers d'Espagne. Dans l'éloignement s'élève un cône volcanique moindre que celui de Montpezat, et qui n'a fourni aucune coulée.

Il est à remarquer que le vaste total de dénudation qui a eu lieu dans cette vallée depuis qu'elle a été comblée de basalte liquide jusqu'au niveau du château de Pourchirol, non-seulement à travers le basalte, mais encore jusqu'à une profondeur de plus de 50 mètres dans le granite sous-jacent (qui est d'une nature extrêmement compacte), *n'a pu* être effectué que par la force érosive des torrents qui y coulent actuellement; puisqu'aucune violente éruption d'eau, soit déluge ou débâcle, n'aurait laissé intacts les deux cônes de scories incohérentes qu'on voit en partie dans notre esquisse, et dont les matériaux sont si mobiles que le pied s'y enfonce jusqu'à la cheville.

PLANCHE XV.

La coupe d'Ayzac, cône volcanique avec un cratère très-parfait, située près d'Entraigues (Ardèche). Le cratère étant placé sur le flanc opposé de la colline, n'est pas visible dans la gravure.

Une coulée de lave qui en descend a été coupée par la rivière du Volant. Sa section forme un escarpement rocheux vertical qui offre trois rangées visiblement distinctes de prismes. Ceux de l'étage inférieur sont très-réguliers. Le basalte repose de chaque côté contre les pentes granitiques de la vallée dont il occupe le fond. Cette vue a été prise aux abords du village d'Entraigues, et du pied d'un remarquable rocher isolé de basalte columnaire, gisant précisément au même niveau que celui qu'on aperçoit sur la rive opposée de la rivière, et avec lequel il était certainement jadis continu. Des lambeaux semblables, mais plus considérables du même courant, se montrent sur plusieurs points le long de la vallée du Volant jusqu'à une distance de 6 ou 8 kilomètres, particulièrement dans ses angles rentrants. L'érosion à laquelle ils doivent leur isolement suggère les mêmes réflexions que celles qui ont été faites au sujet de la coulée de Montpezat dans la précédente gravure. En comparant cette planche avec celle que Faujas a donnée du même cône, il semble qu'en dirigeant son dessinateur il a dû se fier à sa mémoire qui n'était pas trop bonne. En outre de la dissemblance complète dans la forme, il est absolument impossible d'embrasser d'aucun point, à la fois le cratère de la coupe et la colonnade basaltique qui domine la rivière.

Planche XVI.

Coupes du plateau primitif du centre de la France du N.-N.-E. au S.-S.-O., et de l'Est à l'Ouest.

Planche XVII.

Fig. 1. Coupes composées ou profils des principales collines des environs immédiats de Clermont, qui montrent les hauteurs variées où l'on trouve actuellement des nappes contiguës de basalte dans le bassin de la Limagne, et qui tendent à démontrer le creusement graduel de cette vallée.

Fig. 2. Coupe du Mézenc et d'une partie de la formation d'eau douce du Puy (Haute-Loire). Cette coupe est tirée de l'excellent ouvrage de M. Bertrand-Roux sur les environs du Puy. La carte qui accompagne aussi ce dernier ouvrage est de la plus grande utilité pour les géologues qui voudraient explorer cet intéressant district.

N. B. Dans ces deux coupes, l'échelle verticale est nécessairement grandement amplifiée relativement à l'échelle horizontale.

Pl. 1. — *Fig.* A. Escarpement sur le bord de l'Allier, à la base du puy de Dallet ou de Mur. Cet escarpement offre une coupe intéressante à cause du mélange de matière volcanique avec le calcaire marneux, disposé en couches régulières qui paraissent s'être déposées tranquillement dans l'eau d'un lac d'eau douce, et dont quelques-unes contiennent des coquilles terrestres et d'eau douce.

Fig. B. Pont naturel de travertin de Saint-Alyre à Clermont-Ferrand. Ce pont a été formé par les dépôts calcaires d'une source minérale, qui en construit actuellement un nouveau dans le voisinage, et qu'on emploie à incruster au carbonate de chaux demi cristallin différents objets, nids, fruits, coquillages, etc. , ainsi qu'à remplir des moules de médailles , bas-reliefs , etc.

Pl. 2. — Cette planche représente un bel exemple de lave sortie d'un volcan récent, à structure nettement prismatique. On remarque que les prismes s'incrustent vers le haut de l'escarpement, et que la structure prismatique devient plus confuse et tend à disparaître près de la surface supérieure de la coulée. Cette coupe pittoresque a été produite par la rivière de la Sioule, qui jadis barrée par la coulée du puy de Dôme, a peu à peu creusé son lit à travers cette coulée. Le lac qui s'était formé a été desséché , et la coulée franchie dans son entier forme les murs verticaux du profond canal qui donne aujourd'hui passage à la rivière , et dont l'aspect est remarquablement pittoresque.

Pl. 3. — *Fig*. A. Puy Chopine vu du côté de l'est. A gauche, sur le devant, une partie du puy des Gouttes qui entoure en partie le puy Chopine. On distingue parfaitement sur cette vue une coulée de basalte à laquelle est superposé du granite en partie altéré par la chaleur. A droite et à gauche paraît le domite qui occupe la plus grande partie de la face opposée. Au-dessous du basalte apparaît la coulée de débris qui descend continuellement des flancs de cette montagne ruineuse et offre des fragments des diverses variétés de roches qui entrent dans sa composition.

Fig. B. Cette figure représente le puy Chopine dont le sommet apparaît seul au-dessus de l'enceinte que forme autour de lui le puy des Gouttes. A droite, sur un plan plus rapproché, le puy de Chaumont, cône récent de scories avec les traces d'un cratère en partie effacé.

Pl. 4. — *Fig*. A. Cette Vue de l'extrémité est du plateau de Gergovia, laisse apercevoir les deux couches de basaltes superposées et séparées par une épaisseur de 50 mètres de couches stratifiées marneuses, et de pépérino calcaire. On y voit aussi des ravins qui mettent parfaitement à découvert l'ensemble des couches qui constituent la montagne.

Fig. B. Cette masse rocheuse, située aux environs de Royat, offre un bel exemple de la structure sphéroïdale à couches concentriques, et d'une tendance à la structure prismatique chez une lave relativement récente.

Pl. 5. — Le ravin de la grande cascade du Mont-Dore qui est ici représenté, est une des coupes les plus nettes et les plus remarquables que présentent les flancs de la vallée des Bains. Elle suffit pour donner l'idée générale de la structure et de la constitution du massif du Mont-Dore, et met sous les yeux ses alternances de laves trachytiques ou basaltiques, avec les tufs ponceux et les conglomérats volcaniques qui en sont le trait capital.

Pl. 6. — *Fig*. A et B. Ces deux dessins mettent sous les yeux les deux flancs apparents de la montagne de Denise, hauteur volcanique devenue célèbre par la découverte d'ossements humains enfouis dans la brèche volcanique qui la constitue, et dans laquelle, sur d'autres points de la montagne, on a trouvé des os d'éléphants, de rhinocéros, etc. L'escarpement basaltique si remarquable et si connu, appelé les Orgues d'Expally, se présente de profil dans les deux esquisses. Au pied coule la rivière de la Borne.

PRÉFACE.

Pendant mon séjour en Italie, dans l'hiver des années 1817, 1818 et 1819, j'ai observé avec le plus grand intérêt les phénomènes volcaniques que présentent le Vésuve, l'Etna et les îles Lipari. J'ai aussi donné une sérieuse attention à la structure de la contrée qui se trouve à l'ouest des Apennins, entre Santa-Fiora en Toscane et la baie de Naples, et qui présente des traces incontestables de l'action volcanique sur une large échelle, bien qu'aucune éruption ne s'y soit manifestée durant la période historique.

A mon retour en Angleterre, lors de mon séjour à Cambridge, j'eus l'avantage d'avoir de fréquentes communications avec le regrettable professeur E. D. Clarke, qui lui-même connaissait parfaitement les terrains volcaniques de l'Italie, et avec le professeur Sedgwick qui, à cette époque, commençait sa remarquable carrière comme géologue. Les doctrines de Werner avaient alors une telle autorité, que c'était presque une hérésie que d'en discuter un seul point. Il me semblait cependant, depuis que j'avais étudié les roches ignées de l'Italie, que le principe dogmatique de cette école qui niait l'origine volcanique des *flœtz trapp-rocks* (ainsi qu'on appelait alors le basalte, le phonolite et le trachyte), et les regardait comme les dépôts de

"

quelque ancien océan, il me semblait, dis-je, que ce principe était une erreur manifeste.

Mes deux amis admettaient avec moi que l'erreur des partisans de Werner, qui ne tenaient pas assez compte de l'influence des forces volcaniques dans la production des roches qui forment l'écorce du globe, ou plutôt qui la méprisaient entièrement comme sans valeur appréciable, était une barrière fatale qui arrêtait les progrès de la saine géologie, et qu'il fallait avant tout renverser.

Me trouvant peu de temps après libre de choisir un but de voyage, je résolus d'aller étudier avec le plus grand soin les faits concluants à ce sujet qui devaient probablement se trouver en Auvergne et dans les départements voisins, où les restes des volcans éteints se trouvent en contact à la fois avec quelques-unes des roches cristallines les plus anciennes, et avec des couches très-récentes appartenant aux terrains tertiaires et d'eau douce.

Dans ce but, je me rendis à Clermont, chef-lieu du département du Puy-de-Dôme, et je passai plusieurs mois uniquement occupé à étudier les roches des environs; me transportant de là, selon que je le jugeais nécessaire, aux Bains du Mont-Dore, au Puy (Haute-Loire), et à Aubenas (Ardèche). Ensuite je visitai de nouveau l'Italie, où j'eus la bonne fortune d'assister à l'éruption du Vésuve, qui a été de beaucoup la plus importante parmi toutes celles de ce siècle; je veux parler de l'éruption du mois d'octobre 1821.

A mon retour en Angleterre, en 1823, je publiai un volume sur les phénomènes volcaniques (1). Dans cet ouvrage, j'avançai par malheur quelques opinions théoriques sur la formation du globe, que l'esprit public n'était pas alors préparé

____

(1) Considerations on Volcanos, etc., 1823.

à admettre. Ce livre, ma première tentative comme auteur, n'était pas assez bien conçu et ordonné, ni même assez bien imprimé, pour amener une critique juste et impartiale des vues réellement exactes et, je pense, originales sur plusieurs points d'un grand intérêt géologique qui y étaient renfermées. J'aurais dû, sans doute, commencer par l'exposition des faits si frappants que j'avais observés dans les régions volcaniques de l'Italie et du centre de la France, afin de préparer à mon œuvre un accueil favorable, ou même afin de provoquer un examen impartial des vues théoriques que ces observations m'avaient amené à émettre.

Il faut avouer pourtant que cette faute véritable fut relevée de la façon la plus amicale par l'auteur du compte-rendu du *Quarterly-Review*, touchant ce mémoire sur la géologie du centre de la France qui parut peu de temps après (1). Cet article était, à ce que je crois, le premier essai de mon savant ami sir Charles Lyell dans la voie de généralisation géologique qu'il a depuis poursuivie avec tant de succès. Il me serait peut-être permis de penser que c'est en l'écrivant qu'il a pu se pénétrer de cette conviction philosophique, que la vraie méthode de recherche sur l'histoire ancienne de la surface du globe, consiste particulièrement dans l'étude scrupuleuse des changements qui s'opèrent actuellement; ce qui est le principe dominant de ses œuvres populaires à si juste titre (2).

(1) Quarterly-Review, mai 1827.

(2) C'était l'idée fondamentale de mes deux premiers ouvrages, comme il apparaît par le passage suivant des *Considerations on Volcanos*, publiées en 1825 :

« Le principal objet de la géologie consiste à déduire l'histoire des changements qui ont eu lieu jadis sur notre globe, de la connaissance de ceux qui, aujourd'hui, s'opèrent successivement sur un point quelconque de sa surface, soit par des causes fortuites, soit par une série régulière de transformations, en appliquant les lois qui régissent ces derniers aux faits que nous rencontrons dans nos recherches géognostiques.

Mon but, en tout cas, était rempli. La doctrine des partisans de Werner, sur la précipitation aqueuse du *trapp*, n'a jamais pu se soutenir depuis ce moment. Et j'ai grand sujet de croire que la publication de la première édition de ce mémoire, enrichie de cartes et de dessins, qui présentaient aux yeux non prévenus (*oculis fidelibus*) les preuves convaincantes de l'identité d'origine des anciennes nappes de basalte qui couronnent le sommet des plateaux, et des courants de lave voisins tellement récents qu'ils apparaissent encore se précipitant en cascades par-dessus les bords des cratères de scories, a pu

» La surface du globe montre aux géognostes les traces bien évidentes d'une foule de modifications, qui paraissent s'être produites l'une après l'autre, pendant un laps de temps incalculable. Ces modifications sont principalement les suivantes :

» 1º. Variations du niveau relatif entre les différentes parties qui composent la surface du globe ;

» 2º. Destructions d'anciennes roches, et leur reproduction sous de nouvelles formes ;

» 3º. Production de roches nouvelles sur la surface du globe.

» Les géologues ont, presque toujours, eu recours jusqu'à présent, pour expliquer ces modifications, à l'hypothèse de diverses catastrophes violentes et extraordinaires, de cataclysmes ou de révolutions générales.

» Comme l'idée renfermée dans les mots cataclysmes, catastrophes, révolution générale, est extrêmement vague, et peut comprendre tout ce qu'il est possible d'imaginer, cela satisfait un moment comme explication, c'est à-dire empêche des recherches ultérieures. Mais aussi cela a l'inconvénient d'arrêter les progrès de la science en l'entourant d'obscurité et de confusion.

» Si, cependant, au lieu de nous arrêter à des conjectures formées pour expliquer la cause possible et la nature de ces modifications, nous poursuivons ce que nous croyons être *la seule voie légitime des recherches géologiques*, si nous commençons par observer les lois de la nature telles qu'elles s'exercent actuellement, nous ne pourrons découvrir que ceci : que de nombreux phénomènes physiques agissent maintenant à la surface du globe, qui produisent les changements variés que nous remarquons dans sa constitution et dans son aspect extérieur. Ces changements ont pour principales causes : *premièrement*, les phénomènes atmosphériques, y compris les lois de la circulation et du séjour de l'eau à la surface du globe ; *secondement*, l'action des tremblements de terre et des volcans. Et les changements qui s'opèrent par l'influence de ces causes sur la constitution de la croûte terrestre, sont principalement ceux qui suivent :

» 1º. Changement de niveau ;

contribuer à la chute de ce principe dogmatique, alors agonisant et prêt à rendre le dernier souffle, mais qui peu auparavant triomphait sans partage. Ce livre avait aussi, je puis l'espérer, quelque importance, en dirigeant l'attention vers l'influence considérable qu'exercent sur la croûte du globe, non-seulement les éruptions volcaniques, mais encore la force érosive de la pluie et des cours d'eau, agissant lentement et graduellement pendant des périodes d'une immense durée, sur la surface des terres émergées (1).

L'édition de cet ouvrage, publiée en 1826, fut bientôt épui-

» 2°. Destruction de quelques roches, et reproduction d'autres roches avec les mêmes matériaux :

» 3°. Production de roches nouvelles (*de novo*) de l'intérieur du globe à sa surface.

» Ces modifications, dans leur caractère général au moins, nous offrent une telle analogie avec celles qui paraissent s'être présentées dans les premiers âges de l'histoire du globe, qu'il serait tout à fait contraire aux règles de la science de recourir à des hypothèses gratuites et sans exemples pour expliquer des faits similaires. Il en doit être ainsi jusqu'au moment où, après une étude sérieuse des changements actuels sous chacune de leurs formes, et leur application strictement impartiale aux phénomènes anciens, on trouverait les faits qui ont amené les premiers complétement insuffisants pour expliquer les seconds ; et cela seulement après l'examen le plus attentif et après les avoir appliqués de la façon la plus large à tous les changements possibles qui ont pu avoir lieu dans une *série indéfinie de siècles*.

» L'étude de la manière dont ces changements se sont produits jusqu'à présent à la surface du globe, forme, pour cette raison, une des branches les plus importantes, mais malheureusement les plus négligées de la géologie. »

Il me reste à dire que l'ouvrage que je publiai alors avait pour but de nous faire connaître cette partie de la science qui a trait aux « phénomènes produits à la surface de la terre par le développement des forces intérieures et souterraines, » laissant à d'autres, ou réservant pour un autre ouvrage les recherches correspondantes touchant « les lois sous lesquelles agit l'influence atmosphérique, c'est-à-dire la décomposition des roches par l'air, la lumière, l'électricité et le magnétisme, et enfin la manière d'agir et les effets mécaniques de l'eau sur la surface du globe et ses parties solides. »

Qu'il me soit permis d'ajouter en passant que cette dernière branche d'étude n'a pas été peut-être suffisamment poursuivie en détail, même par sir Charles Lyell et quelques autres géologues.

(1) Voyez la dernière note.

sée. Je n'avais pas cependant l'intention d'en donner une seconde sans avoir auparavant visité de nouveau les pays dont il
est question dans mon livre, et sans m'être convaincu par moi-
même de l'exactitude de mes descriptions ; mais c'est seulement dans le courant de l'été dernier que j'ai pu accomplir
mon dessein.

Dans l'intervalle, sir Charles Lyell et sir Roderik Murchison, ainsi que plusieurs autres géologues, avaient parcouru
l'Auvergne après moi, et j'avais lieu de penser qu'ils étaient
satisfaits de la fidélité de mes dessins et de mes descriptions.
Les géologues français ont aussi, depuis cette époque, donné
à cette partie la plus intéressante de leur pays plus d'attention
qu'ils ne lui en avaient accordé jusqu'alors. Ma satisfaction a
été grande de voir que plusieurs des plus estimables d'entre
eux ont adopté des vues qui coïncident avec les miennes propres
sur plusieurs des problèmes qui s'y présentent d'eux-mêmes à
résoudre. Je puis citer M. Constant Prévost, dont les idées
sur les formations volcaniques du centre de la France, telles
qu'il les a exprimées dans un mémoire lu devant la Société géologique de France (1), sont identiques avec celles qui forment
le fondement de mon volume primitif (2). J'en dirai autant

(1) *Bulletin de la Société géolog. de France*, XIV, p. 218-224.

(2) M. Constant Prévost, ainsi que M. Pissis et quelques autres observateurs, ont, avec juste raison, marché dès l'abord contre le courant de l'opinion
qui a si malheureusement régné pendant quelques années parmi les géologues
de Paris, en faveur de la théorie si anti-scientifique des *cratères de soulèvement*, qui, émise pour la première fois par M. de Buch, a été ensuite chaude-
ment épousée par MM. Elie de Beaumont et Dufresnoy. Après la théorie si
condamnable de Werner, je ne connais pas d'erreur qui ait plus contribué à
arrêter la marche de la science véritable, ni qui ait été soutenue avec plus
d'obstination. Une telle conception n'a pu trouver faveur qu'auprès des géologues qui n'ont jamais observé les phénomènes que présentent les éruptions
volcaniques sur une large échelle, et qui n'ont par conséquent aucune idée du
mode ordinaire dans lequel leurs produits sont disposés. Pour celui qui a eu
cet avantage, la théorie des cratères de soulèvement ne mérite pas même l'ap-

de celles de M. Bertrand de Doue, qu'il a savamment exposées dans sa description des environs du Puy. MM. Lecoq et Bouil-

parence d'une discussion sérieuse. Poussée, comme elle l'a été, à ses dernières limites par les deux géologues influents que je viens de nommer, elle nie en fait la nature éruptive des volcans, c'est-à-dire qu'ils puissent produire une somme quelconque appréciable de laves ou de matières fragmentaires. Si, en effet, de tels produits ont réellement accompagné en quantités énormes, comme les observateurs ont été à portée de le constater par l'évidence de leurs sens, les éruptions si fréquentes des volcans en activité, ils ont dû s'accumuler autour de l'orifice volcanique et former des montagnes composées de couches multipliées et alternantes de laves et de conglomérats. Et ces géologues persistent à affirmer que ces matériaux n'ont pu produire la montagne et ses cônes parasites que nos yeux voient se former, et ils persistent à soutenir qu'ils n'ont fait que remplir de prétendues cavités préexistantes, pour être élevés ensuite en forme de montagne par quelque opération soudaine et anormale ! Sans doute, il n'est aucun des écrivains sérieux qui ont traité de l'action volcanique, qui ait nié que la masse des montagnes volcaniques n'ait été en partie, exhaussée et soulevée dans une certaine proportion, par suite des convulsions et des tremblements de terre qui précèdent chaque éruption, et qui occasionnent la production de fissures à travers leur masse solide. On ne peut douter que, lorsque ces crevasses sont remplies par la lave qui les injecte de bas en haut, et lorsque cette dernière est consolidée en forme de dyke, la montagne ne soit soulevée d'une manière permanente et surélevée dans une certaine mesure par ce que sir Charles Lyell appelle une croissance intérieure (inward growth). En observant l'ensemble des matières qui composent ces dykes, si fréquents vers le centre des montagnes volcaniques, on trouve que la partie de la masse centrale du cône qui en est formée est à peu près dans la proportion d'un sixième ou même moins. On peut admettre que le soulèvement dans le sens, employé par les partisans de la théorie des cratères de soulèvement, a contribué dans la même proportion à l'élévation des sommités centrales. Or, à une certaine distance de celles-ci, on ne trouve que peu de dykes, et ce n'est pas là une raison pour douter que l'entassement des matières vomies, soit incohérentes, soit sous la forme de coulées de lave solidifiées, ait produit dans chaque cas la plus grande partie de ces montagnes; cette production peut être regardée en fait comme le phénomène normal qui accompagne chaque éruption. Toute autre vue semble contraire, non-seulement aux règles de l'analogie scientifique, mais encore à l'évidence des sens. La grande autorité que des géologues de la réputation et de l'influence de MM. de Beaumont et Dufresnoy ont malheureusement donnée à cette théorie, a été la cause principale des vues incertaines et du peu de connaissances qu'ont, même aujourd'hui, les géologues français, touchant les grands volcans éteints de leur propre pays. Lorsqu'on veut bien connaître une région volcanique, il faut commencer par étudier avec soin la manière d'agir (*modus operandi*) de la force volcanique. C'est ce qui a manqué à l'école moderne des géologues de Paris, à l'exception de quelques-uns qui, let m'ont fait l'honneur de prendre modèle sur mes vues panoramiques et autres pour les dessins qui accompagnent leurs différents ouvrages sur la géologie de l'Auvergne. MM. Rozet, Pissis, Ruelle et d'autres géologues, parmi lesquels plusieurs étaient employés à la topographie géologique de la contrée, qui se continue encore sous la direction de l'Ecole des mines, ont aussi imprimé ou communiqué à la Société géologique de France des mémoires intéressants sur les terrains tertiaires et volcaniques du centre de la France. Les recherches pleines de zèle et les savantes publications de MM. Croizet, Jobert, Bravard, Aymard et Pomel, ont également jeté une grande lumière sur la paléontologie de cette région.

La publication de l'explication de la carte géologique de France, par MM. Elie de Beaumont et Dufresnoy, n'est pas encore arrivée aux chapitres qui sont annoncés dans la préface, comme devant traiter des terrains tertiaires et volcaniques du centre de la France. Enfin, M. Lecoq est, je crois, occupé à un ouvrage général sur la géologie de l'Auvergne, qui sera accompagné d'une carte géologique. Mais aucune partie de ce travail n'a encore été livrée au public (1).

Ainsi donc, il n'a encore paru, soit en France, soit en Angleterre, aucune publication qui puisse être considérée comme donnant l'ensemble ou bien la description détaillée, de la série si remarquable de faits géologiques que présente le centre de la France, ce que cette contrée mérite pourtant d'une façon incontestable, et qui puisse servir de guide aux visiteurs dési-

comme MM. Prévost et Pissis dont nous avons parlé, ont eu le courage de combattre l'influence exercée par deux ou trois grands noms.

(1) C'est à la carte géologique du département du Puy-de-Dôme que travaillait M. Lecoq. Cette carte qui a aujourd'hui paru, et qui est à l'échelle très-grande du quarante-millième, est un magnifique monument élevé à la géologie de l'Auvergne, et digne du renom de son auteur.   (*Note du traduct.*)

reux d'étudier les phénomènes qu'on y rencontre. C'est ce qui m'a fait penser qu'une seconde édition de mon mémoire, avec toutes les corrections et additions qu'ont pu me suggérer la réflexion et les observations ultérieures, serait favorablement accueillie aujourd'hui. On y verra que, bien que j'aie jugé nécessaire de refaire les chapitres d'introduction, le corps de l'ouvrage ne diffère pas de l'édition de 1826. Je n'ai point, du reste, dans mon dernier voyage, trouvé de motif pour changer les conclusions auxquelles j'avais été amené en 1821. Comme je ne suis pas suffisamment familier avec la paléontologie, pour entreprendre de déterminer de mon autorité privée les caractères spécifiques des restes organiques qui ont été trouvés associés aux roches, soit tertiaires, soit post-tertiaires du district, j'ai donné le catalogue de sa faune fossile, d'après les travaux de MM. Pomel et Aymard, dans un appendix auquel le texte renvoie quand il en est besoin. Les dessins ont été refaits et gravés sur bois à une échelle réduite, afin de pouvoir se plier dans la dimension d'un volume in-octavo, au lieu d'avoir, comme dans leur proportion originale, l'inconvénient de nécessiter un atlas in-folio.

Quant aux cartes, celle de la chaîne des puys à l'est de Clermont est à peu près dans le même état que lorsqu'elle a paru dans la première édition. Je puis ajouter qu'elle a été dressée entièrement à l'aide de mes propres observations sur les lieux, sur les bases de la vieille carte de Cassini; car je ne connaissais pas à cette époque la carte de Desmarest, sur laquelle, je crois, on a supposé que j'avais pris les détails.

L'autre carte générale de la France centrale est copiée sur la carte géologique de France de MM. Dufresnoy et Elie de Beaumont.

GÉOLOGIE

ET

VOLCANS ÉTEINTS

DU

CENTRE DE LA FRANCE.

CHAPITRE I.

Plateau granitique et formations marines stratifiées.

Le parallèle de 46° 30″, qui passe près des villes de Châteauroux et de Châlons-sur-Saône, peut être regardé comme
divisant la France en deux parties à peu près égales. On peut
considérer la partie septentrionale comme une vaste plaine dont
les eaux s'écoulent doucement vers le nord et vers l'ouest, par
la Seine et par la Loire inférieure. Au sud de cette ligne, la
contrée s'élève continuellement et par une pente graduelle,
de manière à former un plan incliné qui finit par atteindre à
une hauteur de plus de 3,000 pieds (900 mètres), au-dessus
du niveau de la mer, dans l'Auvergne et dans le Forez ; et à
une plus grande encore dans le Gévaudan et dans le Vivarais
où elle arrive à 5,500 pieds (1,600 mètres). Là, cette surface
inclinée est interrompue brusquement par la profonde vallée
du Rhône, qui, courant à peu près exactement du nord au
sud, la sépare des hauteurs situées à l'est de cette rivière dans
les départements de la Drôme, de l'Isère et des Hautes-Alpes.
Vers le sud-ouest également, cette région élevée descend rapidement, en se morcelant en prolongements irréguliers, vers

le bassin de la Gironde. On peut, en fait, la considérer comme une plate-forme triangulaire, exhaussée à son angle sud-est, et déclinant graduellement vers le nord-ouest. Sa masse principale se compose de roches cristallines primaires, spécialement de granite, qu'enveloppent de tous côtés des strates secondaires appartenant surtout au système jurassique, lesquelles, à son extrémité méridionale, atteignent à une élévation considérable dans la chaîne des Cévennes. Nous faisons abstraction dans cette description des produits volcaniques, qui s'élèvent, comme d'énormes protubérances, sur les parties les plus hautes du plateau granitique. Ce plateau est en outre échancré par les deux profondes dépressions que forment la vallée de la Loire supérieure et celle de l'Allier. Sur quelques points ces vallées acquièrent une largeur considérable ; la première, dans les bassins de Montbrison et de Roanne ; la seconde, dans la plaine de la Limagne. Plusieurs bassins détachés de grès houiller se rencontrent dans ce district, et paraissent avoir été déposés dans les enfoncements et les estuaires de l'île primitive de roches primaires. On y trouve enfin ces traces de quatre dépôts, géographiquement distincts, d'autant de lacs d'eau douce, qui se présentent séparément en Auvergne, dans le Forez, le Cantal et le Velay.

Le granite du plateau central de la France varie beaucoup de caractère, et passe souvent très-rapidement au gneiss, et quelquefois, spécialement aux extrémités du sud et de l'ouest, au micaschiste, au talschiste et à la serpentine. Parfois le mica est remplacé par la pinite, soit en nodules amorphes, soit cristallisée en prismes hexagonaux. Il est traversé çà et là par des filons et des dykes d'un granite à grains fins, de felspath compacte et de porphyre felspathique. Le felspath des roches granitiques prend quelquefois la forme de larges cristaux maclés, accidentellement colorés en rouge, semblables à ceux de Baveno. Souvent aussi le quarz présente de belles cristallisations. Les améthystes du Vernet, près d'Issoire, ont long-temps été connues dans le commerce. Ce district primaire n'est pas riche en métaux. Le fer, quoiqu'il y soit disséminé presque

partout, n'est cependant exploité en grand qu'à Alais (Gard),
et à Rive-de-Gier, dans le bassin houiller de Saint-Etienne
(Loire). Près de Pontgibaud on trouve du plomb sulfuré ar-
gentifère; il a été exploité depuis peu à grands frais, mais,
je crois, sans grand succès. Le même minerai se rencontre
près de Villefort (Ardèche), et dans les départements de
l'Aveyron et du Lot, généralement accompagné de manga-
nèse. Le granite des environs d'Ardes (Puy-de-Dôme), et de
Massiac (Cantal), ainsi que le micaschiste de la Lozère, sont
riches en antimoine. Le cuivre est rare, seulement on croit que
quelques filons de ce métal, situés dans l'Aveyron, ont été
anciennement exploités par les Anglais quand ils étaient maî-
tres du pays. Près de Limoges et de Saint-Yrieix, le gneiss se
décompose en un kaolin d'une grande pureté qui alimente
depuis longtemps les manufactures de porcelaine de Sèvres
et de Paris, et qu'on exporte même aux Etats-Unis. En général, le granite se décompose rapidement sur ses surfaces
exposées, et présente, pour cette raison, des contours arrondis; tandis que le gneiss qui contient davantage de quarz et
de mica et qui offre une structure feuilletée schistoïde, montre
des éminences aiguës et des escarpements à pic.

Le micaschiste passe en quelques points au schiste argileux,
comme près d'Alassac (Corrèze). A la seule exception du district très-limité de Tarare, entre le Rhône et la Loire, où
un grès quarzeux probablement devonien, accompagné d'an-
thracite, a été pénétré par une large injection de porphyre
rouge; la région entière du centre de la France contient, à ce
que je crois, à peine une strate sédimentaire plus ancienne que
l'époque houillère; les séries cambrienne, silurienne et devo-
nienne manquent généralement. Les terrains houillers sont
quelquefois associés aux couches triasiques, mais bien plus
souvent au lias, et aux autres membres du système jurassique.
En connexion avec ces strates à la fois arénacées et calcaires, la
houille se trouve en lambeaux détachés à peu près tout autour
du plateau granitique. On la rencontre en outre, comme je
l'ai déjà remarqué, sur plusieurs points en dedans des limites

de ce plateau, principalement sur une ligne droite qui le traverse du nord-nord-est au sud-sud-ouest, depuis les environs
de Moulins jusqu'à Mauriac. Il est remarquable que la direction de cette ligne est la même que celle de l'axe apparent du
dôme granitique et de la chaîne volcanique voisine. Les plus
importants de ces bassins houillers sont situés à Autun (Saône-
et-Loire), à Decize (Nièvre), à Villefranche et à Bert (Allier),
à Brassac dans la vallée de l'Allier, près de Lempdes ; à Saint-
Etienne et à Rive-de-Gier (Loire), à la Voulte, Prade et
Joyeuse (Ardèche), à Alais et à Garges (Gard), à Creuse et à
Bédarrieux (Hérault), à Sanssac, Laissac et Aubin (Aveyron) ;
à Brives (Corrèze), à Bourg-Lastic et à Bassignac dans le bassin de la Dordogne ; et enfin à Bort et à Saint-Eloy (Puy-de-
Dôme).

Une vaste série de couches calcaires, appartenant au groupe
oolitique, forme une ceinture, comme nous l'avons déjà observé, autour de tout le plateau granitique. C'est surtout à
l'extrémité sud de celui-ci que ces couches acquièrent un développement remarquable, en formant une grande partie de la
surface des départements de l'Aveyron, de la Lozère, du
Gard et de l'Ardèche. Elles constituent un vaste plateau, qui
s'incline graduellement vers le sud à partir des hauteurs primaires, et que coupent un petit nombre de gorges profondes,
à peine plus larges en quelques endroits que le lit de la rivière
qui coule au fond de chacune d'elles. La stratification étant à
peu près horizontale, bien que plongeant vers le sud-ouest,
cette formation nous montre une suite de collines à sommets
plats, que limitent des escarpements perpendiculaires de 600 à
800 pieds (200 à 250 mètres) de haut. Ces plateaux portent
le nom de *Causses* dans le dialecte de la province, et ils ont
un aspect singulièrement triste et désert par suite de leur uni-
formité et de leur caractère aride et rocheux. Les vallées qui les
séparent sont rarement d'une largeur considérable ; et les défilés étroits et sinueux, les nombreuses gorges presque impra-
ticables et semblables à des fractures du sol, donnent aux
Cévennes ce caractère particulièrement inextricable qui permit

aux habitants protestants de ces montagnes d'opposer une résistance opiniâtre et courageuse aux affreuses persécutions de Louis XIV, dans le commencement du dernier siècle.

Le lias sous-jacent aux couches oolitiques est souvent représenté par des marnes feuilletées bleues et par du grès, parfois aussi par du calcaire magnésien, spécialement dans les départements de la Dordogne, du Lot et de l'Aveyron.

CHAPITRE II.

Formations tertiaires.

———◈———

Trois ou quatre dépressions, dans la haute région granitique que nous venons de décrire, paraissent avoir été occupées
par autant de lacs d'eau douce. Ces lacs ont laissé des preuves
de leur existence passée dans des strates sédimentaires d'argile, de marne, de calcaire et de grès qui contiennent fréquemment les restes de nombreuses coquilles d'eau douce,
avec de telles circonstances, qu'on en conclut qu'elles ont dû se
déposer tranquillement, pour la plupart, le long des rivages et
au fond de ces bassins, jusqu'à ce qu'elles ont été accumulées
à une hauteur de plusieurs centaines de pieds. Mais ces lacs
ont été mis à sec depuis longtemps, probablement par suite
de quelques-unes des convulsions souterraines dont la contrée
a été évidemment le théâtre ; et les pluies et les cours d'eau,
agents ordinaires de la dénudation, sont venus déchirer ces
strates qu'ils ont entraînées et dégradées, n'en laissant subsis-
ter que quelques lambeaux, comme pour témoigner de leur
ancien et énorme développement. Les limites primitives de
chacun de ces lacs, bien qu'elles ne soient pas accusées avec
une exactitude parfaite, peuvent se reconnaître plus facilement qu'il n'est ordinaire avec de telles formations, puisque
leurs dépôts les plus inférieurs se voient presque partout reposant contre les lignes de hauteurs granitiques qui sans doute
formaient leurs rivages. La carte, qui accompagne l'ouvrage,
indique d'une manière suffisamment exacte la disposition générale et les limites de ces formations lacustres.

I. Formation lacustre de la Limagne d'Auvergne.

Le plus grand de ces lacs couvrait la surface aujourd'hui occupée par la large et fertile vallée de l'Allier, qui est connue
sous le nom de **Limagne d'Auvergne**, et qui s'étend depuis
Brioude, vers le sud, jusqu'à une certaine distance au-delà de
Moulins, vers le nord, avec une largeur moyenne de près de
vingt milles (32 kilomètres). Cette vallée est bordée de chaque
côté par deux rangées de hauteurs granitiques ; à l'est la chaîne
du Forez, qui sert de ligne de partage entre les eaux de la
Loire et celles de l'Allier ; à l'ouest, celle des monts Dôme,
qui sépare cette dernière rivière de la Sioule. Un bras du même
lac pénétrait aussi dans la vallée de la Loire, depuis le confluent de cette rivière avec l'Allier, jusqu'aux environs de
Roanne. Les points les plus bas de la grande vallée-plaine de
la Limagne sont en grande partie recouverts par un alluvium
superficiel, composé principalement de cailloux de granite, de
gneiss, de trachyte et de basalte (1). Le substratum, partout
où il se montre lui-même, consiste en couches à peu près horizontales de sable, de grès, de marne calcaire, d'argile et
de calcaire qui n'observent aucun ordre de superposition fixe et
invariable. Quelques collines formées des mêmes couches s'é-
lèvent au-dessus de la plaine, et sont généralement plus ou
moins appuyées aux hauteurs granitiques de l'un et de l'autre
côté. Ces collines ont été justement représentées par **M.** Ramond, en **1815**, comme étant « les restes épars des couches
qui couvraient le sol actuel, et faisaient partie d'une ancienne
plaine beaucoup plus élevée (2). »

Plusieurs de ces restes ont été évidemment protégés contre

(1) Les auteurs de la Carte géologique de France classent ces couches d'alluvions en deux divisions : l'une qui serait d'origine récente, l'autre qui se
rapporterait à la période pliocène ou supra-tertiaire, se fondant sur ce que ces
dernières contiennent moins de cailloux de basalte, et se présentent généralement à des niveaux plus élevés que les lits de rivière actuels. Mais ces distinc-
tions ne paraissent pas encore suffisamment démontrées.

(2) Ramond, *Mémoire sur la formule barométrique.*

la destruction qui a enveloppé la plus grande partie de la formation par le chapeau de basalte qui les recouvre. D'autres ont été préservés par un semblable revêtement de couches horizontales d'un calcaire solide et peu altérable, d'aspect concrétionné, et que nous ne tarderons pas à décrire. Les collines qu'ils forment sont rarement appliquées d'une manière immédiate contre les hauteurs granitiques, mais en sont séparées ordinairement par des vallées transversales peu profondes, de telle sorte que la ligne précise de jonction du granite et de la formation lacustre, n'est pas souvent observable. Lorsqu'elle est visible, on trouve presque toujours que les couches arénacées les plus inférieures reposent sur le granite, quelquefois sous un angle considérable.

Les principales divisions de la série lacustre peuvent être classées ainsi : 1°. Graviers (grit) et conglomérats, associés avec des marnes rouges, bleues et blanches, et avec des grès ; 2°. marnes feuilletées vertes et blanches ; 3°. calcaire ou travertin, souvent oolitique.

1°. Grès, graviers et conglomérats. — Les grès et les conglomérats qui forment la première et la plus inférieure de ces divisions, ont été regardés par M. Brongniart, qui leur donne le nom d'*arkose*, comme étant de formation secondaire et marine, et comme étant de beaucoup antérieurs aux couches lacustres auxquelles ils sont associés. Plusieurs géologues français ont adopté cette manière de voir ; comme ils renferment rarement quelques débris organiques bien définis, cette opinion est aussi soutenable au premier abord que celle qui les regarde comme de formation tertiaire et lacustre. Mais, à l'aide d'un examen attentif, il n'est pas difficile de reconnaître qu'ils alternent quelquefois avec les couches calcaires contenant des coquilles d'eau douce (1). Aussi je ne doute pas qu'ils n'appartiennent à la série lacustre. Ils reposent ordinairement sur les bords granitiques escarpés du bassin, des détritus desquels ils dérivent. Plusieurs couches consistent en un conglomérat de

---

(1) Par exemple, les collines des Côtes et de Chanturgues près de Clermont.

cailloux roulés et de fragments de granite, de gneiss, de mica-schiste et de porphyre, roches qui composent les hauteurs adjacentes, sans mélange de basalte ni d'aucune autre roche volcanique. Ces couches arénacées ne forment pas une ceinture continue autour du bassin lacustre, mais sont plutôt disposés, çà et là, comme les deltas indépendants qui se forment aux embouchures des torrents le long des rivages des lacs actuels (1).

D'autres couches consistent en un grès grossier (grit) quarzeux, composé de cristaux séparés de quarz, de mica et de felspath. Ces grès ont été évidemment formés sur place (*in situ*) des matériaux désagrégés du granite sur lequel ils reposent, et dont on peut à peine les distinguer. Le ciment est le plus souvent siliceux, et la roche qui en résulte présente parfois assez de dureté pour être employée comme pierre meulière. D'autres fois le ciment est calcaire, et la pierre est plus fragile. La matière calcaire se réunit quelquefois en concrétions nodulaires, qui passent à des lits d'un calcaire solide ressemblant au travertin de l'Italie, ou bien aux dépôts des sources minérales. On y trouve en certains endroits du sulfate de baryte cristallisé ainsi que du bitume. Les marnes rouges, bleues et jaunes, et les grès, sont cependant celles de ces couches arénacées qui présentent le plus large développement, et leur aspect est absolument identique à celui du nouveau grès rouge et de la marne d'Angleterre. Quelques-unes de ces dernières couches sont tout à fait friables, d'autres sont assez compactes pour qu'on les exploite comme pierres à bâtir. De même que les conglomérats dont nous venons de parler, avec lesquels elles alternent quelquefois, elles dérivent évidemment pour la plus grande partie de la dégradation du granite et du gneiss adjacent, qui paraissent en effet se décomposer en un alluvium tout à fait semblable à ces sables et à ces marnes tertiaires. L'élément calcaire, là où il se rencontre, est probablement venu de l'intérieur des roches cristallines primaires, d'où même

____

(1) Lyell, *Manuel de Géologie*, traduct. Hugard, I, p. 515.

sortent encore aujourd'hui plusieurs sources qui déposent une grande quantité de carbonate de chaux ; et c'est dans ces sources minérales qu'il faut chercher l'origine de la quantité énorme de cette matière qui entre dans la composition des couches marneuses généralement superposées aux grès.

2°. MARNES BLANCHES ET VERTES FEUILLETÉES. — Sir Charles Lyell fait remarquer que les mêmes roches primaires, qui ont donné naissance aux grès quarzeux et aux conglomérats ci-dessus mentionnés par suite de la destruction partielle de leurs parties solides, ont pu aussi produire l'argile alumineuse par la réduction des mêmes matériaux en poudre ou en vase fine, et par la décomposition de leur felspath, de leur mica et de leur amphibole ; et enfin produire la marne calcaire lorsque le carbonate de chaux provenant des sources minérales est venu s'y joindre. Ces sédiments fins ont été naturellement transportés à une plus grande distance du bord que les matériaux plus grossiers qui se trouvent habituellement dans le voisinage immédiat des rivages granitiques. Ces marnes calcaires atteignent certainement en quelques points une épaisseur totale de 600 ou 700 pieds (200 à 250 mètres). Le plus souvent leur couleur est blanche ou jaune-verdâtre, et elles ressemblent beaucoup à la craie, ayant comme elle une cassure conchoïde, lorsque l'épaisseur des couches est suffisante. Cependant elles sont ordinairement divisées en feuillets très-minces, ce qui résulte de la présence d'innombrables coquilles ou carapaces très-ténues d'un petit animal appelé Cypris. Cet animal, on le sait, change de téguments par une mue périodique, et est différent en cela des mollusques conchifères. Ailleurs le microscope démontre que cette structure feuilletée, qui est portée à un tel degré qu'on compte souvent jusqu'à vingt ou trente feuillets dans l'épaisseur d'un pouce (25 millimètres), est causée par la présence de tiges applaties de chara, ou bien par des myriades de petites paludines et autres coquilles d'eau douce.

3°. CALCAIRE OOLITIQUE, TRAVERTIN. — Interstratifiées avec les marnes, nous trouvons des couches épaisses d'un calcaire oolitique ressemblant à la pierre de Bath, pour la couleur et la

structure, et, comme cette dernière, durcissant par son exposition à l'air. A Gannat et ailleurs, cette roche contient des
coquilles terrestres et des ossements de quadrupèdes et d'oiseaux. A Chadrat, les grains oolitiques sont assez volumineux
pour mériter le nom de pisolites, et les petits sphéroïdes présentent à la fois la structure rayonnée et la structure concentrique.

Mais la forme la plus remarquable que le calcaire d'eau
douce prend en Auvergne, est celle qu'on nomme calcaire à
indusies ou à phryganes, parce qu'il renferme des étuis ou indusies de larves de phryganes, dont des amas considérables ont
été incrustés par du carbonate de chaux et transformés en un
travertin ou calcaire concrétionné très-dur. Ce calcaire à phryganes forme quelquefois des séries de nodules concrétionnés,
et d'autres fois des couches continues, superposées les unes au-
dessus des autres, et entremêlées de bandes de marnes feuilletées.

On sait que certaines variétés de phryganes ont coutume,
à l'état de larve, de s'entourer d'un fourreau cylindrique entièrement composé de petites coquilles fluviatiles d'espèces particulières, Helices, Mytili, Planorbes ou autres unies par des filaments glutineux et disposées circulairement d'une certaine
manière. Les insectes quittent ces demeures lorsque leur méta-
morphose est achevée; et on peut observer sur les bords des
marais fréquentés par les phryganes, des amas de ces tubes
vides. Supposons que les eaux d'une source voisine viennent
les recouvrir d'un dépôt calcaire, et il en résultera précisément
la roche remarquable qui, en Auvergne, forme des couches
répétées et considérables, alternant à peu près tous les cent
pieds avec les marnes ordinaires. La surface de ces couches est
généralement mamelonnée et botryoïde, et les matières calcaires qui enveloppent les indusies présentent une disposition
concentrique à la manière des stalactites. Si la couche est peu
épaisse, sa continuité est souvent interrompue, ou bien elle se
prolonge en nodules concrétionnés de même nature, dispersés
dans du sable non cohérent. Les petites coquilles qui entourent

les fourreaux de larves sont habituellement le Bulimus Atomus de Brongniart ou une petite Paludine. On peut compter plus d'un cent de ces coquilles autour d'un simple tube, et un seul pouce cube de la roche (**0,25** millimètres) contient dix ou douze tubes entassés ensemble irrégulièrement. Si nous ajoutons à cela que les couches à indusies, qui se répètent plusieurs fois avec une épaisseur de huit ou dix pieds (**2,50** mètres à **3** mètres), paraissent avoir couvert plusieurs mille carrés, et peut-être primitivement toute la plaine de la Limagne qui mesure **40** milles sur **20** (**60** kilom. sur **30**); on pourra se faire quelque idée du nombre infini de petits animaux appartenant à une ou deux espèces seulement de mollusques, qui jadis ont vécu et sont morts dans les eaux de ce vaste lac. Les points où j'ai vu ces couches remarquables le mieux développées sont : sur la montagne de Gergovia au-dessus de Romagnat, au puy Girou, à celui de Jussat, sur la montagne de la Serre, aux puys de Monton et de Dallet, à Montchagny, à Montjuzet et aux Côtes près Clermont, à Davayat près de Riom, à Aigueperse, Gannat, le Mayet d'Ecole, Saint-Gérand-le-Puy, entre Jaligny et la Palisse, à Pont-Barraud, etc. Il n'est pas nécessaire de supposer que les phryganes et les mollusques ont vécu précisément à la place où se trouvent leurs dépouilles. Ces animaux ont pu se multiplier dans les endroits peu profonds, près des bords du lac ou dans les cours d'eau tributaires. Les fourreaux se sont accumulés dans les eaux profondes, peut-être, comme l'a suggéré sir Charles Lyell, transportés avec des masses de roseaux du littoral auxquels ils adhéraient, qui, arrachés des rivages par les tempêtes, flottaient au gré des vents et des courants qui les entraînaient à de grandes distances (1). Il arrive quelquefois qu'au lieu des indusies ce sont les roseaux eux-mêmes qui ont été incrustés de calcaire, ainsi que les herbes et les mousses qui croissaient sur la rive. Dans d'autres cas, les couches perdent leur caractère concrétionné et apparaissent comme un calcaire terreux compacte, d'une couleur jaune ocracée, qui

---

(1) Lyell, *Manuel*, trad. Hugard, I, p. 521.

contient de grandes coquilles des genres Planorbe, Hélice et Lymnée. La matière testacée est fréquemment remplacée par du spath calcaire et parfois par du bitume, qui se montre aussi dans les veines ou fissures de la roche. Celle-ci est quelquefois traversée par des veines de silex (flint) ou demi-opale. Dans quelques parties, la roche entière devient siliceuse au plus haut point, et se brise en éclats aigus avec une cassure conchoïde. Elle a quelque ressemblance par ses caractères minéralogiques avec la pierre lithographique secondaire de Châteauroux. Les calcaires marneux contiennent souvent beaucoup de gypse, de sélénite, remplissant leurs fissures ainsi que celles des marnes qui leur sont associées, et cela en telle abondance qu'on peut l'extraire pour les besoins du commerce, comme aux puys de Corent et de Mirefleurs et à la butte de Montpensier.

C'est en général dans les strates plus solides, plutôt que dans les larges dépôts intercalés de marnes blanches, tendres et feuilletées, que se trouvent les restes non-seulement de mollusques, mais encore de vertébrés, desquels M. Pomel a donné un catalogue très-étendu (1). Les carnivores, les insectivores, les rongeurs, les ongulés, sont nombreux ; et, parmi ces derniers, on remarque les genres Anthracotherium, Caïnotherium et Palœochœrus. Les ruminants, les crocodiles, les tortues, les lézards, les oiseaux, les serpents, les poissons et les batraciens, ne sont pas rares non plus. Ils paraissent tous, dit M. Pomel, appartenir proprement aux grands dépôts de calcaire indusial concrétionné qui forme un élément si important de la géognosie de toute la Limagne (2). C'est en effet ce qu'on est en droit d'attendre de l'origine que nous avons déjà attribué à la matière qui compose les couches de ce calcaire. M. Pomel déclare qu'il résulte de l'examen de son catalogue que tous les dépôts ossifères du lac de la Limagne appartiennent à la même époque géologique et zoologique (le miocène inférieur), et ne

<hr>

(1) Ce catalogue se trouve à l'Appendix.
(2) Pomel, *Catalogue des vertébrés fossiles découverts dans les bassins de la Loire supérieure et de l'Allier* ; Paris, 1854, p. 251.

peuvent être divisés en périodes particulières en raison de leurs
caractères paléontologiques , puisque les mêmes espèces se rencontrent dans les couches les plus anciennes comme dans les
plus modernes de cette formation. On y remarque seulement
des différences semblables à celles qui existent dans la Faune
actuelle , et qui sont dues aux conditions géographiques ou cli-
matériques , aux habitudes et à la plus ou moins grande exten-
sion des espèces , et enfin aux circonstances qui ont accompagné
le dépôt et la fossilisation. Pour ce qui touche le rapport d'âge
de chaque partie de la série lacustre de la Limagne avec les
différentes parties d'autres formations tertiaires bien connues ,
M. Pomel montre plus de doute; mais il conclut, d'après l'é-
vidence des caractères paléontologiques , que l'ensemble peut
être considéré comme parallèle aux couches fossilifères de
Mayence , plus récentes que le gypse du bassin de Paris , mais
plus anciennes que les faluns de la Touraine. Cette classification
cadre tout à fait avec l'opinion de sir Charles Lyell , qui , après
avoir hésité quelque temps sur la question de savoir si ces dépôts d'Auvergne appartiennent aux membres supérieurs de la
formation éocène ou bien aux membres inférieurs du miocène ,
a fini , j'ai lieu de le croire, par les rapporter aux divisions les
plus récentes de la série tertiaire (1).

Ces dernières remarques n'ont rapport , nécessairement ,
qu'aux couches lacustres de la Limagne , et non point à un dépôt postérieur d'alluvions ossifères , tel que celui qui se rencontre dans les localités célèbres de la montagne de Perrier et
de Pardines , qui appartient à une période pendant laquelle les
volcans de la contrée ont présenté une longue activité , alors
que le lac était bien certainement desséché, que les couches lacustres avaient été largement dénudées, de larges et profondes
vallées s'étant creusées au milieu d'elles. Nous reviendrons ,
du reste , plus tard là dessus.

On ne trouve aucune trace de roches volcaniques dans les
conglomérats ou les grès qui constituent le terme inférieur de

(1) Supplément à la cinquième édition du *Manuel* de Lyell.

la formation d'eau douce. Mais dans les parties plus élevées de la série, on observe çà et là un mélange des produits des éruptions volcaniques voisines avec les calcaires. En certains points, des fragments de laves basaltiques, des cristaux d'augite, des scories et des cendres volcaniques sont répandus dans l'intérieur de quelques-unes des couches calcaires qui n'offrent aucune trace de dérangement, et présentent une disposition particulière ; les fragments les plus lourds et les plus volumineux occupent la partie inférieure de chaque couche, pendant que les plus légers et les moindres se sont arrêtés à la partie supérieure. Cette disposition fait penser que ces fragments, projetés par une bouche volcanique et traversant l'espace, sont tombés dans le lac au moment où la couche dans laquelle on les rencontre était dans la condition d'une vase calcaire très-molle. Les géologues verront probablement quelque analogie entre ce fait et l'arrangement des lits de rognons de silex dans les couches de la craie ordinaire (1). J'ai observé des couches qui présentent ce caractère d'être mêlées de débris volcaniques sur la montagne de Gergovia et sur quelques autres points ; mais l'exemple le plus remarquable se trouve sur les bords de l'Allier, immédiatement au-dessus de Pont-du-Château. En cet endroit, la rivière coule au pied d'une ligne de falaises que les eaux minent continuellement, et qui présente une section verticale régulière de plus de 100 pieds (30 mètres) de haut. (Voyez la figure.)

La surface supérieure de la falaise est horizontale, et est formée, jusqu'à la profondeur de huit ou dix pieds (2,50 mètres à 3 mètres), par une couche de cailloux roulés exactement semblables à ceux que la rivière entraîne encore le long de son lit. Les couches qui sont placées au-dessous ne sont pas tout à fait horizontales, mais présentent une courbure légère, et se

(1) Dans ce cas de même « il semble que chaque accumulation successive de sédiment calcaréo-siliceux ait eu le temps de se consolider en partie, et de subir une nouvelle disposition de ses éléments (les silex les plus lourds s'enfonçant en bas), avant que la couche postérieure soit venue se former. » Lyell, *Manuel*, traduct. Hugard, 1. p. 382.

relèvent à chaque extrémité visible de l'escarpement, comme si elles avaient été déposées dans une dépression, ou peut-être même soumises à un certain dérangement depuis leur dépôt.

1°. Les lits les plus bas qui soient visibles consistent en un calcaire compacte, gris-brun, qui renferme beaucoup de fragments volcaniques, généralement disposés dans chaque strate, suivant l'ordre que nous venons de décrire, d'après leur gravité respective : les fragments les plus volumineux à la partie inférieure, le reste diminuant de volume à proportion de la distance plus grande au-dessus de la partie inférieure de la couche. Ces lits plongent rapidement sous la rivière qui les recouvre.

2°. Au-dessus est une couche, d'environ quatre pieds d'épaisseur (1,20 mètres), d'un calcaire grossier (coarse grained), de couleur jaune ocrée et ayant une cassure terreuse, sans aucun mélange apparent de matière volcanique. Il contient les moules de nombreuses coquilles ; Planorbes, Hélices, Lymnées, dont le test est fréquemment remplacé par du bitume qui pénètre aussi les fissures de la roche. C'est une espèce très-commune de calcaire dur, dont les couches sont fréquentes dans la série lacustre.

3°. Par-dessus cette couche se trouve une épaisseur considérable de calcaire marneux, blanc, tendre, se divisant en feuillets, caractéristique de la formation, et qui possède une cassure plane, parfois légèrement conchoïde. Il happe fortement à la langue, a une odeur terreuse, et présente quelquefois sur ses surfaces exposées des efflorescences de carbonate de soude. Il a fréquemment une tendance à se déliter en masses globulaires.

4°. Un lit simple, épais de dix pouces, repose sur le précédent. Il est formé d'un calcaire très-compacte, dur, à grains fins et à cassure conchoïde, d'un bleu noir profond, couleur qu'il doit probablement aux cendres volcaniques.

5°. Enfin, à la partie supérieure, on rencontre de nombreuses couches calcaréo-volcaniques, semblables à celles indiquées sous le numéro 1. Plusieurs d'entre elles sont rubanées de différentes couleurs, jaune, brun ou bleu foncé : ce qui provient, ce semble, de la plus ou moins grande proportion de cendres volcaniques que renferme chaque zône. Là où cette proportion est considérable, la roche a en général un aspect plus compacte et une cassure conchoïde ; et, quand l'élément volcanique augmente encore, elle passe à une sorte de pépérino, ou brèche volcanique, qui affecte souvent une structure globulaire et concrétionnée.

Les couches mélangées de matière volcanique sont parfaitement parallèles à celles qui n'en contiennent pas, et l'ensemble a tout le caractère d'un sédiment déposé lentement et tranquillement dans une masse d'eau où les éruptions des volcans voisins ont projeté des pluies successives et répétées de cendres et de débris volcaniques. Immédiatement derrière cet escarpement s'élève le puy de Dallet (n° 6), colline isolée d'environ 900 pieds (260 mètres d'élévation au-dessus de la rivière, entièrement composée de couches répétées de calcaire d'eau douce et de marne, sauf un lourd chapeau de basalte qui la surmonte. Dans les ravins qui sillonnent cette colline, il existe suffisamment de sections pour qu'on voie très-clairement que les couches déjà décrites dans l'escarpement qui borde l'Allier, s'étendent sous la montagne tout entière.

Quelques-unes des couches dont le puy de Dallet est formé sont très-siliceuses, d'autres présentent la structure oolitique, enfin les lits supérieurs sont du calcaire indusien concrétionné. La plate-forme basaltique repose immédiatement sur une couche épaisse qui contient beaucoup de matière volcanique, et qui est en réalité une brèche basaltique mêlée de particules calcaires. Cette couche est compacte et paraît à une certaine distance irrégulièrement prismatique, de même que le basalte qui lui est superposé.

Nous avons là une preuve incontestable que les éruptions de basalte et de scories ont eu lieu dans le lac d'eau douce de la Limagne ou sur ses bords longtemps avant qu'il eût cessé de déposer des sédiments ; puisqu'une épaisseur de plusieurs centaines de pieds (trentaines de mètres) de couches sédimentaires, s'est déposée au-dessus de celles qui contiennent de nombreux fragments de nature volcanique. Dans la montagne de Gergovia, on remarque une semblable alternance de couches de calcaire et de marne avec d'autres qui renferment beaucoup de débris volcaniques, souvent en telle abondance, qu'ils composent la plus grande partie de la roche et lui donnent l'aspect d'un pépérino. Cette montagne est en outre couronnée par une énorme nappe de basalte; et une autre couche épaisse de la même roche coupe son flanc environ à 100 pieds (30 mètres) plus bas, l'intervalle étant presque totalement rempli par des lits horizontaux de pépérino calcaire. On s'est demandé si ce dernier banc de basalte est une vraie coulée de lave comme la nappe qui recouvre le sommet de la montagne, ou s'il ne serait pas plutôt un dyke intrus qui aurait pénétré de force entre les strates. Cette distinction n'offre pas d'importance. Le basalte de ce banc participe probablement de ces deux caractères; il est certainement associé à quelques dykes véritables qui pénètrent les couches calcaires au-dessous de lui. Toutefois, en cet endroit, il est indubitable que plusieurs des lits calcaréo-volcaniques qui le recouvrent, lui sont antérieurs, car ils offrent tous les caractères de dépôts sédimentaires dont la formation a été fortement troublée par des éruptions voisines et contemporaines (1).

Sur d'autres points du bassin lacustre, on rencontre des masses de pépérino calcaire, dans lesquelles la stratification disparaît entièrement. Tout est confusion, la roche passant, par des transitions fréquentes et graduelles, d'un calcaire pénétré mais faiblement par des particules volcaniques, à un pépérino calcaire, c'est-à-dire à un conglomérat formé de fragments de basalte et de scories cimentés par du spath calcaire, et enfin à un basalte compacte.

On en trouve des exemples aux puys de Crouël et de la Poix (remarquable par l'abondance de son bitume), à Vertaizon, à Courcour, à Pont-du-Château et au puy de Marmant. La

____

(1) Voyez la description de Gergovia, ci-après.

roche paraît être dans ce cas le résultat d'une éruption volcanique locale à travers le limon calcaire encore tendre qui formait le fond du lac. Il y a lieu de supposer que c'est dans de telles circonstances que s'est opéré le mélange si intime de la matière calcaire avec les roches éruptives qu'on remarque dans les lieux que nous venons d'indiquer.

Dans la première de ces localités, la colline de Vertaizon, on rencontre une grande quantité de très-beaux échantillons d'aragonite radiée, en filons dont quelques-uns ont jusqu'à un pied (30 centimètres) d'épaisseur. Ces filons coupent la roche en si grand nombre, qu'ils lui donnent un aspect réticulé. Une chaîne de collines, consistant uniquement dans le même pépérino calcaire, lui fait suite en s'étendant pendant environ deux milles (3 kilomètres) vers le sud.

Au-dessus du village de Chauriat, ce pépérino se présente sous la forme d'une pierre très-compacte et très-dure, composée de petits fragments irréguliers de basalte augitique fortement unis par un ciment très-fin de spath calcaire. Il est difficile quand on examine cette roche de croire que les parties basaltiques sont en réalité de véritables fragments, et on est fortement tenté de penser que sa structure si singulière est due à la séparation des substances différentes opérée pendant la consolidation d'une lave qui, par quelque effet mécanique, aurait été entièrement pénétrée par de la matière calcaire (1).

____

(1) Le pépérino calcaire du Vicentin (Montecchio Maggiore) présente plusieurs mélanges tout à fait analogues de basalte et de spath calcaire, qu'il est difficile de rapporter décidément soit au conglomérat soit à la lave compacte.

En donnant le nom de pépérino au conglomérat volcanique, qui consiste en fragments de basalte et de scories, sans ponces ni aucune matière trachytique, unis soit par le simple contact soit par un ciment calcaire ou bien argileux, je suis l'exemple des géologues italiens, qui ont conservé cette dénomination vulgaire à une semblable roche qui en outre, comme celle dont nous nous occupons, contient parfois des fragments de calcaire et de roches primitives, du bois bitumineux, etc. — Vide Brocchi, *Catalogo ragionato di Rocce*, pp. 45, 47.

Il existe une très-grande analogie entre le pépérino calcaire de la Limagne et celui du Vicentin; car ce dernier résulte sans doute d'éruptions qui ont éclaté au fond de la mer, où des masses considérables de matières calcaires (de l'époque tertiaire pliocène) étaient à l'état de mollesse et sans solidité; tandis que

La montagne de Courcour, colline isolée d'un volume considérable, et qui s'élève seule de la plaine près de Beauregard, est de même nature. Là le pépérino est traversé par des filons irréguliers de basalte d'un gris-foncé. L'aragonite n'y est pas aussi abondante qu'à Vertaizon.

Les puys de la Piquette et de Marmant, qui s'élèvent de l'autre côté de l'Allier, au-dessus de Veyre, le premier relai de la route postale de Clermont au Puy, nous offrent de pareils exemples de masses amorphes de pépérino calcaire traversé par des dykes verticaux de basalte. La seconde colline est en connexion par sa base avec une hauteur plus considérable, sur laquelle s'élève le village de Monton, mais dont la composition est différente. La roche qui forme la plus grande partie du puy de Marmant est semblable à celle déjà décrite; c'est un pépérino composé de fragments basaltiques, de petites scories et de fins détritus volcaniques, mélangé avec des fragments de calcaire de différentes grosseurs, le tout uni par un ciment calcaire. Les fragments calcaires prédominent sur le flanc ouest de la montagne qui regarde le puy de Monton. Le côté opposé ou oriental consiste en une masse amorphe de basalte dur, compacte, d'une couleur gris-bleu foncé, qui sans doute est venu d'en-bas à travers les couches sédimentaires calcaires. Certaines parties de cette roche sont amygdaloïdes, étant criblées de globules de mésotype compacte radiée, ce minéral ayant rempli les cavités préexistantes de la roche. Quand les cavités sont considérables, la zéolite ne les remplit pas entièrement, mais laisse voir un vide ou une poche tapissée de cristaux très-brillants. Les échantillons de cette substance qui proviennent de la colline qui nous occupe, sont trop connus dans toutes les

le premier provient d'éruptions qui ont eu lieu à travers une masse semblable déposée dans un lac d'eau douce. La grande variété des rares et belles cristallisations, auxquelles a donné naissance dans ces deux localités ce mélange violent de la matière calcaire avec les laves incandescentes, est fort remarquable. La mésotype, la stilbite, l'aragonite, la calcédoine et de nombreuses formes de spath calcaire abondent dans les druzzes, les cavités et les fissures de ces conglomérats.

collections minéralogiques pour qu'il soit nécessaire de les décrire. La variété la plus commune est celle qui consiste en groupes radiés de gros prismes quadrangulaires terminés par une pyramide obtuse dont les faces correspondent aux côtés du prisme. De nombreux cristaux capillaires, semblables à du verre filé très-fin, y sont quelquefois joints, mais occupent plus souvent des cavités séparées. Les mêmes cristallisations se trouvent dans les cavités du pépérino aussi bien que dans celles du basalte ; d'autres présentent différentes variétés très-belles de spath calcaire.

Le pépérino de Pont-du-Château est également riche en précieux et splendides échantillons, qui sont bien connus des collecteurs de minéraux rares.

La roche sur laquelle s'élève une partie de la ville est traversée par des fissures d'où découle spontanément une grande abondance de bitume visqueux. Les parois de ces fissures sont fréquemment tapissées par des mamelons de calcédoine, et quelquefois on y voit de très-gracieux groupes de petits cristaux de quarz, divergeant d'un point central, et disposés comme les pétales d'une fleur de souci. La réunion dans un simple échantillon de très-petites dimensions, de scories volcaniques, de calcaire, de calcédoine, de cristal de roche et de bitume, est singulière.

Quelques-unes des parties supérieures de cette roche présentent une structure sphéroïdale, semblable à celle qui se montre souvent dans le basalte. Les sphéroïdes ont depuis quelques pouces (0,05 centimètres) jusqu'à deux pieds (0,60 centimètres) de diamètre. Ils s'exfolient par la décomposition en enveloppes concentriques rappelant celles d'un oignon. Cette configuration semble remarquable dans un conglomérat, mais elle est fréquente dans les wackes (comme on les appelle généralement) qui accompagnent les basaltes anciens. Des filons d'un calcaire siliceux compacte et à grain serré, sans aucune particule apparente de basalte, quoique d'une couleur brunclair, traversent parfois cette roche en venant d'en-bas. Ce calcaire se mêle intimement à cette dernière à la ligne de contact.

Les puys de la Poix et de Crouël, ainsi que la colline peu élevée sur laquelle s'élève Clermont (1), consistent en un pépérino de même espèce, qui porte également la marque d'une violente et intime union de fragments volcaniques avec du calcaire à l'époque où ce dernier était encore à l'état de mollesse. Il renferme des masses mal définies et des veines de calcaire pur, quelquefois du bois bitumineux, de la calcédoine et du bitume. Cette dernière substance découlait autrefois en grande abondance du puy de la Poix, mais la source semble à présent tarie (2).

A la base nord de la colline sur laquelle Clermont est bâti, est une source dont l'eau contient en dissolution, à la faveur de l'acide carbonique qu'elle renferme, une si grande proportion de carbonate de chaux qu'elle dépose en arrivant à l'air, que ses incrustations ont formé un aquéduc naturel saillant de 240 pieds (90 mètres) de longueur, et qui se termine par une arche jetée en travers du ruisseau qui y coulait originairement, et dont la hauteur est de 16 pieds (4,80 mètres) et la largeur de 12 (3,60 mètres). Près de ce premier pont sont les rudiments d'une arche semblable, dont la construction se continue encore, et à l'aide de laquelle on se rend parfaitement compte de la formation de l'autre. On trouve d'autres fontaines incrustantes analogues dans diverses contrées. Celle-ci a été convertie en une source de revenu par son propriétaire, qui brise la chute de l'eau de telle façon, que les particules pierreuses peuvent se déposer sur différents objets naturels exposés à son écume. A l'époque de ma visite, un cheval et une vache empaillés étaient soumis à ce procédé de pétrification, aussi bien que la quantité habituelle d'oiseaux, de fruits, de fleurs, de médailles, de camées, etc.

Il est en Auvergne quelques autres sources qui possèdent à un haut degré la même qualité incrustante. Une à Chalusset,

(1) Nos 90, 89 et 88 de notre carte des Monts Dôme.

(2) La source de bitume existe encore, seulement elle est plus ou moins abondante suivant que la température est plus ou moins élevée. Le maximum d'émission du bitume a lieu pendant les fortes chaleurs; pendant les gelées, l'émission est presque nulle. (*Note du traduct.*)

une autre appelée la fontaine de Rambeau, sur les bords de la Couze près de Saint-Floret. Des deux côtés de cette rivière, et à une distance considérable du fond de la gorge où elle coule, se voient des fragments énormes de travertin calcaire, qui, par leur position, démontrent que cette source minérale a jadis érigé un pont semblable à celui de Saint-Alyre à Clermont, mais le dépassant prodigieusement par ses dimensions, et barrant probablement toute la vallée, car la source elle-même est à plus de 100 pieds (30 mètres) au-dessus de la rivière.

Il est digne de remarque que les trois sources que nous venons de mentionner, dont les dépôts sont exactement semblables, sauf une proportion plus ou moins grande de fer, sortent de terrains de nature différente : la première, d'un pépérino calcaire ; la seconde, de la base d'un cône volcanique régulier, à 20 milles (30 kilom.) au moins de toute roche calcaire ; la troisième, du granite. Il paraît de là qu'elles ont leur origine dans l'intérieur ou au-dessous des roches granitiques qui forment la base de tout le territoire, et qui renferment et recouvrent le foyer volcanique d'où en réalité ces sources minérales doivent provenir en dernier ressort. La même observation s'applique aux nombreuses sources *thermales* qui se rencontrent sur différents points du plateau, sourdant indifféremment des roches primitives ou des roches volcaniques : comme aux bains du Mont-Dore, à la Bourboule, à St-Nectaire, Châtelguyon, Gimeaux, Néris, Vichy, Vic-en-Carladez, Chaudesaigues, etc. Quelques-unes déposent un travertin qui contient beaucoup de silice et de carbonate de chaux, et de l'aragonite qui se rencontre quelquefois cristallisée dans les fissures. Il y a lieu de penser que la quantité de matière minérale amenée à la surface par de telles sources, était beaucoup plus considérable dans les temps anciens, et qu'elle diminue encore chaque année.

II. Bassin du Cantal.

Une formation d'eau douce, tout à fait semblable à celle de la Limagne dont elle est probablement contemporaine, se rencontre dans le Cantal, spécialement dans les environs d'Aurillac, qui est le chef-lieu de ce département. La principale différence qu'on remarque entre elles consiste dans la quantité beaucoup plus grande de silex associés aux marnes calcaires et aux calcaires du Cantal. De même que dans la formation de la Limagne, les couches inférieures sont arénacées et paraissent dériver des détritus des gneiss et des micaschistes au milieu desquels se trouve le bassin d'eau douce, et sur lesquels elles reposent. La série supérieure consiste en marnes calcaires et argileuses, avec des lits subordonnés de silex, de gypse et de calcaire. Les bandes de silex ressemblent beaucoup par leur disposition et leur aspect à nos *flints* de la craie d'Angleterre, étant tantôt continues, tantôt formant des séries de nodules concrétionnés, qui revêtent des formes semblables à celles de nos *flints*, et, comme eux, présentent une surface blanche. Cependant la substance de ces silex est en général plus vitreuse, elle ressemble au résinite, et se rapproche fréquemment de l'opale ou de l'agathe. Leur teinte est ordinairement brun-jaunâtre ou gris-bleuâtre, et ils sont quelquefois agréablement rubanés par des bandes de ces couleurs. Le calcaire marneux, lorsqu'il est pur de tout silex, est blanc ou blanc-jaunâtre, sa cassure est terreuse et inégale, et il est plein de cavités tubulaires irrégulières et de petites perforations capillaires, telles que celles qui auraient été laissées par des roseaux, des graminées ou d'autres herbes enveloppées dans la position où elles ont végété par un sédiment ou une incrustation calcaire. Il contient de nombreuses coquilles des genres potamide, hélice, lymnée, bulime, planorbe, etc., avec de petits cypris et des fructifications de chara. Quelquefois l'intérieur de la coquille est tapissé par de la calcédoine, tandis que le test lui-même consiste en carbonate de chaux ; d'autres fois, c'est la coquille qui est de silex et l'intérieur qui est calcaire. Les marnes feuilletées se divisent en feuillets minces comme du papier, ce qui est dû probablement à la présence de myriades de petites coquilles, ou bien à des tiges applaties de chara, qui y sont conservées. Quelques collines dans les environs d'Aurillac sont composées de semblables couches sur une hauteur de 200 ou 300 pieds (60 ou 90 mètres). Elles sont généralement couronnées par des lits massifs de brèche volcanique, de trachyte et de basalte. En quelques endroits, comme entre Aurillac et Polminhac, on voit que les couches marneuses sont bouleversées, et qu'il existe une alternance accidentelle de lits volcaniques et calcaires, telle que celle que nous avons décrite dans la formation de la Limagne.

Les limites originelles du bassin lacustre du Cantal ne peuvent être que difficilement fixées, à cause du voisinage d'énormes montagnes volcaniques dont les produits sont venus recouvrir ses dépôts. On rencontre cependant ces derniers sous les nappes volcaniques, partout où quelque torrent a mis à découvert les couches inférieures, en dedans d'un espace circonscrit par des lignes passant à Jussac, Vic-en-Carladez, Mur-de-Barrez et Panet. Mais comme ils reparaissent à la base nord-est du massif central du Cantal, près de Murat, avec les mêmes caractères que dans les vallées de la Cère, de la Goule et de la Jordanne, il paraît probable que le lac s'étendait sans interruption à travers l'espace intermédiaire.

III. Bassin de la Haute-Loire.

La formation d'eau douce du bassin de la Loire supérieure qui environne la ville du Puy, ne diffère que peu des deux formations analogues que nous venons de décrire ; et, comme ces dernières, elle a été recouverte en partie par des émissions prodigieuses et réitérées de matière volcanique, qui ont chargé ses couches généralement horizontales d'un revêtement massif de basalte et de brèche basaltique de trois ou quatre cents pieds (100 à 130 mètres) d'épaisseur. C'est pourquoi ce n'est guère qu'en suivant les profonds ravins dont l'action érosive des eaux a sillonné ces roches qui sont venues se placer au-dessus de lui, que le dépôt lacustre peut être observé dans toute son étendue. Néanmoins la vallée principale de la Loire, et celles de quelques-uns de ses affluents, laissent voir un plus large espace des couches à travers lesquelles elles ont été creusées.

Les limites primitives du bassin se montrent vers l'ouest, à la base de la chaîne granitique qui sépare les eaux de la Loire de celles de l'Allier. L'élévation du plateau granitique vers le Vivarais le bornait au sud, et quelques embranchements irréguliers des hauteurs de Saint-Bonnet et de la Chaise-Dieu à l'est et au nord. Un de ces contreforts granitiques s'étend à travers la formation lacustre et la sépare en deux parties, en détachant le petit bassin de l'Emblavès d'un bassin supérieur et plus considérable dans lequel est située la ville du Puy. La Loire passe actuellement de ce dernier bassin dans celui de l'Emblavès, à travers l'étroite, profonde et sinueuse gorge de la Voulte, et enfin sort de celui-ci au moyen du défilé analogue de Chamalières. Ces deux issues paraissent devoir leur origine à quelqu'une des plus récentes révolutions auxquelles ce remarquable district a été soumis. Certainement ni l'une ni l'autre ne pouvaient exister à l'époque où étaient à l'état de fusion les nappes massives de basalte et de phonolite qui couronnent chacune des lignes d'escarpement qui les dominent.

La série inférieure des couches lacustres consiste, comme dans les formations déjà décrites, en grès, en marnes sableuses bleues, grises et rouges bigarrées et en argiles. Le grès est une excellente pierre à bâtir, et les argiles sont employées par des fabriques de poterie (1). Les couches supérieures sont principalement formées de calcaire marneux, souvent très-siliceux,

(1) Des doutes ont été exprimés au sujet de ces grès, etc., aussi bien que des couches analogues qui reposent sous les marnes et le calcaire incontestablement tertiaire de la Limagne, et on s'est demandé s'ils n'appartiendraient pas à la formation secondaire du nouveau grès rouge ou grès bigarré. Les restes de végétaux qu'ils renferment quelquefois indiquent un sol marécageux et une atmosphère humide, consistant en grands roseaux, en moules de cyclopteris et de pecopteris, avec de petites graines et des fruits qui paraissent devoir se rapporter à des plantes dicotylédones. On n'y a encore trouvé aucune coquille. Dans les sables correspondants d'Auvergne on rencontre une espèce de cyrène, et M. l'abbé Croizet y a, dit-on, découvert un bivalve probablement d'origine marine; mais ce fait unique me semble peu manifeste, et je crois qu'on n'y peut faire aucun fond, à moins qu'il ne soit confirmé par une découverte ultérieure du même genre. Voyez l'Appendix à la Faune des couches tertiaires.

et qui renferme des lits de silex (*flint*) passant à une demi-
opale, principalement au voisinage des roches volcaniques. A
Saint-Pierre-Eynac, ces strates siliceuses passent évidemment
au-dessous du puissant massif phonolitique de Montplaux. Vers
le milieu du bassin, les marnes argileuses alternent avec des
couches de gypse, dont quelques-unes sont assez riches pour
être exploitées pour l'agriculture ou pour tout autre usage. Les
coquilles que renferment ces couches appartiennent à des espèces lacustres ou paludéennes; on y rencontre en outre des
ossements et des restes de poissons, de crustacés, d'oiseaux,
ainsi que leurs œufs (1). Au-dessus des marnes avec gypse, on
trouve ordinairement une grande épaisseur de couches de marne
calcaire et feuilletée, qui alternent avec un calcaire grisâtre,
offrant la consistance de la craie, ayant des cavités tubulaires
qui attestent son origine lacustre, et des moules nombreux de
Planorbes, Lymnées, Cyclostomes, Bulimes, Cypris, etc. Des
ossements et des dents d'animaux terrestres et aquatiques s'y
rencontrent en abondance, qui sont indiqués dans le catalogue
de M. Pomel auquel je renvoie (2). Le nombre et la variété
des restes organiques qu'on rencontre dans une seule localité,
la colline de Ronzon, et presque dans la même et unique
couche, sont si grands, qu'ils fournissent presque une faune
complète du district pendant la période de ses dépôts, que
MM. Pomel, Aymard et Lyell s'accordent à rapporter au
miocène inférieur.

On ne trouve rien qui indique clairement que quelque éruption des volcans voisins ait eu lieu à l'époque tertiaire pendant
laquelle ces couches sédimentaires se sont déposées dans le lac
d'eau douce de la Haute-Loire. On n'a découvert dans ce bassin aucune alternance de substances volcaniques avec les strates
sédimentaires, telles que celles que nous avons décrites dans la
Limagne. Il se peut, par conséquent, que, dès leurs pre-

---

(1) M. Aymard dit avoir trouvé dans ces couches les mammifères suivants
Palæotherium primævum, **P.** *subgracile*, *Monacrum velaunum*.
(2) Voyez l'Appendix.

mières manifestations, les volcans locaux aient occasionné un
tel bouleversement que le dessèchement du lac s'en est suivi ;
d'autre part, plusieurs des brèches volcaniques que nous aurons
occasion de décrire parmi les roches volcaniques de ce district,
ressemblent de près au pépérino du bassin lacustre d'Auvergne, et sont peut-être, comme cette roche, le produit
d'éruptions qui ont éclaté dans son lit avant que les eaux se
fussent entièrement écoulées.

IV. Bassin de Montbrison.

Je n'ai pas moi-même visité cette localité, et je n'en connais
aucune description détaillée. Ce bassin occupe une vallée-plaine
d'environ **20** milles de long (**30** kilom.) sur **10** de large
(**15** kilom.), encaissée entre les chaînes de granite et de gneiss
du Lyonnais et du Forez au sud, à l'ouest, et à l'est, et les
porphyres ainsi que les couches devoniennes de Tarare, à travers lesquels la Loire se fraie un passage vers le nord. Les
couches tertiaires de ce bassin ont une si étroite ressemblance
avec celles de la vallée inférieure de la même rivière, vers
Roanne, que M. Raulin (1) a été amené à présumer que les
deux bassins étaient originairement réunis par un chenal qui
permettait à leurs eaux de se tenir au même niveau. Les mêmes
sables rouges et jaunes, les mêmes grès, argiles et marnes
feuilletées, vertes et blanches, se rencontrent à Marcilly, à
Boën, Sury-le-Comtal, et généralement dans toutes les parties
de la plaine. Quelques éruptions volcaniques paraissent en outre
avoir eu lieu dans ce bassin et sur les hauteurs granitiques de
l'ouest. Mais, pour la raison donnée ci-dessus, j'ignore les
circonstances précises dans lesquelles se présentent les roches
volcaniques. M. Lecoq m'a appris que plusieurs dykes basaltiques se montrent vers la jonction du porphyre et du granite,
tandis que d'autres traversent des couches de cailloux roulés,
appartenant probablement au terme inférieur de la série lacustre. Une étude ultérieure de ce bassin serait à souhaiter

(1) *Bulletin* XIV, p 384.

V. Bassin de tripoli de Menat.

A Menat, sur la route de Riom à Montaigut, on trouve une dépression particulière dans le gneiss et les micaschistes qui, en cet endroit, prennent la place du granite qui compose le plateau primaire et cristallin. Elle est à peu près circulaire, d'environ un mille (1600 mètres) de diamètre, et ses eaux se déchargent dans la Sioule par un étroit goulet creusé dans les schistes cristallins qui n'a pas plus de 12 pieds (4 mètres) en largeur sur autant en profondeur. Avant que ce passage fût ouvert, elles ont dû former un lac sur toute la vallée, dont la surface est à peu près parfaitement de niveau.

Les excavations qui ont été creusées sur cette surface dans les couches de sédiment, montrent qu'elles se composent, jusqu'à une profondeur considérable mais inconnue, d'un schiste (*shale*) bitumineux ou argile desséchée feuilletée, d'une couleur noire sale, qui n'est évidemment que le fin détritus des roches micacées et talqueuses qui enceignent le bassin, imprégné par de la matière bitumineuse, et contenant souvent des restes de végétaux avec tout autant d'abondance qu'un lignite véritable. Elles renferment beaucoup de pyrite de fer, en nodules globulaires ou lenticulaires, et qui prend quelquefois la forme de moules applatis de poissons, principalement d'une espèce de cyprin qui ressemble beaucoup au cyprinus papyraceus du Siebengebirge. Les minces feuillets de l'argile schistoïde (*shale*) et du lignite montrent sur leurs surfaces de très-nombreuses impressions de feuilles semblables à celles du châtaignier, du sycomore, du saule, du tilleul et du tremble, qui croissent encore dans les environs, avec d'autres qui n'appartiennent certainement pas aux espèces européennes et ressemblent à celles du liquidambar styraciflua et du gossypium arboreum (1). Beaucoup de fruits applatis ou d'enveloppes de semence se rencontrent en outre, ressemblant aux fruits du

______

(1) Lecoq et Bouillet, *Vues et coupes géologiques du puy de Dôme.*

charme. Ces lignites paraissent avoir subi une combustion spontanée sur quelques points (probablement là où les pyrites abondaient), et le schiste a été converti en un tripoli rougeâtre qui est largement exploité pour les besoins du commerce. Il me semble probable que la formation de ce dépôt alluvial particulier n'est pas très-ancienne.

CHAPITRE III.

Examen préliminaire des notices qui ont été publiées jusqu'à présent sur les restes volcaniques de l'intérieur de la France.

———◇———

Il semble à peine croyable aux voyageurs qui parcourent aujourd'hui les montagnes du centre de la France, et qui voient de tous les côtés les traces de l'action volcanique s'offrant aux regards de la façon la plus évidente, qui aperçoivent de nombreuses sommités formées entièrement par des débris calcinés et incohérents, rougeâtres, criblés de pores, scorifiés, pareils aux déjections d'un fourneau, et qu'entourent des surfaces de lave noire et raboteuse, où le lichen refuse presque de végéter, qu'avant le milieu du dernier siècle, il ne s'est pourtant pas trouvé une seule personne qui ait songé à attribuer de telles marques de désolation à l'unique puissance de la nature qui soit capable de les produire. Cet aveuglement réel n'est cependant que trop naturel, et n'est point sans exemple. Les habitants d'Herculanum et de Pompeïa ont bâti leurs maisons avec les laves du Vésuve; ils ont labouré sur ses scories et ses cendres; ils ont cueilli les fruits du châtaignier dans son cratère, sans se douter de la proximité d'un volcan qui ne leur a donné la première notion de son existence qu'en les ensevelissant sous les produits de ses éruptions. Les Catanéens traitaient de fables tous les récits qu'on leur faisait de l'ancienne activité de l'Etna, jusqu'au moment où, en 1669, la moitié de leur ville fut engloutie par un courant de lave venu de cette montagne.

En 1751, deux membres de l'Académie des sciences de Paris, Guettard et Malesherbes, à leur retour d'Italie, où ils avaient visité le Vésuve et observé ses produits, passèrent à Montélimart, petite ville située sur la rive gauche du Rhône, et, après avoir dîné en compagnie de savants qui y résidaient, parmi lesquels était M. Faujas de St-Fond, ils sortirent pour explorer les environs. Le pavé des rues attira tout d'abord leur attention. Il est formé de courtes articulations de colonnes basaltiques plantées perpendiculairement dans le sol, et ressemble par suite à celui des routes antiques dans le voisinage de Rome, qui sont pavées avec des pièces polygonales de lave. En s'informant, ils apprirent que ces pierres provenaient du rocher sur lequel est bâti le château de Roche-Maure, sur la rive opposée du Rhône ; et on les instruisit en outre que des roches pareilles abondaient dans les montagnes du Vivarais. Ces renseignements engagèrent les académiciens à visiter cette province, et étape par étape, ils atteignirent la capitale de l'Auvergne, découvrant chaque jour une raison nouvelle pour croire à la nature volcanique des montagnes qu'ils traversaient. Arrivés à Clermont, tout doute disparut. Les courants de lave des environs de cette ville, noirs et hérissés comme ceux du Vésuve, descendants sans interruption de plusieurs cônes de scories qui, pour la plupart, présentent un cratère régulier, les convainquirent de la vérité de leurs conjectures, et ils proclamèrent hautement leur intéressante découverte.

De retour à Paris, M. Guettard publia un Mémoire où il annonçait l'existence de volcans éteints en Auvergne (1), mais il n'obtint que peu de crédit. Cette idée parut à beaucoup de personnes une extravagance ; et même un très-sagace professeur de Clermont, qui prétendit que les scories volcaniques n'étaient autre chose que des débris de fourneaux de forges établis dans les montagnes voisines par les Romains, ces auteurs de toute chose merveilleuse, gagna plus de partisans que le naturaliste. Par degré, cependant, l'obstination de l'ignorance fut forcée de céder à l'évidence, et M. Desmarest,

(1) Guettard, *Mémoire sur quelques montagnes de la France qui ont été des volcans* (*Mém. de l'Acad. des sciences*). 1752.

quelques années plus tard, ayant publié son *Mémoire sur l'origine des basaltes* (1), accompagné par la carte de plusieurs des courants volcaniques d'Auvergne, le doute ne fut plus permis sur cette question.

M. Faujas de St-Fond, dont l'attention a été dirigée, par la circonstance ci-dessus mentionnée, vers les restes volcaniques qui environnaient sa résidence, publia presque en même temps son Mémoire (*Des volcans éteints du Vivarais et du Velay*) (2). Mais malheureusement, n'ayant jamais étudié les phénomènes que présentent les volcans en activité, ni appris à distinguer bien exactement les substances qui ont été produites ou modifiées par cette classe d'agents naturels, il est tombé dans de nombreuses erreurs, prenant chaque dépression pour un cratère, chaque masse de basalte pour un volcan, et ne voyant rien que des laves décomposées dans les couches de marnes et de grès. La carte de Desmarest est d'une remarquable exactitude, et dénote une étude très-soigneuse et très-consciencieuse des localités. Mais ses remarques descriptives renferment plusieurs erreurs. Il voit dans chaque fragment isolé d'un ancien courant basaltique, ce qu'il appelle un *culot*, ou résidu de lave arrêté à la bouche d'un cratère, et il a entièrement négligé toute observation sur les caractères minéralogiques et les différences qu'on découvre dans les diverses laves. Toutefois, les travaux de ces deux naturalistes ont fortement contribué à établir ce fait : *Que de nombreux volcans ont éclaté dans l'intérieur de la France à des époques différentes et très-reculées,* et ont couvert la plus grande partie de l'Auvergne, du Velay et du Vivarais, avec les produits de leurs éruptions.

Dolomieu aussi, en **1797**, traversa rapidement l'Auvergne en se rendant en Suisse ; mais dans le rapport qu'à son retour il présenta à l'Institut, il ne fait que mentionner très-brièvement les roches de cette contrée, et il paraît avoir seulement cherché en elles la confirmation de sa doctrine favorite sur l'état de fusion de la partie centrale du globe.

(1) *Mém. de l'Acad. des sciences*, 1771.
(2) In-fol., 1778.

Le Grand d'Aussy, dans son *Voyage en Auvergne*, publié en 1794, appela de nouveau l'attention du public sur les phénomènes naturels de cette contrée, qui étaient retombés dans l'oubli ; mais comme cet auteur était plutôt apte à faire des descriptions romantiques que des observations scientifiques, on ne peut acquérir par son ouvrage que bien peu de connaissances réelles sur ce sujet. Ce fut seulement en 1802 que M. de Montlosier, après une étude profonde et attentive des monts Dore et des monts Dôme, publia son *Essai sur la théorie des volcans d'Auvergne*, et montra sous leur vrai jour les rapports variés et les caractères distincts de ces intéressants restes volcaniques. Desmarest, dans son Mémoire de 1771, avait remarqué que la parfaite correspondance des couches de basalte sur chaque flanc de certaines vallées démontre qu'elles ont fait partie de mêmes coulées, dont la continuité a été interrompue par le creusement de la vallée postérieurement à l'époque où la lave s'est épanchée. Cependant il est loin d'appliquer ce principe dans toute son étendue, et il a continué à voir dans toutes les collines isolées recouvertes de basalte, si nombreuses en Auvergne, tout autant de volcans dénudés de leurs scories par les courants de l'Océan, sous lequel il a imaginé que leurs éruptions ont eu lieu, et qu'il aurait enveloppé de ces couches horizontales de calcaire sur lesquels les produits volcaniques reposent en réalité. M. de Montlosier donc a le premier établi la vraie nature de ces pics et de ces plateaux basaltiques, et a ainsi donné la clé de l'étude de la contrée, clé sans laquelle les phénomènes qu'elle présente offrent une suite d'interminables difficultés. Le plus grand nombre de ses remarques ont été reçues comme des faits établis par les observateurs qui sont venus depuis, et leurs recherches subséquentes n'ont fait qu'en confirmer la solidité.

M. de Buch, ayant fait un court séjour à Clermont en 1802, écrivit, dans une lettre à M. Pictet, des considérations sur quelques-uns des restes volcaniques les plus remarquables des environs, qui furent publiées immédiatement dans la *Bibliothèque britannique*, conjointement avec la copie d'une portion de la carte de Desmarest ; et, en 1809, il imprima dans le second volume de ses *Geognostichen Beobachtungen* quelques lettres sur l'Auvergne, accompagnées de vues du Mont-Dore, comme un appendix à son *Voyage en Italie*, etc.

En 1803, M. Lacoste, professeur d'histoire naturelle à Clermont, publie quelques *Observations sur les volcans d'Auvergne*, et, en 1805, quelques *lettres* sur le même sujet. Ces ouvrages ne contiennent toutefois que peu d'observations de quelque valeur. En 1808, M. Ramond, alors préfet du département du Puy-de-Dôme, lut à l'Institut son *Mémoire sur le nivellement des plaines*, auquel il avait joint une liste des hauteurs barométriques des environs de Clermont, avec un exposé succinct de leurs caractères géologiques. Peu de temps après, M. d'Aubuisson, qui publia, plus tard, un *Traité général de géognosie*, lut devant l'Institut ses observations faites pendant un voyage dans l'Auvergne, dans le Velay et dans le Vivarais, voyage dont le résultat bien connu est d'avoir promptement converti sa ferme opinion sur l'origine neptunienne des basaltes et des autres membres de la formation trappéenne, en une pleine conviction qu'ils ont autrefois coulé à l'état de fusion, et qu'ils sont parfaitement identiques avec les laves volcaniques ; conclusion à laquelle ne peut manquer d'arriver celui qui, pour atteindre la vérité, poursuivrait la même route que M. d'Aubuisson (1).

En 1817, M. le baron Ramond présenta à l'Institut un second mémoire sur le sujet qui nous occupe, intitulé : *Nivellement barométrique des monts Dore et des monts Dôme*, qui, outre les hauteurs absolues de plus de deux cent cinquante points remarquables de ces deux groupes de montagnes, contient une exposition exacte et méthodique de leur structure géologique, tracée avec ce discernement scientifique et cette impartialité qui ont placé M. Ramond au rang des observateurs les plus distingués de notre époque. Je dois beaucoup à cet ouvrage, soit pour un grand nombre d'informations locales, soit pour presque toutes les mesures de hauteurs dont je me suis servi dans la suite de cet ouvrage.

(1) *Journal de physique*, t. 58, 59.

Ce sont là, à part un mémoire du docteur Daubeny qui a paru dans l'*Edimburgh philosophical journal* de 1820-21, et quelques notices partielles et sans suite, insérées dans le *Journal des mines* par M. Cocq, de Laizer et Cordier, les seuls écrits que j'aie trouvés touchant quelques-uns des restes volcaniques de l'intérieur de la France, à l'époque où fut publiée ma première édition. Depuis lors, la contrée a été visitée de nouveau par le docteur Daubeny en 1830, et aussi par M. Lyell et Murchison en 1829. Les observations du premier sont consignées dans son livre *sur les Volcans* (2º édition, 1848). Celles des derniers géologues ont été en partie communiquées au public dans le *journal of the geological society* (vol. 2, p. 75), en même temps que dans un mémoire de l'*Edimburg philosophical journal* (avril 1829). Sir Charles Lyell a, depuis, brièvement et très-savamment esquissé la géologie de l'Auvergne, etc., dans son *Manuel*. Je cite au renvoi ci-dessous les principales publications qui ont paru sur ce sujet de la part des géologues français (1). Aucune cependant n'est assez complète pour tenir lieu d'une description générale de cette contrée si remarquable, ou pour servir de guide aux géologues désireux d'étudier pour eux-mêmes en détail ses traits singuliers, et surtout cette série de produits volcaniques qui s'y montrent avec une variété de combinaisons et de dispositions d'un intérêt particulier, et peut-être sans exemple ailleurs. En conséquence j'espère que, dans cette condition, la présente publication pourra être de quelque service.

(1) Rozet, *Mémoire sur les volcans d'Auvergne; Bull.* XIII, p. 221. Lecoq et Bouillet, *Vues et coupes du département du Puy-de-Dôme*, 1830. Fournel, *Annales de la Société géol.*, I, p. 225, 1842. Ruelle, *Bull. XIV*, p. 106, 1842. Raulin, *Bulletin XIV*, p. 547. Burat, *Description des terrains volcaniques de la France centrale;* Paris, 1843. Pissis, *Bulletin XIV*, p. 250, 1823. Pomel, *Bulletin XIV*, p. 206, 1843; id., 2ᵉ série, I, p. 579, 1844. C. Prévost, *Bulletin XIV*, p. 125. Aymard, *Bulletin*, 2ᵉ série, vol. II, III, IV. Bertrand Roux, *Descript. du Puy en Velay*, 1823, un excellent ouvrage sous tous les rapports. Voyez en outre l'Appendix aux *Volcans* de Daubeny, 1848.

CHAPITRE IV.

Coup d'œil général sur les formations volcaniques du plateau granitique du centre de la France.

Nous avons déjà fait remarquer que les formations volcaniques du centre de la France atteignent à une hauteur bien supérieure à celle des parties les plus élevées du plateau granitique. Plusieurs de ceux qui les ont observées les premiers, particulièrement M. de Montlosier, et après lui le docteur Daubeny, les ont divisées en deux classes : formations volcaniques anciennes et formations volcaniques modernes, admettant qu'elles paraissent être les unes antérieures, les autres postérieures à une prétendue période diluviale à laquelle on attribue l'érosion qui a produit les vallées actuelles de la contrée. Mes observations sur les traits généraux de celle-ci, en 1821, m'ont amené non-seulement à douter, mais encore à nier entièrement qu'il y ait quelque motif de rapporter l'action dénudatrice à laquelle sont dues ces vallées à quelque cataclysme ou phénomène diluvial particulier. Il me paraît absolument que cette opération a dû marcher depuis la première apparition du pays au-dessus de la mer, et qu'elle se continue encore, ayant pour principale cause la décomposition et l'érosion des roches par la pluie, la gelée et les autres agents météoriques, mais plus spécialement par la chute directe de la pluie et par le lavage des eaux superficielles, qui partout, et formant une véritable échelle progressive de force, comme ruisseaux, torrents, rivières, sont sans cesse occupées à saper et à miner leurs rives, et à en charrier les détritus dans les plaines qu'elles couvrent d'alluvium. Tous ces cours d'eau les transportent continuellement de plus en plus loin et les broient toujours plus fin, jusqu'à ce qu'ils finissent par les rejeter sous forme de sable et de limon dans l'Océan où ces débris s'accumulent en dépôts sédimentaires. Dans la position relative des plateaux de basalte et de trachyte, qui en Auvergne surmontent des collines à des hauteurs variées, quelques-uns à plus de mille pieds (300 mètres) au-dessus de la plaine de la Limagne, d'autres seulement à une faible élévation au-dessus soit de sa surface, soit du fond alluvial des vallées tributaires, j'ai cru trouver d'amples preuves que le creusement de ces vallées, aussi bien que celui de la plaine où elles aboutissent, a été graduel depuis les temps les plus reculés jusqu'à l'époque la plus rapprochée de nous, et a été accompagné continuellement par quelques éruptions volcaniques, qui, partant principalement des hauteurs granitiques voisines, ont néanmoins parfois éclaté dans la circonscription du bassin lacustre, je veux parler de la plaine actuelle de la Limagne. Aussi je pense qu'il n'est pas possible de tracer une ligne nette de démarcation chronologique entre les produits volcaniques anciens et les modernes, bien que, je n'en doute pas, quelques-uns remontent à une antiquité très-éloignée relativement aux autres.

Il me parut, en prenant d'ensemble la région entière de l'Auvergne, du Velay et du Vivarais, que ses terrains volcaniques se divisent géographiquement en six groupes distincts. Premièrement : les trois massifs montagneux du Mont-Dore, du Cantal et du Mézenc. Chacun d'eux élève son énorme masse au-dessus du plateau granitique jusqu'à une hauteur d'environ 6000 pieds (1800 mètres) au-dessus du niveau de la mer, et paraît avoir été le centre d'éruptions répétées sur une large échelle, qui ont donné naissance à une montagne volcanique semblable à l'Etna, au pic de Ténériffe et autres qui sont le siége d'éruptions périodiques. Secondement : les produits de bouches éruptives plus distinctes entre elles, qui se sont ouvertes à différentes époques, mais surtout depuis l'inactivité des volcans à éruptions réitérées, ci-dessus mentionnés, et cela sur une bande courant à peu près du nord-ouest au sud-est, depuis un point situé au nord-ouest de Riom jusqu'aux environs d'Aubenas dans l'Ardèche. Quelques interruptions plus larges que les espaces qui séparent ordinairement les points d'éruption de cette ligne, m'ont amené à subdiviser ce groupe en trois sections : 1°. Chaîne des puys des monts Dôme; 2°. chaîne des puys de la Haute-Loire; 3°. groupe des bouches volcaniques du Vivarais, qui ont éclaté dans quelques gorges tributaires de l'Ardèche. A cela il faut ajouter un quatrième groupe indépendant, que je n'ai pas étudié par moi-même, et dont je n'ai trouvé aucune description détaillée. Il se trouve au sud du Cantal, près de la Guiolle, et sur une ligne parallèle à la zône plus orientale que nous venons de mentionner.

La commodité de cette division géographique l'a fait adopter par les écrivains les plus récents, français ou anglais; aussi continuerai-je à l'employer dans les pages qui suivront. Pour plusieurs motifs, spécialement parce que c'est dans l'ordre d'approche des visiteurs qui viennent de Paris et du nord, et que c'est en outre la meilleure introduction aux autres phénomènes volcaniques du district, je commencerai par la description de la chaîne des puys (ainsi qu'on les nomme) de la Limagne et des monts Dôme, qui s'élèvent à l'ouest de Clermont-Ferrand, chef-lieu du département du Puy-de-Dôme, et un excellent centre d'exploration pour la remarquable contrée qui l'environne.

CHAPITRE V.

Première région volcanique. — Monts Dôme et Limagne d'Auvergne.

————◉————

La Limagne d'Auvergne , comme nous l'avons déjà remarqué au sujet de sa formation d'eau douce, est une grande vallée-plaine d'environ 20 milles (32 kilom.) de large sur 40 (64 kilom.) de long. Son sol , à l'exception des collines calcaires dont nous avons parlé , consiste en un alluvium formé principalement par des débris roulés de roches granitiques , de trachyte et de basalte , à travers lesquels l'Allier creuse encore son lit pour la plus grande partie, dans son cours du sud au nord. L'inclinaison de la surface de la plaine vers la rivière , sur l'une et l'autre rive , là où elle n'est point interrompue par des hauteurs, est à peu près en moyenne de trente pieds (10 mètres) par mille (1600 mètres). C'est du moins la pente qu'elle offre depuis la base de la petite colline sur laquelle Clermont est bâti , jusqu'à la marque des basses eaux à Pont-du-Château, le premier point étant à 1204 (400 mètres) le second à 1027 pieds anglais (300 mètres) au-dessus de la mer , et la distance de l'un à l'autre d'à peu près neuf milles (12 kilom.).

La limite occidentale de la plaine est formée par l'escarpement abrupt du plateau granitique que nous avons décrit. Des collines moins élevées s'en détachent et se prolongent dans la plaine , tandis que des gorges étroites et rapides y creusent de profonds sillons. Lorsqu'on parcourt ces gorges , on s'aperçoit qu'elles ne pénètrent pas à une grande distance et qu'elles se terminent à la base de la ligne des montagnes volcaniques ou *puys* comme on les nomme dans le pays, qui s'élèvent sur la surface d'ailleurs à peu près unie du plateau, suivant une ligne dirigée presque exactement du nord au sud. Le plateau descend par une pente très-douce sur le côté ouest de la chaîne des puys, vers la vallée de la Sioule dont le cours est à peu près parallèle à la rangée volcanique. La largeur de cette plate-forme granitique est d'environ 12 milles (18 kilom.), son élévation moyenne de 2800 pieds (1100 mètres). La partie ouest est composée principalement de gneiss; mais à l'est elle est formée par du granite veiné dans lequel les transitions d'un grain grossier à un grain extrêmement fin sont très-fréquentes. Souvent cette roche se décompose rapidement, et chaque orage détache de ses surfaces exposées des quantités de sable cristallin. Sur cette plate-forme s'élève la *chaîne des puys*, qui comprend à peu près soixante montagnes volcaniques, plus ou moins considérables, dont quelques-unes se groupent en contact immédiat les unes avec les autres, tandis que d'autres fois un intervalle considérable les sépare. Le tout joint aux scories et aux cendres volcaniques qui couvrent la plaine autour d'elles et entre elles, forme une crète dentelée et irrégulière, dirigée du nord au sud, et d'environ 20 milles (30 kilom.) de long sur deux (3 kilom.) de large (1).

A l'exception de cinq, parmi lesquels le puy de Dôme lui-même, la plus élevée et la plus proéminente, toutes ces montagnes sont des cônes volcaniques d'éruption (2), dont l'origine

(1) Voyez, Carte des monts Dôme, et les profils, pl. I et II.

(2) Un cône volcanique d'éruption dans sa forme normale, avec un cratère ou dépression en forme de coupe au sommet, est le résultat de l'accumulation autour de l'orifice ou cheminée volcanique, des scories et des autres matières fragmentaires projetées dans l'atmosphère par la série des décharges explosives de vapeurs élastiques et de gaz qui caractérisent généralement une éruption. Les fragments qui retombent sur l'ouverture sont nécessairement projetés plus d'une fois et broyés en sable graveleux ou en cendres fines par les frottements qui accompagnent cette opération violente. Ceux qui tombent en dehors de la cheminée, s'accumulent tout autour en un rebord circulaire, dont les pentes extérieures et intérieures sont inclinées sous un angle qui dépasse rarement 35°. Et, vu du dehors, ce rebord a généralement l'apparence d'un cône tronqué; le cratère représentant un cône creux renversé dans le premier.

paraît très-récente. Leur élévation varie entre 500 (150 mètres) et 1000 pieds (300 mètres) au-dessus de leur base. Elles sont couvertes d'un gazon serré ou bien de bruyères, et quelques-unes par d'épaisses forêts de hêtres, jadis beaucoup plus abondantes. Ce revêtement cependant n'empêche pas d'observer leur composition, qui se trahit à travers de fréquentes déchirures et écorchures dans le gazon. Plusieurs portions considérables semblent même avoir été toujours privées de végétation.

Ces cônes paraissent entièrement et uniformément composés de scories incohérentes, de blocs de lave, de lapillo et de pouzzolane, avec des fragments accidentels de domite et de granite. Leur forme est plus ou moins celle d'un cône tronqué, et leurs flancs s'élèvent sous un angle qui oscille autour de 30°. Le cratère est souvent parfait, et il faut alors gravir la montagne pour l'observer. Fréquemment, cependant, il s'est formé sur un de ses bords une échancrure par où la lave s'est échappée, évidemment par suite de la pesanteur et du choc de cette matière, alors qu'elle était poussée hors de l'orifice volcanique à l'état de fusion après la formation du cône.

Dans plusieurs cas, les éruptions ont eu lieu sur divers points si voisins les uns des autres que leurs éjections se sont mêlées; et, au lieu d'un simple cône, il en résulte une montagne irrégulière avec deux ou trois cratères distincts, ou bien une longue croupe inégale. Une de ces montagnes, le puy de Montchié, a quatre cratères différents, qui toutefois ne sont visibles que lorsqu'on est au sommet.

Il est probable que ces cheminées volcaniques ont à peu près fourni chacune sa coulée de lave; mais les bases des cônes étant quelquefois en partie cultivées ou couvertes de forêts, il n'est pas toujours possible de remonter jusqu'à sa source chaque coulée visible, et d'établir quel est précisément le cratère qui l'a produite.

Il est évident que le volcan continue quelquefois à lancer des scories et des cendres après que la lave a cessé de couler, circonstance souvent remarquée pendant les éruptions de l'Etna. En ce cas, la source immédiate du courant de lave et sa counexion avec le cratère sont dissimulées par ces matières incohérentes. Parfois il semble, ce qui appartient aussi aux éruptions de tous les volcans actuels que j'ai pu observer, que la lave a été produite par un orifice, tandis que les jets de gaz sont sortis par un autre, ce dernier présentant un cône intact et complet, formé de scories et de matériaux fragmentaires, tandis que le premier en montre un ébréché et imparfait.

En général, cependant, on voit les coulées de lave s'échapper directement soit du cratère, soit du pied du cône, et de là s'étendre sur un large espace du plateau environnant, ou remplir le fond d'une vallée jusqu'à quelque distance. Leur surface offre une succession de masses informes et hérissées de roches scoriacées, et présente à l'imagination l'idée d'une mer sombre et orageuse de matière visqueuse soudainement congelée au moment de sa plus terrible agitation.

Ces champs de lave qui sont tantôt entièrement nus, tantôt en partie recouverts par des broussailles rabougries, sont appelées *cheires* dans le patois d'Auvergne (1).

La lave a coulé soit vers l'est, soit vers l'ouest, suivant la pente naturelle du sol et l'emplacement de la bouche volcanique ; et quoique les coulées se soient dirigées en plus grand nombre vers la Limagne, pénétrant dans quelques-unes des profondes vallées qui y aboutissent, la pente douce par laquelle le plateau descend à l'ouest vers la Sioule a fait que celles qui ont été vomies de ce côté ont couvert un plus large espace, et sont conséquemment plus apparentes (2).

(1) Il est assez singulier que les habitants des régions fertiles de la base de l'Etna appellent leurs laves d'un nom analogue : *Sciara*. Borelli le latinise en *Glarea* ; mais le terme *Serra* (Scie), appliqué aux contours dentelés d'une chaîne de montagnes, semble être la commune origine d'où dérivent les deux expressions. La *Serra* ou *Sierra* des Espagnols a une signification correspondante ; enfin un des plateaux basaltiques de l'Auvergne s'appelle encore et s'écrit : *la Serre*. — Ajouté par le traducteur : Le radical du mot *Cheire* est en réalité « cair, pierre, » d'où vient aussi le mot *carrière*. Ainsi l'expression cheire signifie lieu pierreux, ce qui se rapporte bien à la surface des courants de lave si hérissée de blocs, de pointes rocheuses.

(2) Voyez planche II et la carte des monts Dôme.

Quelques éruptions, en petit nombre, ont eu lieu de chaque côté, en dehors de la ligne principale des puys. La plus éloignée peut s'observer près du village de Chalusset, au-delà et sur le bord de la Sioule. Les puys de Gravenoire, de Chanat et de la Bannière, s'élèvent sur une seconde ligne parallèle à la première et à la plus considérable, et tout à fait sur le bord du plateau granitique, là où il limite la plaine de la Limagne.

Les montagnes de la chaîne principale sont sur plusieurs points disposées en groupes ou systèmes particuliers. Dans chacun de ces groupes, les divers cônes ont été, suivant toute apparence, formés par des éruptions ou contemporaines, ou qui se sont succédé immédiatement, et qui ont suivi les ramifications d'une même cheminée intérieure. Quelquefois leurs laves offrent entre elles une étroite ressemblance, et elles semblent parfois avoir été vomies par des orifices voisins dans un même bain ou lac, où elles se sont complétement mêlées, comme si elles avaient jadis été fluides en même temps. De là, comme d'un réservoir commun, sort ordinairement un unique courant qui se dirige vers les niveaux les plus bas. On sait que quelques-unes des éruptions des volcans actuels, tels que l'Etna et le Vésuve, produisent divers cônes secondaires ou parasites de cette manière, et divers courants de laves plus ou moins distincs par des orifices qui s'ouvrent successivement, soit parce que les premiers formés se sont bouchés, soit parce que la lave s'est frayé un passage à travers de nouveaux points de la fissure volcanique.

Les montagnes qui composent ces groupes ne présentent aucun mode général d'arrangement. Quelquefois elles forment une ligne droite, se touchant les unes les autres par leurs bases, ou même étant réunies d'une manière plus étroite. D'autres fois elles sont groupées irrégulièrement.

Quoique tous les cônes de la chaîne des puys puissent être considérés comme de formation récente, ils sont loin d'appartenir à une seule époque. Tout atteste qu'ils se sont élevés à la suite d'éruptions successives, souvent à des périodes très-distantes. Les différences d'aspect de leur coulée de lave, dont quelques-unes ont considérablement cédé à la décomposition extérieure, tandis que la surface des autres est encore nue, âpre et inaltérée, ne sont peut-être pas des indices suffisants à prouver leur âge, puisque le pouvoir qu'a le temps de produire ces effets sur les laves, varie en même temps que leur constitution minérale, suivant le plus ou moins de fer, de felspath, etc., qu'elles contiennent. L'état de délabrement considérable de certains cônes, ainsi que la position élevée de leurs coulées, relativement au sol environnant, sont des signes assez certains d'une plus grande antiquité, surtout lorsqu'ils coïncident, comme cela a toujours lieu dans cette région, avec les marques précédentes.

Il ne faudrait pas cependant s'attendre à pouvoir reconnaître, même approximativement, leur âge positif ; ce qui serait néanmoins une question intéressante à élucider. Tout ce que nous savons, c'est que, malgré l'apparence de grande fraîcheur de beaucoup d'entre eux, leur production doit être fort antérieure aux plus anciens documents historiques sur la contrée où il n'est fait mention d'aucune éruption volcanique.

Au centre de la ligne que nous venons de décrire, s'élève la célèbre montagne du Puy-de-Dôme « le géant de la chaîne, » comme l'appelle Ramond, qui dépasse de beaucoup par sa masse et par son élévation les nombreuses sommités qui, à partir de sa base, s'étendent vers le nord et vers le sud. Sa hauteur au-dessus de la mer est de 4842 pieds (1468 mètres), et au-dessus de sa base d'à peu près 1600 pieds (500 mètres), ses flancs présentant une inclinaison qui varie de 30° à 60°. Il est entièrement formé de cette variété de trachyte à laquelle on a donné le nom de *domite*, parce qu'on lui supposait un caractère minéralogique particulier.

Outre le Puy-de-Dôme, il y a, dans le voisinage, quatre ou cinq autres montagnes bien moins considérables qui sont formées de la même roche, et toutes sont, par leur position, en étroite connexion avec quelques-uns des cônes volcaniques de la chaîne des puys, au centre de laquelle ils apparaissent ; de sorte que, nonobstant leur structure et leur composition qui est totalement différente, il n'y a pas de doute, dans ma pensée au moins, qu'elles soient pareillement connexes par leur origine avec ces cônes, et qu'en somme, elles ont été produites en même temps et par une simple modification de la même action volcanique.

Elles sont dispersées irrégulièrement parmi les autres puys, vers le milieu de la chaîne, et s'en distinguent de loin par leur teinte blanchâtre partout où la roche est à découvert, ainsi que par leurs contours arrondis.

A l'exception du puy Chopine, elles consistent entièrement en cette roche, à qui la plus considérable d'entre elles a fait donner le nom de domite. Chacune apparaît comme un énorme massif de cette substance, dans lequel il est difficile de découvrir quelques marques d'une structure bien définie. En quelques parties, la roche est presque compacte, solide et médiocrement dure ; ailleurs elle est légère, terreuse, friable ou tout à fait pulvérulente. La roche qui forme chacune de ces montagnes, ne diffère de celle qui constitue les autres que par des caractères accidentels et insignifiants. Sa couleur est généralement d'un blanc grisâtre ou brunâtre ; mais, sur quelques points, elle a pris des teintes variées rouges et jaunes dues à l'action des vapeurs acides. Elle absorbe l'humidité avec une grande activité, et cet acte s'accompagne d'une sorte de sifflement et d'un dégagement considérable de bulles d'air. Sa texture est rude et granulaire, et, quand on l'examine à la loupe, elle paraît être une aggrégation de cristaux microscopiques imparfaits de felspath vitreux, où sont disséminés des grains encore moindres d'augite et des paillettes accidentelles de mica. Ces éléments sont en partie séparés les uns des autres par de petits pores, qui rendent la substance âpre au toucher, légère, spongieuse et absorbante. Les minéraux, plus volumineux qu'elle renferme sont : la variété vitreuse de felspath, généralement fendillée et frittée; le mica en paillettes hexagonales ou rhomboïdales, bronzé ou bien noir; la hornblende en cristaux aciculaires hexagonaux, laminaires, généralement d'un noir profond et très-brillants le long des plans de clivage ; le sphène ; et enfin le fer spéculaire et titaniaté en grains dispersés, en lames minces ou en octaèdres réguliers.

La manière intime dont les cristaux de ces différentes substances sont entremêlés semble indiquer qu'ils ont cristallisé à peu près en même temps. Cependant, il paraît qu'en général ceux de mica et de hornblende étaient entièrement formés avant la complète cristallisation du felspath ; car on remarque fréquemment des cristaux parfaits de ces deux minéraux enveloppés et comme suspendus au centre d'un large cristal de felspath vitreux, et les fissures du mica ou de la hornblende sont invariablement pénétrées par le même felspath. Très-communément les cristaux qui constituent la roche paraissent avoir été rompus, déformés et brisés sans doute par le frottement contre les parois de la cheminée, lorsqu'elle a été poussée du foyer volcanique à la surface de la terre.

Le domite est extrêmement sujet à la décomposition qui l'affecte souvent jusqu'à la profondeur de quelques pieds. Ses éléments sont alors désagrégés ; il prend un aspect terreux, et se laisse broyer sous les doigts. Les cristaux de felspath se carient, perdent leur lustre, et finalement toute la masse se résout en une poussière sèche et cendreuse, dans laquelle on trouve intacts les cristaux de hornblende, de mica et de fer octaédrique.

La nature volcanique du domite n'a jamais été contestée, et elle est bien suffisamment démontrée par les ponces qui l'accompagnent et qu'il renferme ; par la nature vitreuse de ses cristaux de felspath ; par sa porosité ; par l'acide muriatique qui l'imprègne, et le soufre et le fer sublimé qui tapissent ses fissures, etc. ; sans parler de sa ressemblance avec le trachyte du Mont-Dore, qui est encore une preuve plus forte de son origine volcanique.

Entourées et en partie embrassées par des cônes de scories et de pouzzolanes, et éloignées des roches du Mont-Dore qui seules ont une semblable composition, ces montagnes ont offert un problème embarrassant à tous ceux qui n'ont fait que visiter rapidement l'Auvergne, et, en même temps ont fourni un ample champ aux conjectures des théoriciens. De là, les opinions contradictoires qui ont été mises en avant sur leur origine. Desmarest considère la roche qui les compose comme un granite chauffé sur place par suite de la conflagration volcanique environnante. De Saussure la regarde comme un petrosilex qui a subi la même opération extraordinaire. Dolomieu, Mossier, Montlosier et de Buch en font un granite broyé et liquéfié par l'action volcanique souterraine, et qu'une soudaine expansion de gaz a poussé à travers différentes ouvertures au-dessus desquelles il s'est consolidé sous la forme de bulles énormes.

Ramond attaque complétement ces hypothèses, et soutient que penser qu'une montagne de la grandeur du Puy-de-Dôme a été entièrement calcinée sur place, est un écart d'imagination qui ne peut être égalé que par la supposition qu'elles ont été poussées comme une bulle hors d'une crevasse.

Il nie en outre que chaque montagne domitique soit indépendante des autres, qu'elle soit une production isolée due à une opération locale particulière ; et il assure que cette roche se montre par lambeaux sur plusieurs autres points du voisinage, fait qui tend à prouver que ces différentes masses de nature identique étaient jadis, sinon encore aujourd'hui, réunies, et constituaient ensemble une vaste couche couvrant une large étendue du plateau, que des éruptions postérieures et d'autres actions mécaniques ont en grande partie détruite, recouverte et réduite à des restes en apparence isolés, actuellement seuls apparents. M. Ramond conclut que cette couche est une ramification des courants trachytiques du Mont-Dore. M. d'Aubuisson professe aussi la même opinion, de sorte que les autorités de chaque côté paraissent se balancer.

Il est, je crois, généralement reconnu maintenant, que le domite n'est qu'une variété de trachyte, que c'est la même roche, dans tous ses caractères essentiels, que celle qui constitue la plus grande partie du Mont-Dore et du Cantal, les monts Euganéens, les Monti-Cimini, et les îles Lipari et Ponza (1).

(1) Vide Brocchi, *Catalogo raggion.* passim — Brei-lak, *Institutions géologiques*, tome III, etc., etc.

Il est, par conséquent, complétement inutile, et, si nous le tentions, rien ne nous y autoriserait d'expliquer sa production par quelque mode de formation différent de celui qui semble commun aux roches analogues partout ailleurs ; à moins que nous n'ayons ici quelque improbabilité manifeste qui combatte cette explication.

Tout ici tend à nous démontrer que les trachytes du Cantal et du Mont-Dore, aussi bien que le phonolite du Mézenc, ont été poussés hors de l'orifice volcanique dans un état de liquéfaction incomplet, en somme à l'état de lave, et qu'ils ont suivi l'inclinaison du terrain, coulant seulement d'une façon qui diffère des laves basaltiques, à proportion de leur consistance différente et de leur fluidité bien moindre, ou à raison des circonstances accidentelles qui ont pu concourir à modifier leur disposition.

Il est évident qu'avec des circonstances semblables dans les niveaux environnants et dans la force propulsive, la tendance de la masse de lave à quitter le voisinage de l'orifice par lequel elle a été émise est en exacte proportion avec sa fluidité ; lorsque celle-ci est à son minimum, la lave doit s'accumuler autour de la bouche volcanique ; des couches successives de matière inerte et à demi-solidifiée s'épanchant chacune au-dessus de celle qui l'a précédée, il finit par en résulter une montagne en forme de dôme ou de cloche, perforée au centre par une cheminée ou bouche, à travers laquelle de nouvelle matière peut continuer à être vomie, mais qui peut à la fin demeurer fermée par un dernier reste de lave. Or, la variété de trachyte qui constitue le puy de Dôme et les puys domitiques voisins, composée presque totalement de felspath, et, par conséquent, présentant la moindre gravité spécifique possible, étant, en même temps, d'un grain âpre et grossier et d'une texture très-poreuse, est précisément l'espèce de lave qu'on peut, *à priori*, considérer comme ayant possédé le minimum de fluidité lorsqu'elle est arrivée à la surface (1). Par conséquent, on comprend

(1) Voyez *Considerations on Volcanos*, pp. 92-96.

parfaitement pourquoi, au lieu de se répandre en nappes minces
et continues ou en coulées jusqu'à une certaine distance de la
bouche d'éruption, comme les laves basaltiques produites presqu'en même temps et par la même fissure, le domite s'est accumulé sous la figure de dôme ou de sommités en forme de
cloche sur le point où il a été émis. Que ce soit là ou non le
mode de production de ces masses de trachyte, il n'est pas
moins certain qu'elles ont été poussées au-dehors sur l'emplacement même qu'elles occupent actuellement ; je crois en trouver la preuve en ce qu'elles s'élèvent dans chaque cas, soit
au milieu, soit à la base d'un cratère régulier et d'un cône de
scories (1).

Si on regarde comme possible que du volcan du Mont-Dore
soit partie, dans cette direction, une vaste coulée de trachyte
dont on supposerait que ces montagnes sont les seuls lambeaux
restants, nonobstant que le fait de la grande élévation au-dessus
du pays environnant de la longue croupe granitique sur laquelle
ils reposent la rende la dernière de toutes les directions qu'aurait pu prendre une coulée, et malgré qu'il soit improbable
qu'une couche de roche dont le Puy-de-Dôme, masse s'élevant
à 1600 pieds (500 mètres) au-dessus de sa base, ne serait
qu'un reste détaché, n'a laissé aucune trace de son existence
dans l'intervalle qui sépare cette montagne du Mont-Dore,
une distance de 7 ou 8 milles (10 à 12 kilom.) ; on n'en trouve
pas moins une objection encore plus puissante. Je veux parler du
peu de probabilité qu'il y a que la position de *chacun* de ces fragments coïncide exactement, chaque fois, avec l'emplacement
d'une bouche éruptive moderne particulière, et que les seuls
points sur lesquels on trouve quelque reste considérable de cette

(1) Voyez planche III et la carte des Monts Dôme. En Islande, M. Robert
décrit (*Voyage en Islande*, Paris, 1840) le mont Baula comme un dôme pyramidal, d'un trachyte gris-jaunâtre, très-poreux, en partie prismatique, au
pied duquel on rencontre un cratère d'éruption contigu. La ressemblance de
cette montagne avec le Puy-de-Dôme, s'élevant au-dessus du cratère du petit
puy, est complète. En Hongrie, en outre, et ailleurs, on a décrit des dômes
trachytiques comme s'élevant au milieu de cavités cratériformes.

couche supposée, soient précisément ceux où il y aurait bon motif de penser qu'ils ont dû être détruits et entraînés ailleurs, à cause du bouleversement occasionné par les explosions volcaniques.

La théorie de M. de Buch approche évidemment beaucoup plus de mon explication que celle de MM. d'Aubuisson et Ramond. M. de Buch suppose que le domite est du granite « liquéfié par la chaleur volcanique » : j'imagine aussi qu'il a été, comme toutes les laves, une masse de granite ou de toute autre matière cristalline analogue qui, lorsqu'elle était enfermée au-dessous des roches superficielles sous une température intense, s'est répandue soudain par une voie ouverte à travers les roches sus-jacentes, et a été conséquemment liquéfiée ou fortement ramollie par le développement immédiat de fluides très-élastiques, tels que les gaz et la vapeur d'eau, dans chaque partie de son tissu, et poussée par la tuméfaction, suite de ce phénomène, à travers les fissures de la croûte terrestre.

La partie de la théorie de M. de Buch avec laquelle je m'accorde le moins, est celle qui suppose que ces montagnes sont creuses, et ont été soulevées comme une vessie. Je pense, au contraire, que les fluides aériformes et très-élastiques, dont l'expansion a élevé la lave, sont restés là où ils se sont produits, c'est-à-dire, dans un état de dissémination uniforme et intime, au milieu du tissu et entre les molécules cristallines de la masse poreuse et élastique, et qu'ils ne se sont réunis en aucune façon dans une grande bulle ou vide en forme de dôme recouvert d'une croûte de lave, comme le suppose la théorie de M. de Buch; théorie que M. de Humboldt a adoptée, et qu'il a appliquée, avec quelque témérité, à toutes les formations trachytiques. Je n'ai pas besoin de m'arrêter plus longtemps sur ce sujet, puisque les lois par lesquelles je conçois qu'ont été déterminées l'origine et l'apparition sur la surface de la terre des laves trachytiques, aussi bien que des autres laves, ont été développées par moi en détail dans un autre ouvrage (*Considerations on Volcanos*, pp. 85-129); et par ce que les circonstances spéciales qui distinguent ces formations trachytiques particulières seront traitées lorsque nous les décrirons individuellement parmi la chaîne des puys dont elles forment quelques anneaux.

C'est à quoi je vais passer immédiatement, commençant la description de la chaîne par le **Puy-de-Dôme**, qui s'élève au centre, et prenant les autres montagnes dans leur ordre de succession, vers le nord et vers le sud à partir de celui-ci. Je décris en même temps les courants de basalte ou les dômes de trachyte qui paraissent avoir été produits par les diverses bouches que marquent les cônes de matières projetées. Les numéros placés avant les noms de ces montagnes se rapportent à la carte qui accompagne l'ouvrage (1). Elle a été dressée entièrement au moyen de mes propres observations, sur la base de la vieille carte politique de Cassini, et je crois qu'on peut compter sur son exactitude (2).

Description de la chaîne des Puys.

(62) Puy-de-Dôme. (Hauteur absolue 4844 pieds, 1468^m.) — Cette montagne qui occupe le centre de la chaîne des puys, et qui dans toutes ses proportions dépasse de beaucoup les autres, s'élève à la hauteur de 1700 pieds (550 mètres) au-dessus du niveau moyen du plateau qui l'environne.

Sa figure est celle d'un cône irrégulier, fortement tronqué, dont la surface supérieure est considérablement inclinée vers l'ouest. Une éminence arrondie, qui domine la partie orientale de son sommet, lui donne, vu de l'est, à peu près, l'apparence d'une coupole. Toutefois la dénomination qu'il porte (en latin *dumum* ou *podium dumense*) n'a aucun rapport avec cette ressemblance, mais provient des bois dont il était autrefois entièrement revêtu, et dont les restes couvrent encore sa base à l'orient. Par suite de la variété de ses parties constituantes,

____

(1) Voyez carte des Monts Dôme.

(2) Lorsque je dressai cette carte, je n'avais pas connaissance de celle de Desmarest qui m'aurait été fort utile ; mais, en les comparant toutes deux, j'ai trouvé que cette dernière confirme en général mes propres observations, sauf, comme je l'ai déjà dit, que Desmarest persiste à voir un « culot » ou dyke d'éruption dans chaque lambeau détaché d'une coulée basaltique.

il résiste à la décomposition et à l'érosion atmosphérique beaucoup mieux en quelques endroits que sur d'autres points; deux de ses flancs sont, de même que le sommet, entièrement recouverts par un épais gazon, et présentent un contour uni et doucement arrondi, tandis que ses autres pentes sont brisées par des projections rocheuses qui lui donnent un aspect d'un caractère plus âpre. Les fissures des parties les plus solides de la roche sont tapissées sur chaque paroi par des cristaux laminaires ou octaédriques de fer spéculaire; dans les parties terreuses et plus friables on trouve de pareilles sublimations qui prennent alors des teintes brillantes de bleu et de vert, et parfois aussi du soufre. La substance elle-même de la roche se teint fréquemment en plusieurs places de nuances variées de jaune d'ocre, de citron, de rose, d'écarlate et de gros-bleu. Lorsqu'on frotte l'un contre l'autre les fragments de domite ainsi colorés il s'en échappe une forte odeur d'acide muriatique dont M. Vauquelin a constaté la présence dans cette roche, au moyen de l'analyse. Les exhalaisons auxquelles ces effets doivent être attribués se sont probablement développées à travers les crevasses à l'intérieur de la masse de trachyte pendant qu'elle se refroidissait, et sont le résultat d'une décomposition partielle de sa substance intime par suite de l'intensité de la chaleur, après que la vapeur élastique qu'elle contenait se fut échappée à travers les pores de la surface, et que fut ainsi diminuée la pression qui s'était auparavant opposée à l'influence décomposante d'une température élevée (1).

On avait anciennement construit une chapelle au sommet du Puy-de-Dôme, au moyen de matériaux apportés d'une certaine distance (le travail et la dépense additionnels qui en résultait méritant nécessairement une surabondance de gratitude de la part de Notre-Dame à qui elle était dédiée); et c'est des ruines de cet édifice que proviennent probablement les blocs de basalte qu'on trouve quelquefois dispersés sur les flancs de la montagne. Les scories qui s'y rencontrent aussi ont été évi-

(1) Voyez *Considerations on Volcanos.*

demment projetées par les explosions des cônes voisins. Des fragments extrêmement poreux et légers de domite, présentant les caractères de la ponce, rudes comme elle au toucher, mais n'offrant pas ses filaments vitreux, font en outre partie des débris détachés de cette montagne, et on en observe quelques-uns qui paraissent avoir été arrondis par le frottement et qui sont empâtés dans les portions les plus solides de la roche.

Il est difficile de découvrir dans la structure du Puy-de-Dôme rien qui indique son mode particulier de formation. J'ai donné ci-dessus les conclusions auxquelles je suis arrivé relativement à lui aussi bien qu'aux autres montagnes trachytiques de la chaîne. Au sud, la base du puy a été perforée par des explosions volcaniques qui, selon toute apparence, ont succédé immédiatement à l'apparition de la lave trachytique, et qui ont laissé un large cratère à demi-entouré par des escarpements abrupts de domite, lequel contient dans son intérieur un cône complet formé de trachyte fragmentaire, de scories et de lapillo. Ce cône se nomme le puy de *Besace* (39), et l'élévation circulaire du cratère qui l'entoure porte le nom de puy des *Gromanaux* (38). Au nord du Puy-de-Dôme, et lui étant immédiatement contigu, est un autre cratère appartenant au petit Puy-de-Dôme que nous allons décrire.

Chaîne des Puys au nord du Puy-de-Dôme.

1. (1) Petit Puy-de-Dôme. — Cône volcanique, un des plus considérables mais non des plus parfaits de la chaîne, et qui s'appuie contre le flanc nord du Puy-de-Dôme. Vu à distance, il paraît une dépendance de ce dernier, et de là vient sa dénomination de petit Puy-de-Dôme. Si on l'examine de plus près, la nature différente des matériaux qui le composent apparaît immédiatement; car il est formé entièrement de matières fragmentaires, de scories basaltiques, de sable et de cendres. Ce cône volcanique atteint à une élévation de 4186 pieds

____

(1) Les numéros sont ceux de la carte de la chaîne.

(1254 mètres), et il est de 600 pieds (200 mètres) moins haut que son colossal voisin.

Il possède un cratère parfaitement régulier, en forme de coupe profonde, et que les pâtres montagnards appellent le *Nid de la Poule*. Son diamètre égale à peu près sa profondeur, et celle-ci mesure 300 pieds (90 mètres) à partir du point le plus élevé de la circonférence, qui dans la partie septentrionale est beaucoup moins élevée. Au nord et à l'est, une arête demi-circulaire extérieure, courant parallèlement à l'arête intérieure, paraît être le bord d'un cratère plus ancien, détruit lorsque fut formé le cratère actuel.

De la base occidentale de cette montagne, part une coulée de lave basaltique, appelée la *Cheire de l'Aumône*, qui s'étend à une distance considérable sur la surface inclinée du plateau granitique, et qui finit par être cachée sous le sol cultivé, ou par se confondre avec les autres courants, selon toute apparence, moins anciens, qui ont pris la même direction. Elle a été très-probablement émise lors de l'éruption du petit Puy-de-Dôme.

2. GRAND-SUCHET. — Eminence en forme de selle avec quelques faibles traces d'un cratère sur sa pente méridionale. Ce puy se rattache au précédent par l'intermédiaire du *Petit-Suchet* (63), une des montagnes domitiques, qui est placé au sommet d'un angle droit formé par le faîte des montagnes qu'il réunit. Les matériaux fragmentaires qui constituent le Grand-Suchet ont été probablement projetés par la même éruption qui a produit la masse de lave trachytique du Petit-Suchet ; cette idée que suggère leur proximité, est confirmée par les nombreux blocs de domite et les morceaux de ponce qui entrent dans sa composition.

3. PUY DE CÔME. — Le puy de Côme s'élève un peu à l'ouest du méridien sur lequel sont situés la plupart des puys. Il est remarquable par la régularité de sa forme conique, par sa hauteur qui est de plus de 900 pieds (300 mètres) au-dessus de la plaine environnante, de laquelle il s'élance majestueusement sous un angle d'environ 35° ; et, par-dessus tout, par les prodigieuses dimensions de la coulée qu'il a vomie. Cette coulée

est en outre la plus intéressante de toute la chaîne, à cause des obstacles qu'elle a rencontrés dans son cours, et des modifications qu'elle a déterminées à la surface du pays sur lequel elle s'est épanchée. Les flancs de Côme sont couverts par une forêt; son sommet présente deux cratères distincts et bien réguliers; l'un d'eux, avec une profondeur verticale de 250 pieds (75 mètres), est d'un diamètre considérable.

Ce cône s'est probablement élevé après ou pendant l'éruption qui a donné naissance à ses courants de lave, qui, au lieu de sortir de l'un ou de l'autre cratère, prennent leur source à la base ouest de la montagne.

A une distance peu considérable de son origine, la lave a rencontré une éminence angulaire de granite, qui est évidemment la cause de la séparation de la coulée en deux branches. Celle de droite, la plus considérable des deux, s'étendit sur une grande surface, et, aidée par l'inclinaison graduelle du plateau granitique, poursuivit sa marche vers l'ouest, jusqu'à ce qu'elle rencontra un obstacle dans un long rideau de hauteurs consistant en tuf alluvial du Mont-Dore recouvert par un ancien plateau de basalte. Ainsi arrêtée dans sa marche, la lave suivit la base de la colline dans la direction du nord-est; et, trouvant à la fin une issue entre elle et un monticule granitique qui l'empêchait de continuer à progresser vers le nord, elle se précipita sur l'emplacement qu'occupent actuellement le château et la ville de Pontgibaud. Immédiatement au-dessus de ce point, elle paraît avoir rencontré et recouvert une plus ancienne coulée venue du puy de Louchadière (n° 21).

Les deux laves réunies se sont précipitées en une large nappe au bas de la hauteur granitique escarpée qui formait le bord oriental de la vallée de la Sioule, se brisant contre les rochers du côté opposé, et usurpant l'ancien lit de la rivière, au fond duquel elles poursuivirent leur course jusqu'à la distance de plus d'un mille (1,600 mètres).

La Sioule, ainsi dépossédée de son lit, a été contrainte de s'en frayer un nouveau entre la lave et le granite de sa rive occidentale, qui est, en conséquence, extrêmement abrupte.

Mais avant que cela fût accompli, il y a toute apparence que ses eaux, se trouvant barrées, ont créé un lac, en couvrant la surface plane et alluviale qui forme actuellement les prairies de Pontgibaud.

En un certain point de ce nouveau lit, la vallée s'infléchit un peu, et le torrent de lave, arrêté par un rocher saillant, s'est accumulé sur une épaisseur considérable ; l'excavation produite par la rivière a mis à nu sa division intérieure en prismes verticaux, dont les portions inférieures sont droites et bien formées, et les supérieures pliées en courbes variées et moins régulièrement polygonales. La lave forme un mur d'environ cinquante pieds (18 mètres) de haut, et la division en prismes se prolonge d'une manière incomplète sur une étendue d'environ 200 à 300 yards (200 à 300 mètres).

Le restant de la lave remplissant la vallée qui a, en cet endroit, environ un tiers de mille de large (500 mètres), est divisé par des fissures presque toutes verticales en masses amorphes, qui encore, sur divers points, montrent une tendance à la forme prismatique. C'est peut-être là l'exemple le plus remarquable de toute l'Auvergne où la lave d'un volcan très-récent prend une structure décidément prismatique. Dans le Vivarais, comme on le verra dans un chapitre ultérieur, cette circonstance se rencontre fréquemment.

La vue (planche II) est prise d'un plateau basaltique, au sommet de la chaîne des hauteurs granitiques, à l'ouest de la Sioule, d'où on peut apercevoir le plus grand nombre des puys ; celui de Côme étant le plus apparent aussi bien que le moins éloigné. On embrasse de ce point le parcours entier de cette branche de sa lave, ainsi que toute la coulée de Louchadière.

Mais ce n'est pas là la seule invasion que la Sioule ait eu à subir. L'autre branche de la coulée de Côme, dite la *cheire de l'Aumône,* qui s'est étendue, à partir du point de partage, dans la direction ouest-sud-ouest, a bien vite atteint le lit de cette rivière, environ à trois milles (quatre kilomètres et demi) au-dessus du point où a eu lieu l'autre irruption, et s'épanchant par-dessus ses rives, a couvert la vallée toute entière d'une

immense chaussée de plus de 100 pieds (34 mètres) de haut. Épuisée par cet effort, elle a suivi, mais peu de temps, le lit du cours d'eau vers le nord, et s'est arrêtée sur l'emplacement actuel du village de Mazayes.

Les eaux torrentueuses de la Sioule, là comme à Pontgibaud, arrêtées par une digue rocheuse ainsi soudainement élevée en travers de leur canal, ont dû donner naissance à un lac par leur stagnation, et auraient probablement fini, comme dans le premier cas, par se creuser un passage parallèle à leur ancien lit, si ce n'est que la colline qui forme la rive occidentale n'étant pas, comme dans ce cas, composée de granite, mais bien d'un tuf alluvial friable, a cédé, à quelque distance au-dessus de la coulée, à la pression excessive de l'eau endiguée. Une immense tranchée, encore existante, a coupé cette colline en travers, par où le lac s'est vidé dans le lit de la rivière des Monges, à une faible distance, et par où la Sioule rejoint encore ce dernier cours d'eau, à peu près à trois milles (4800 mètres) au-dessus de leur ancien confluent.

Un délaissement considérable d'eau est encore resté dans la partie de la vallée de la Sioule, comprise entre la digue de lave et le débouché ainsi créé de force. A cause de l'inclinaison du sol vers le nord, il ne peut s'écouler lui-même par cette issue ; et là une stagnation appelée l'étang du Fung, qui servait de vivier aux seigneurs de Pontgibaud, existait encore il y a peu d'années, lorsqu'elle a été desséchée artificiellement. Les rives élevées, qui sont de chaque côté de la longue prairie marécageuse qui occupe aujourd'hui l'emplacement de l'ancien étang, présentent encore la correspondance d'angles qu'on observe si communément le long des bords des cours d'eau.

Du côté opposé de l'énorme chaussée de lave à laquelle sont dus ces changements de cours, une autre petite pièce d'eau, occupant le lit d'un faible ruisseau tributaire barré de la même manière, est décorée du nom de lac de Mazayes, et envoie son trop plein insignifiant dans la Sioule par le restant de la vallée large et profonde que cette rivière s'était autrefois creusée, et qu'elle a jadis occupée.

Les changements ainsi produits ne se présentent pas seulement d'eux-mêmes aux yeux d'un observateur scrupuleux, mais se montrent de manière à ne pouvoir être méconnus par quiconque y jette accidentellement ses regards; et, en effet, ils sont si nettement et si nécessairement le résultat des causes mises en action, que je n'aurais pas insisté si au long sur leurs détails, si ce n'est qu'ils servent à démontrer le mode de formation d'autres lacs en Auvergne et dans le Velay, et l'origine d'autres changements dans la surface de la contrée ou la direction de ses cours d'eau, où l'on ne peut saisir d'une façon aussi palpable l'enchaînement des causes et des effets.

La superficie totale de la partie du plateau recouverte par la lave de Côme ne peut pas être estimée à moins de dix milles carrés (15 kilomètres carrés). Son épaisseur ne peut être fixée exactement, puisqu'aucune excavation n'a été creusée au travers; là où le courant a rencontré quelque obstacle, elle est nécessairement considérable, et on peut donner trente pieds (10 mètres) comme la moyenne probable.

C'est une des cheires les plus raboteuses des monts Dôme, qui présente une succession continue d'aspérités se suivant les unes les autres comme les vagues de quelque océan, et comme elles séparées par des dépressions. Quand on parcourt sa surface, tâche peu facile, elle ne semble plus qu'un entassement chaotique de blocs anguleux et hérissés de basalte compacte, amoncelés avec toute la confusion possible. Cependant, dans les profonds et étroits intervalles qui séparent ces amoncellements, se rencontrent quelques pièces de gazon frais et fleuri, et des bouquets de bois taillis poussant dans les fissures, qui contrastent étrangement avec l'affreuse désolation qui domine sur ce vaste désert.

Vers la limite du courant septentrional, à quelque distance de Pontgibaud, est une grotte naturelle dans le basalte; dans son intérieur sourd une petite source en partie glacée pendant les grandes chaleurs de l'été, et qu'on dit chaude en hiver. Il est cependant probable qu'elle ne paraît tiède que par contraste avec la température extérieure.

La congélation de l'eau est probablement due à la forte éva-
poration produite par un courant d'air très-sec, sortant de
quelques longues fentes ou galeries souterraines qui communiquent avec la grotte, et dont la sécheresse doit être attribuée
aux propriétés absorbantes de la lave à travers laquelle il passe.
C'est là un phénomène commun dans les cavernes des autres
régions volcaniques.

Le basalte des cheires de Côme et de l'Aumône présente des
caractères minéralogiques à peu près identiques ; il est plein de
cavités cellulaires irrégulières, d'une couleur gris-bleu foncé,
et contient une quantité considérable de felspath. Sa dureté est
suffisante pour qu'on puisse l'employer comme pierre à bâtir,
et il se laisse facilement tailler sous le ciseau. Des nodules de
quarz d'un beau blanc se rencontrent assez fréquemment enveloppés dans sa pâte, qui ne paraissent avoir souffert de la
chaleur qu'à la surface, qui est fendillée et qui montre quelquefois un commencement de fusion.

4, 5. Puys de Balmet et de Filhou. — Ce sont deux
petits cônes dont le dernier a un demi-cratère bien marqué ;
celui du premier est presque effacé. Ces deux éminences ont
probablement surgi d'une ouverture latérale lors de l'éruption
du puy de Côme.

6. Puy de Pariou. — Par son aspect, et par celui de sa
lave, ce puy peut être considéré comme le produit d'une des
dernières éruptions qui ont bouleversé la contrée. C'est en outre
un des cônes les plus réguliers et les plus considérables de la
chaîne.

Un segment d'un cratère plus ancien l'entoure à moitié du
côté du nord, et on voit manifestement de quelle manière il a
été formé ainsi que les montagnes analogues. Les fluides aériformes développés dans l'intérieur d'une masse de lave souterraine en ébullition, ayant par leur force d'expansion produit
une fracture dans les roches qui les recouvraient, se sont échap-
pés en énormes bulles à travers cette ouverture, entraînant
avec eux à chaque effervescence des pluies de scories et de leurs
fragments broyés. Celles-ci s'accumulèrent autour de l'orifice

en une colline, qui nécessairement approchait plus ou moins de la forme d'un solide engendré par la révolution d'un triangle scalène obtus, autour d'un des angles de sa base ; et c'est cette colline qu'on désigne sous le nom de cône volcanique, lequel, il ne faut pas l'oublier, lorsqu'il est le plus parfait, est seulement une troncature de cône géométrique (1).

Mais lorsque la lave intumescente est ensuite elle-même apparue, et s'est échappée par la même bouche, elle détruit par son poids et son choc, et emporte une partie de la montagne formée des matériaux incohérents qui enceignent l'ouverture ; une moitié de cône reste seule alors, le cratère paraissant ouvert sur un de ses flancs. Si la lave s'échappe par quelque autre issue, ou par quelque canal sous le pied du cône, et ne s'élève pas dans le cratère, il en résulte un cône complet avec un cratère régulier au sommet.

Après que la lave a cessé d'être émise, ou lorsqu'elle s'est creusé un autre canal pour son écoulement, les explosions gazeuses continuent encore habituellement pendant un certain temps, et donnent lieu à la formation d'un second cône. Celui-ci, s'il n'est soumis à aucune cause subséquente de perturbation, reste parfait, comme cela a eu lieu pour le puy de Pariou dont il est actuellement question. Là, depuis la première apparition de la vaste coulée de lave, la bouche volcanique a évidemment lancé des pluies prodigieuses de scories et de pouzzolanes, qui ont produit le beau cône et le cratère de Pariou, au-dessus de celui qui doit son origine à des explosions antérieures.

Le cratère le plus nouveau a la forme d'un cône renversé. Il est revêtu jusqu'au fond par du gazon, et c'est un spectacle quelque peu singulier que de voir un troupeau de bêtes à cornes paissant tranquillement sur l'orifice d'où sont sorties de si furieuses explosions. Les traces de ces bestiaux autour des pentes du bassin, formant des degrés qui s'élèvent les uns au-dessus des autres comme les gradins d'un amphithéâtre, ren-

(1) Voyez la note, page 54.

dent l'excessive régularité de son bassin circulaire plus apparente.

Sa profondeur est de 300 pieds (96 mètres), et sa circonférence de 3,000 (960 mètres). L'inclinaison des pentes du cône et du cratère sont l'une et l'autre d'environ 35°. La crête aiguë, résultant de leur jonction, a été fort peu émoussée par le temps, et, en quelques parties, offre à peine la place pour se tenir debout. Son point le plus élevé est de 738 pieds (223 mètres) au-dessus de la base méridionale du puy.

La lave de Pariou est aussi instructive par rapport aux circonstances qui ont accompagné son écoulement en torrents visqueux sur une vaste étendue du pays, que l'est son cône touchant celles sous lesquelles de pareilles excroissances montagneuses ont été soudainement élevées.

Sa première direction est au nord-est, et le courant paraît s'être appliqué étroitement contre une longue croupe granitique qui s'opposait à lui de ce côté. De là, conduit par une pente considérable vers le sud-est, il a cotoyé la base de cette hauteur; et, laissant à droite une autre protubérance du plateau primitif sur laquelle s'élève actuellement l'église et le hameau d'Orcines, il s'est avancé vers un endroit appelé La Baraque. En ce point, la lave rencontra un petit monticule de granite, recouvert de scories et de bombes volcaniques, qui marque l'origine d'un lit de basalte beaucoup plus ancien, connu sous le nom de Prudelles. Arrêtée dans son progrès, elle s'accumula sur ce point en une longue et haute crête, qui présente encore l'apparence d'une énorme vague prête à se briser sur l'obstacle en apparence insignifiant. Mais une route plus facile se présenta dans deux vallées latérales qui ont leur origine à la partie du plateau occupée par la coulée de lave; laquelle, se séparant conséquemment en deux branches, se précipita vers les déclivités qui se présentaient de chaque côté.

La branche à main droite inonda d'abord et remplit complétement un espace entouré par des éminences granitiques, et qui était probablement le bassin d'un petit lac. De là, elle pénétra dans la vallée de Villars, profonde et sinueuse gorge qu'elle parcourut exactement à la manière d'un torrent, contournant toutes les saillies du rocher, jaillissant en cascade dans les parties les plus étroites, et élargissant son courant là où l'espace le permettait, jusqu'à ce que, au moment où elle atteignit l'embouchure de la vallée dans la grande plaine de la Limagne, elle s'arrêta dans un endroit appelé Fontmort. Elle se termine là en formant un rocher de 50 pieds (16 mètres) de haut, qu'on exploite aujourd'hui pour pierre à bâtir. De la base de ce rocher sort une source abondante, dont l'eau circule actuellement, à partir de Villars, au-dessous de la lave qui a rempli son ancien canal.

La branche qui se sépare à gauche descendit par un bord escarpé dans la vallée du Cressinier, remplaçant le ruisseau qui y coulait par un torrent de lave noir et hérissé; elle pénétra dans la Limagne au village de Durtol, et, continuant son cours tracé par un petit ruisseau, tourna vers le nord, occupant le fond de la vallée située entre la montagne calcaire des Côtes et le rideau des roches granitiques; et finalement elle s'arrêta sur l'emplacement du village de Nohanent. Là, comme à Fontmort, une quantité considérable d'eau très-limpide sort au-dessous de l'extrémité de la coulée. Les différents ruisseaux par où s'écoulent les eaux de la vallée de Durtol et de ses embranchements ont regagné leur ancien canal, et, filtrant à travers les masses scoriformes qui forment toujours la surface inférieure d'une nappe de lave, ils coulent invisibles jusqu'à ce que la roche supérieure s'arrête, et sortent en une source abondante et limpide. Au-dessus de ce point, par conséquent, on trouve ce fait anormal d'une vallée sans aucun cours d'eau apparent; et les habitants de Durtol sont condamnés, durant les saisons de sécheresse, à l'étrange nécessité d'aller chercher à Nohanent, à la distance de deux milles (3 kilomètres), l'eau qui coule au-dessous de leurs propres maisons. Le même phénomène se rencontre fréquemment en Auvergne, partout où une coulée de lave moderne s'est emparée du lit d'un torrent trop peu considérable ou trop peu impétueux pour saper la lave, ou bien ouvrir un canal latéral sur ses anciennes rives.

Dans son apparence, la cheire de Pariou est encore plus hérissée et plus rugueuse que celles que nous avons déjà décrites.
M. d'Aubuisson la compare avec justesse à une rivière prise
soudainement par l'arrêt et la réunion d'énormes fragments de
glace flottante.

Dans l'ouvrage auquel j'ai renvoyé parfois touchant les lois
générales et la manière d'agir des forces volcaniques (1), j'ai
expliqué que cette âpreté de la surface dans une coulée de lave
est probablement due, et paraît le plus souvent proportionnée
à la pesanteur spécifique de la lave, laquelle détermine la force
ascendante des bulles de vapeur qui, se développant dans son
intérieur, s'élèvent et s'échappent à sa surface pendant qu'elle
coule. La lave de Pariou, qui est composée presqu'entièrement
d'augite, et, par conséquent, d'une pesanteur spécifique considérable, confirme cette loi. La même circonstance rend compte
des autres traits caractéristiques de cette roche qui est extrêmement compacte dans l'intérieur du courant, tandis que les
portions extérieures sont cellulaires et caverneuses. Les cavités,
souvent de grande dimension, sont tapissées d'un vernis vitreux de teinte sombre, et de leurs parois se projettent de
nombreuses protubérances stalactitiques, et de minces filaments
tapissés de la même façon.

La couleur de ce basalte est une nuance profonde de gris-
bleu ; il contient des cristaux empâtés d'augite, et quelques-uns
de felspath vitreux. Il a une grande ressemblance avec toute la
coulée des Monti-Rossi, qui, en 1669, détruisit une partie de
Catane, et atteignit à la mer.

C'est, selon toute probabilité, l'éruption du puy de Pariou
qui a lancé les grandes accumulations de pouzzolane qu'on observe de chaque côté du rideau granitique de Ternant et de
Clerzat.

7. Puy de Fraisse. — Entre les puys de Pariou et de
Côme se trouve celui de Fraisse, colline en forme de selle, qui
ne présente rien de particulier, excepté que sa lave basaltique,

____

(1) *Considerations on Volcanos*, London, Phillips, 1825, pp. 119-20.

qu'on ne rencontre qu'en blocs erratiques, diffère de celle des puys déjà décrits en ce qu'elle contient des cristaux d'olivine.

64. CLIERZOU. — Ce puy occupe le centre d'une aire formée par quatre cônes volcaniques : Pariou, le Grand-Suchet, Côme et Fraisse. Il a tout à fait la forme d'une cloche comme le montre la gravure. Du gazon et des broussailles couvrent les courbes arrondies de ses flancs rapides, et un cercle de rochers anfractueux forme la tranche du chapeau un peu aplati qui le surmonte. Ce chapeau semble être le restant d'une enveloppe extérieure dont la partie inférieure a été détruite. Toute la substance de la colline est un trachyte léger et poreux qui ne diffère en rien de certaines portions du Puy-de-Dôme. La moitié supérieure du puy est perforée dans toutes les directions par des cavernes et des galeries anciennement creusées pour l'extraction de cette pierre que les colons romains estimaient, à ce qu'on croit, pour en faire des sarcophages, à cause de ses propriétés absorbantes. Ces caves abondent en fragments de ponce détachés de leurs parois dans lesquelles une grande quantité de cette substance minérale est enveloppée. On sait que les ponces sont dans la même relation avec le trachyte que les scories par rapport au basalte, et que les parties ponceuses ont sans doute été formées dans la première roche par le développement local et accidentel de gaz qui occasionne les parties si cellulaires et scoriformes qu'on trouve souvent dans la seconde.

M. Ramond suppose que Clierzou et le Petit-Suchet ont été jadis réunis ; et cela résulte nécessairement de sa théorie qui place au Mont-Dore l'origine de toutes ces montagnes domitiques. Pour moi, je pense tout simplement que cette colline est sortie d'une bouche volcanique à l'endroit même où elle est actuellement, et qu'elle doit sa forme, comme je l'ai expliqué ci-dessus, au faible degré de fluidité dont jouissait sa substance à l'époque où elle a été émise. Si quelqu'un des cônes de scories voisins s'est élevé par suite de la même éruption, c'est le plus probablement le puy de Fraisse.

8, 65, 9. PUYS DE SARCOUY ET DES GOULES. — Immédiatement au nord de Pariou, s'élève un groupe linéaire, formé de trois montagnes, et orienté dans la même direction que l'ensemble de la chaîne, c'est-à-dire du sud au nord. Celle du milieu, le Grand-Sarcouy, est entièrement formée de domite; les deux autres, le puy des Goules et le Petit-Sarcouy, sont des cônes volcaniques ordinaires.

Au sommet du puy des Goules est un cratère large mais peu profond. Cette sommité ne présente de remarquable que des fragments de gneiss qui semblent fortement altérés par la chaleur, d'autres fragments d'un trachyte noir passant à l'état résineux et enveloppant des morceaux de gneiss, et d'une variété de basalte avec des taches variolitiques, lesquels se trouvent mêlés aux scories, aux pouzzolanes et aux cendres dont il est composé. Sa constitution intérieure a été mise au jour par la coupure de la route de Clermont à Limoges, qui occupe une passe étroite entre le puy des Goules et celui de Pariou, à une élévation absolue de 3310 pieds (1103 mètres), et qui est exposée en hiver à de dangereuses *tourmentes* ou tempêtes de neige.

Le Petit-Sarcouy montre un demi-cratère, tout à fait appliqué contre le Grand-Sarcouy, et qui embrasse une partie de la circonférence de ce dernier. A sa base orientale il donne naissance à une coulée de lave qui suit le pied d'un coteau granitique jusqu'au village d'Egaules, où elle se confond avec la coulée du puy de Jumes. Minéralogiquement, elle diffère peu de celle de Pariou.

65. LE GRAND-SARCOUY. — Entre ces deux montagnes, étroitement uni avec elles par la base, s'élève le Grand-Sarcouy, un des dômes trachytiques les plus remarquables et les plus complets de la contrée. Sa forme est exactement celle d'une demi-sphère aplatie, ou plutôt allongée; et les pâtres le comparent avec raison à un chaudron renversé. A cause de cette forme particulière, il attire l'attention à une grande distance; la gravure (planche III) en donne une idée parfaitement exacte. Le trachyte qui le constitue offre une texture moins serrée et une couleur plus claire que celui qui entre dans la composition du Puy-de-Dôme; il contient en outre moins

de cristaux empâtés, mais c'est la même roche dans tous ses caractères essentiels. De même que le Puy-de-Dôme, Sarcouy a des parties de sa substance imprégnées d'acide chlorhydrique, et colorées de teintes mélangées et brillantes de rouge et de jaune. Comme Clierzou, on l'a exploité pour faire des sarcophages dont quelques-uns gisent encore inachevés dans ses cavernes, et on croit que le nom de la montagne est dérivé de l'emploi qu'on faisait de sa pierre. J'ai cru avoir trouvé dans ces grottes des indices de la disposition de la montagne en lits massifs qui, autant qu'on peut le voir à cause de l'épaisse végétation et de la quantité de débris qui recouvrent sa surface, se recourbent sur ses flancs et entourent son noyau d'enveloppes concentriques, à la façon des tuniques d'un bulbe. Il a déjà été remarqué que le puy de Clierzou paraît offrir des traces d'une semblable structure concentrique.

Le sommet est presque circulaire et tout à fait aplati ; il est couvert d'un tapis serré de bruyères, et parsemé de scories qui ont été probablement lancées par les puys du voisinage. Au pied de la montagne, du côté de l'est, un certain nombre de monticules rocheux de trachyte percent le sol cultivé, et paraissent en connexion avec la base de ce plus vaste massif de même substance.

L'union très-intime de Sarcouy avec le puy des Goules, jointe à ce fait que ce dernier cône ne paraît en rapport avec aucun courant de basalte, et est en outre en grande partie composé de trachyte fragmentaire, fait penser que ces deux montagnes sont d'origine contemporaine, la dernière étant formée des substances incohérentes projetées par les explosions aériformes qui accompagnèrent, ou plutôt qui précédèrent l'émission de la lave trachytique de Sarcouy.

Ce groupe de sommités volcaniques mérite d'être étudié à fond par ceux qui désireraient acquérir la connaissance du mode suivant lequel se sont formées les masses de trachyte en dôme qui se trouvent dans d'autres régions volcaniques, et qui atteignent quelquefois aux dimensions du colossal Chimborazo. On observe rarement sur une aussi petite échelle une

masse de trachyte si complétement isolé de toute roche non
volcanique en place, aussi accessible aux investigations, ou
enfin présentant avec autant de perfection la forme qu'on regarde comme caractéristique de cette formation. On n'a qu'à
se figurer l'effet qui se produit lorsqu'on chauffe un pudding
soufflé dans un vase bien clos qu'il remplit entièrement, jusqu'à ce que son intumescence le force à s'échapper en se bour-
souflant à travers une fente ou une ouverture du couvercle au-
dessus duquel la matière, se congelant rapidement à l'air, se
solidifie en une grosse excroissance, pour comprendre parfaitement le mode de formation que j'attribue au dôme trachytique de Sarcouy, au Puy-de-Dôme, et aux autres montagnes
analogues. Leur substance, par sa texture spongieuse et poreuse, et par sa légèreté, a réellement quelque ressemblance
avec cette espèce de gâteau qui résulte du grossier procédé
culinaire que je viens d'imaginer. Je demande pardon pour une
explication aussi vulgaire, mais elle développe ma théorie de
la formation du domite mieux qu'une laborieuse description.
Je dois ajouter qu'en visitant de nouveau ces montagnes dans
la présente année, je n'ai trouvé aucune raison de modifier
l'opinion que j'avais formée sur leur origine en 1821 (1).

(1) M. Lecoq, tout en pensant que les puys domitiques ont été formés lors
de l'éruption des cônes voisins de scories et de laves basaltiques, admet encore,
je crois, que ce sont des bulles creuses, provenant d'une portion fondue d'une
certaine couche préexistante de domite ou de conglomérat trachytique, soulevée
par des vapeurs élastiques. Quoique je pense qu'il n'est pas impossible que des
bulles d'un pareil volume aient pu se former dans quelque masse de lave souterraine, il me semble que le domite, par sa légèreté, par son caractère granulaire et poreux, est bien certainement la dernière espèce de lave dans laquelle
on doit s'attendre à les rencontrer. C'est dans les laves à grain fin, compactes
et presque vitreuses que se sont formées les plus larges bulles. On ne voit ici
dans le domite ni bulles ni vésicules. Sa texture est partout lâche et poreuse,
ce qui le fait différer des laves basaltiques compactes où les bulles sont très-
fréquentes dans les parties superficielles et scoriformes. Quelques coulées de
l'Islande renferment de très-vastes cavernes, mais on les rencontre dans les
laves basaltiques et non dans celles qui sont trachytiques. Au Mont-Dore,
comme on le verra ci-après, plusieurs des laves trachytiques de ce groupe montagneux prennent la forme de grosses sommités massives, leur fluidité imparfaite étant cause qu'elles n'ont pu couler et s'étendre à quelque distance de la

10. Creux-Morel. — Au nord du puy de Fraisse, et à l'ouest du groupe qui vient d'être décrit, on voit un vaste espace horizontal, couvert de gazon; le sol est un mélange de débris volcaniques lancés par les cônes voisins.

On y observe auprès du puy des Goules une dépression particulière qui résulte évidemment d'une explosion volcanique, mais qui diffère des autres cratères en ce qu'une hauteur conique de scories s'élève d'un côté seulement, tandis que le reste de la circonférence est de niveau avec la plaine environnante. La profondeur du Creux-Morel est de 115 pieds (38 mètres); il n'a pas de coulée, et n'est probablement qu'un soupirail accessoire d'une des bouches du voisinage. Un vent violent ou une ligne oblique de projection, a pu être la cause qui a fait que les matières projetées sont tombées sur un côté plutôt que tout autour de l'orifice.

Ses scories renferment des cristaux d'augite noir et vert et d'olivine; les blocs erratiques de basalte présentent une densité et une pesanteur extraordinaire.

11. Puy de Chaumont. — C'est un grand cône parfaitement régulier, avec un cratère au sommet, presque effacé par des débris accumulés. Sa lave et ses scories ressemblent à celles du Creux-Morel dont il est probablement contemporain. Il n'y a pas de courant distinct, mais les rochers basaltiques qui percent çà et là le sol de la plaine vers l'est, peuvent se rapporter à cette montagne plutôt qu'à aucun autre puy.

12. Puy de Lantegy. — Ce n'est guère qu'une éminence de scories, couverte de nombreux fragments de domite, avec

bouche qui les avait vomies. Les montagnes domitiques des Monts Dôme ne sont, dans mon opinion, que des masses semblables, dont la substance a fait eruption dans un état de fluidité encore moindre, intumescente dans toutes ses parties, mais les fluides élastiques qui leur donnent ce caractère étant disséminés dans toute la masse, ce qui est cause de sa porosité et de sa légèreté. Si on jugeait utile d'arriver à la solution de cette question par une observation directe, ce ne serait pas une opération très-difficile, ni très-coûteuse, que d'exécuter une galerie de quelques centaines de pieds au flanc de Sarcouy, et même de la pousser jusqu'à son véritable centre. Ceux qui croient qu'on trouvera un vaste espace vide, seront, j'imagine, convaincus de leur erreur.

un petit cratère ouvert à l'ouest. Sa lave, semblable à celle des puys avoisinants, se perd bientôt sous une couche épaisse de cendres volcaniques éparpillées sur la plaine, et est cachée par la culture qui s'y est établie à la faveur de cette circonstance.

13. Puy des Gouttes. — C'est un segment d'un énorme cratère connexe par sa situation, et assurément par son origine, avec le mélange extraordinaire de roches qu'on désigne sous le nom de puy Chopine, qu'il entoure à moitié.

Des scories qui paraissent très-fraîches, des blocs d'un basalte compacte renfermant de l'olivine et de l'augite, et des fragments de domite se montrent sur ses flancs et dans son intérieur, sur toutes les déchirures du gazon, et le relief élevé du sol vers l'ouest semble indiquer qu'un courant a coulé dans cette direction.

14. Puy de Leyronne. — Ce cône s'élève au nord de Chopine, c'est-à-dire, à l'opposite des Gouttes, et tous les deux lui forment une enceinte à peu près complète. Leyronne possède un cratère peu profond sur le flanc qui regarde Chopine, et paraît être composé plutôt de fragments de domite, souvent scorifié et se rapprochant de la ponce, que de scories augitiques. Il est probablement contemporain d'origine avec Chopine et les Gouttes.

15. Puy Chopine. — Ce puy est une production volcanique extrêmement remarquable, et il a été, et sera encore un sujet d'étude fort embarrassant pour tout géologue qui visite l'Auvergne. D'Aubuisson l'a abandonné après trois visites, et avoue candidement qu'il n'a acquis aucune donnée sur son mode probable de formation, ni aucune idée positive sur sa structure et sa composition. Il peut, par conséquent, paraître présomptueux même de tenter à le décrire ; mais, quoiqu'il soit tout à fait impossible d'obtenir une connaissance précise de la composition d'une montagne qui est évidemment un mélange confus de roches hétérogènes, cependant on peut distinguer et esquisser son aspect général et ses traits principaux.

La figure du puy est irrégulièrement conique, et ses flancs sont en quelques endroits si escarpés que la végétation ne peut les recouvrir, à cause des fragments qui s'en détachent continuellement et roulent jusqu'au bas ; aussi deux larges déchirures, à l'est et au sud, sillonnent sa moitié supérieure, tandis que la partie inférieure est cachée par d'immenses accumulations de débris qui s'accroissent chaque jour.

Sa composition, autant qu'on peut l'observer au moyen de ces espaces dénudés, qui, par suite de leur déclivité excessive et de la nature croulante de leurs matériaux sont d'un accès extrêmement difficile, consiste en un mélange de diverses roches cristallines primaires avec des roches volcaniques, le tout à différents degrés d'altération, par suite de l'action de la chaleur volcanique, des vapeurs acides et des injures atmosphériques.

Ce singulier assemblage, toutefois, n'existe que dans la portion du puy qui regarde le sud-ouest, le sud, le sud-est et l'est. Le reste n'est qu'un lit massif et presque vertical de domite. Toute la montagne se projette hors du demi-cratère du puy des Gouttes, qui l'entoure étroitement depuis le sud-ouest jusqu'à l'est en passant par le sud.

J'ai employé plusieurs heures à examiner le puy Chopine dans trois visites différentes ; et il me semble, nonobstant la confusion qui règne dans quelques-unes de ses parties, que la disposition des masses principales est suffisamment manifeste, et peut donner la clé de son origine énigmatique.

La roche la plus basse qui apparaisse à la surface de chaque déchirure, au-dessus du talus de débris qui cache la base de la montagne, est un conglomérat de scories et de cendres volcaniques, à travers lequel font saillie des blocs massifs de basalte évidemment sur place (*in situ*). Ce basalte est parfois cellulaire et scoriacé, et d'autres fois affecte une structure sphéroïdale ; il renferme de l'olivine et de l'augite, et revêt l'aspect grossier des roches plus anciennes du même genre.

Au-dessus du basalte repose une masse tabulaire de granite. La ligne de contact des deux roches est droite, et s'incline sur l'horizon d'un angle d'environ 15°, traversant tout le flanc de la montagne du sud-ouest au sud-est.

Le granit, sur l'espace de trois ou quatre pieds à partir de cette ligne, est coloré en rouge, et si entièrement désagrégé que le pied s'y enfonce ; à une distance plus grande, il présente moins d'altération, mais il a, dans toute sa masse, une apparence disloquée et irrégulière. Plus haut, il passe sur divers points : 1°. à un granite à petits grains ; 2°. à une roche syénitique semblable à celle qui se rencontre près du lac d'Aydat; 3°. à un schiste amphibolique finement grenu se séparant en pièces rhomboïdales ; 4°. à du felspath compact.

Ces passages ont lieu sans transition, et ne sont dignes de remarque qu'en ce qu'ils se montrent en des limites aussi étroites, car on les retrouve sur une plus large échelle en d'autres points de la région du gneiss. L'assemblage de roches primaires est recouvert au nord, et en partie supporté à l'ouest par une masse rocheuse de domite qui constitue tout ce côté de la montagne.

Au sommet, et partout où cette jonction a lieu, laquelle est loin d'être aussi régulière et aussi nette que la ligne de contact avec le basalte inférieur, les roches granitiques sont plus ou moins altérées. Le granite est blanchi et a perdu sa consistance ; la roche d'amphibole aussi et le felspath compacte sont décolorés, fendillés, et leurs fissures sont tapissées soit d'un enduit ferrugineux rouge-brun, soit de dendrites de fer spéculaire, ce qui indique que la roche a été traversée et affectée par des exhalaisons volcaniques. De petites masses de bols et de brèches, qu'on voit sur quelques-uns de ces points, semblent résulter simplement du mélange mécanique confus, de la décomposition, et des modifications chimiques qui ont eu lieu dans l'association de roches dont nous venons de parler, alors qu'elles était poussées au dehors.

Il semble donc que le puy Chopine, pris d'ensemble, consiste en un massif de diverses roches primaires granitoïdes, offrant les marques d'un grand bouleversement, renfermées (comme la chair dans un sandwich), entre une couche de domite d'un côté, et une couche de basalte de l'autre ; et cette singulière aggrégation s'élève immédiatement du cratère d'un cône volcanique de scories incohérentes.

On ne trouve aucun autre exemple d'une pareille disposition. Cependant elle ne permet pas de douter que toute la masse a été dressée, dans sa position actuelle, par l'éruption qui a fourni les scories qui composent le puy des Gouttes. Parmi les fractures qui ont été produites dans la croûte superficielle de roches, par suite de la force expansive de la lave souterraine, et par lesquelles se font jour toutes les éruptions volcaniques, il peut quelquefois arriver que deux fissures se réunissent ou s'embranchent en formant un angle, et donnent lieu sur ce point au minimum de résistance. Une éruption y éclatant, on peut supposer, sans aucune hésitation, qu'elle a soulevé à l'état solide une partie des roches qui forment cet angle, et les a déposées d'un côté sur le bord de la bouche. Cette masse fait alors obstacle aux matières fragmentaires et scoriacées qui sont lancées de ce côté par la cheminée volcanique, et les force à s'accumuler en un bourrelet demi-circulaire de l'autre côté de l'orifice d'éruption, comme cela se voit au puy des Gouttes. Le basalte qui gît sous les roches cristallines primaires date, sans doute, de cette éruption, et n'est autre chose que l'affleurement de la lave souterraine, point de départ des explosions gazeuses. Quant au trachyte qui est aussi en partie sous-jacent au granite, et qui le recouvre au nord et à l'ouest, il est difficile de déterminer s'il provient de la même éruption, ou bien s'il existait antérieurement en contact avec le granite, ayant été élevé dans sa position actuelle en même temps que cette roche. J'incline cependant à préférer la première opinion, et à penser qu'il y a peut-être dans cette association intime de roches cristallines primaires de trachyte et de basalte, dans une masse qui s'élance du cratère d'un volcan, un exemple de la production simultanée des deux variétés de roches volcaniques les plus répandues, le trachyte et le basalte, la première provenant d'un granite très-felspathique, la seconde d'une roche amphibolique, modifiés par l'influence volcanique. Si nous supposons, comme cela n'est pas improbable, que les couches inférieures et fortement chauffées de roches primitives offrent les mêmes variétés de composition minérale que celles qu'on voit actuellement dans les parties superficielles, nous concevrons comment la même opération, agissant sur les portions les plus felspathiques, les a converties en trachyte, pendant qu'elle a changé les plus ferrugineuses et les plus amphiboliques en basalte : le quarz, dans ces deux cas, étant dissous et en partie entraîné au-dehors par la vapeur d'eau. Ces laves différentes se sont gonflées, et ont pu s'élever presqu'en même temps à travers les fissures de chaque côté de la portion angulaire et encore solide qui avait été soulevée par la violence de leurs efforts pour s'échapper ; et ainsi, cette portion de roches cristallines reste, comme on le voit encore, enclavée entre deux couches affleurantes de trachyte d'un côté et de basalte de l'autre. Une telle solution, proposée pour expliquer l'énigme des phénomènes que présente le puy Chopine, est en rapport certainement avec ces mêmes phénomènes, et paraît en harmonie avec les lois de l'action volcanique.

15-19. — Au nord des puys de Chaumont et de Chopine est un groupe de sept ou huit cônes volcaniques, à peine distincts les uns des autres et qui sont, selon toute apparence, le résultat d'éruptions contemporaines qui ont éclaté par différents points d'une même fissure.

Les deux cônes qui occupent le centre de ce groupe, réunis par une crête étroite, dépassent de beaucoup les autres en grandeur et en élévation. Chacun a un cratère à son sommet. Celui du plus septentrional, le *puy de Jumes,* est profond de 210 pieds (69 mètres), et parfaitement beau. L'autre cône est connu sous le nom de *puy de la Coquille.* Ce système de bouches volcaniques a envoyé vers l'est un vaste torrent de lave, qui, entrant dans une branche de la vallée de l'Argnat, descendit par ce débouché jusqu'à la plaine alluviale calcaire inférieure, sur laquelle il forme un grand plateau qui s'élève, de chaque côté, bien au-dessus de la surface alluviale de cette plaine. Il donne une parfaite démonstration de la façon dont se sont formés quelques plateaux basaltiques du voisinage, beaucoup plus élevés et plus anciens, dont la connexion avec les hauteurs granitiques, d'où ils ont coulé très-probablement, ayant été détruite, aurait pu paraître problématique sans ce point de comparaison.

Les ruisseaux par où s'écoulent les eaux des collines de l'Argnat et de Laty, se réunissent encore dans leur ancien canal, et coulent invisibles sous la lave, jusqu'à ce qu'à son extrémité le cours d'eau tout entier jaillisse près des villages de Sayat et de Saint-Vincent, en formant les sources les plus abondantes et les plus fertilisantes de la contrée. Ce basalte renferme de nombreux cristaux d'augite et d'olivine, avec un peu de felspath et quelques paillettes de mica.

20. Puy de la Nugère. — Cône volcanique, qui montre des traces de plusieurs cratères dont le principal est un bassin oblong, large et profond. Il envoie une masse de lave vers le nord-ouest.

De nombreux orifices moins considérables semblent avoir été en éruption en même temps, et, après avoir formé en commun la saillie nord-est de la montagne, ils paraissent avoir fourni un autre puissant courant de lave, qu'on voit se précipiter en une large cascade au bas de ses flancs escarpés, et qui entourant une éminence de granite, par laquelle le courant a été arrêté et divisé, va rejoindre la première coulée (1). Ces deux laves inondent ensemble une vallée considérable, et, s'en échappant par un étroit défilé, descendent sur l'emplacement du bourg de Volvic; là elles ont été soit arrêtées, soit recouvertes par une coulée moins ancienne due au puy voisin de la Bannière.

La roche de la Nugère a été exploitée depuis trois ou quatre cents ans, et est employée comme la principale pierre à bâtir de la contrée, sous le nom de *pierre de Volvic*. Elle est remplie de cellules nombreuses et irrégulières, *allongées dans la direction du courant*, et contient une forte proportion de felspath, tellement qu'elle se rapproche dans ses caractères du trachyte. En effet, on la distingue difficilement de quelques trachytes du Mont-Dore, et elle a une grande ressemblance

(1) Voyez planche IV.

avec la roche de lave meulière du Neidermennig, près du lac de Laach dans l'Eiffel, aussi bien qu'avec quelques laves italiennes, spécialement celle qui est exploitée près de Camaldoli, et qu'on emploie beaucoup à Naples. Sa couleur est gris-clair, et on la taille avec facilité. Les fissures, occasionnées dans la masse par le retrait, sont rares et distantes; aussi peut-on extraire des blocs de grande dimension. J'en ai vu quelques-uns taillés en dalles de 20 pieds (6 mètres 50 centimètres) sur 6 (2 mètres). Ces fissures sont fortement tapissées de fer spéculaire, qui est en outre disséminé en quantité à travers les pores de la roche.

21. PUY DE LOUCHADIÈRE. — Cette montagne est, après le Puy-de-Dôme, celle de toute la chaîne dont l'aspect est le plus frappant. Complétement isolée des autres, elle s'élève comme un cône majestueux à plus de mille pieds (300 mètres) au-dessus de la plaine occidentale, sous un angle de 35° et avec une élévation absolue de 4,000 pieds (1,300 mètres).

Un énorme cratère ouvert vers l'ouest et mesurant 486 pieds (148 mètres) de profondeur verticale, à partir du point le plus élevé de son enceinte, est creusé dans cette masse. Au fond de ce cratère, une calotte de basalte cache la bouche du volcan, et semble presque s'échapper encore en bouillonnant, comme une source qui jaillit avec impétuosité. De là part une vaste coulée, qui, tombant d'abord brusquement d'une pente escarpée dans la plaine, en couvre un large espace avec des vagues montagneuses de roches noires et scorifiées, et qui ensuite, suivant la pente, va se joindre à la cheire plus récente de Côme, immédiatement au-dessus de Pontgibaud. Le nom de cette montagne est tiré de sa forme ; « *La* » ou mieux « *Lou Chadière*, signifie fauteuil en idiome auvergnat. Elle est couverte de bois, ce qui ajoute considérablement à sa beauté, tout en diminuant l'horreur de son aspect.

22-25. — A partir de la base de Louchadière, un groupe de cinq ou six petites montagnes volcaniques, en contact les unes avec les autres, forme une ligne qui s'étend vers le nord. Elles présentent les vestiges de plusieurs cratères qui envoient quatre coulées de lave à l'est, à l'ouest et au sud. Les épaisses forêts qui revêtent ces puys rendent difficile tout examen détaillé. Leurs laves sont toutes basaltiques.

26. Puy de Pauniat. — Ce cône s'élève au nord-est du groupe précédent. Il possède un demi-cratère regardant le nord-ouest, et paraît avoir fourni son contingent à la mer de lave qui inonde la plaine dans cette direction, mais que des pluies postérieures de cendres volcaniques, un revêtement d'herbes vigoureuses, et çà et là la charrue, se sont réunis pour aplanir et cacher.

27. Puy de Thiolet. — Montagne imposante, allongée et en partie couverte de bois. Son cratère principal est elliptique et de grande dimension. Ce cône a émis des courants de lave sur trois de ses faces. Celui qui s'échappe de sa base orientale a été anciennement exploité, et la cathédrale de Clermont a été construite avec les matériaux qu'on en a tirés. On découvrit ensuite qu'une pierre semblable se trouvait plus près de cette ville, à Volvic, et ces carrières furent abandonnées.

28. Puy de Beauny. — A quelque distance au nord-est de Thiolet est une plaine circulaire d'à peu près un quart de mille (400 mètres) de diamètre, autrefois le fond de la pièce d'eau, appelée le lac de Beauny, et qui a été desséchée depuis quelques années. Au sud elle est dominée, et en partie entourée, par un cône volcanique qui présente un cratère ouvert vers le bassin du lac. Au nord et à l'est elle est enfermée par un bourrelet demi-circulaire de scories incohérentes et de fragments granitiques d'environ 500 pieds (150 mètres) de hauteur, au flanc extérieur duquel on voit le granite.

Ce large cratère paraît avoir été ouvert à travers le granite par quelques explosions plus violentes qu'à l'ordinaire, et la bouche a été plus tard, selon toute probabilité, comblée par la lave du puy de Beauny, qui, après avoir rempli le bassin, s'en échappa vers l'ouest, et vint se réunir aux coulées occidentales du puy de Thiolet.

Les laves des sept ou huit derniers puys décrits, entourées par des hauteurs granitiques au nord et à l'ouest, et par leurs

propres déjections à l'est, semblent avoir inondé tout l'espace ,
ainsi enfermé , avec leurs courants réunis. Elles se ressemblent
beaucoup entre elles par leur composition ; et cette similitude
s'étend jusqu'aux laves de la Nugère et de Louchadière. Il est
probable que ces puys datent tous de la même époque, et ont
été produits par la même crise d'effervescence souterraine.

Ici finit la chaîne continue des puys ; mais deux éruptions
ont eu lieu au nord de ce point sur le même méridien , et probablement, par conséquent , sur le prolongement de la même
fissure principale d'éruption.

29. — La première est celle du *puy de Chalard*. Cette
montagne s'élève à une faible distance à l'est de la petite ville
de Manzat , et à trois milles et demi (5,600 mètres) , en ligne
directe, au nord du puy de Beauny. C'est un grand cône volcanique assez régulier, avec un vaste cratère ouvert au nord-
ouest. De son intérieur s'est échappée une forte coulée d'un
basalte très-noir, compacte et scorifié , et qui descend par une
pente douce dans la vallée de la Morge.

30. — (1) A moins d'un mille au nord-est du puy de Chalard est un lac circulaire , connu sous le nom de *Gour de Tazanat* , d'environ un demi-mille (800 mètres) de diamètre , et
de 30 à 40 pieds (10 à 12 mètres) de profondeur. Sa rive ,
dans un quart de sa circonférence , est plate et peu élevée au-
dessus de la vallée dans laquelle il décharge ses eaux. Partout
ailleurs le lac est environné par un croissant de roches granitiques escarpées, élevé d'environ 200 pieds (70 mètres) au-
dessus du niveau de l'eau , et qui est parsemé d'une grande
quantité de menues scories et de pouzzolanes. Ces fragments
sont tout ce qui indique l'origine volcanique de ce bassin en
forme de gouffre , mais ils suffisent pour cela. On n'aperçoit ni
coulée de lave , ni même aucun bloc de quelque volume.

Les roches qui entourent Tazanat portent les marques d'un
grand bouleversement. Elles consistent en deux variétés de granite ; une à grain fin et présentant les éléments ordinaires de

____

(1) Ces deux points sont hors des limites de notre carte des Monts Dôme.

cette roche ; l'autre grossière, avec de gros cristaux de felspath, et le mica étant principalement remplacé par la pinite,
soit cristallisée en prismes hexagonaux, soit amorphe.

Cette sorte de cratère curieuse et surtout peu commune en
Auvergne, offre des caractères identiques à ceux de quelques-
uns des plus vastes et des plus remarquables des *Maare* volcaniques de l'Eiffel (particulièrement celui de Meerfeld). La seule
différence, c'est que le premier a été percé par les explosions
volcaniques à travers le granite, et les seconds à travers des
strates superficielles de grauwacke schisteuse et de grès secondaire (1).

Les caractères particuliers par lesquels de tels cratères se
distinguent des autres bouches volcaniques que nous avons décrites, c'est-à-dire leur grande largeur, l'absence complète de
toute coulée, et la quantité extrêmement faible de scories projetées répandues alentour, tout cela n'est pas facile à expliquer. Si, cependant, nous imaginons qu'une accumulation de
vapeur très-élastique s'est formée à la surface d'un réservoir
souterrain de lave, comme une énorme bulle, et qu'elle a fait
explosion, par suite d'un accroissement dans sa température,
peut-être en une seule, ou en un petit nombre de violentes
décharges (semblables à l'explosion d'une chaudière à vapeur),
les roches superficielles déplacées tombant de nouveau pour la
plus grande partie dans la cavité, nous devons nous attendre à
un résultat semblable à ce genre de cratère-lac (*Maar-Crater*).
La forme circulaire extrêmement régulière qui caractérise cette
sorte de cratère, démontre que l'explosion d'une ou de plusieurs bulles élastiques a concouru à les produire. Si une longue
série d'explosions y avait eu lieu, comme cela arrive le plus ordinairement pendant une éruption volcanique, elles auraient
dû nécessairement projeter une grande quantité de scories et
d'autres matières fragmentaires, et former la paroi circulaire
ou cône qui entoure généralement un cratère ; tandis que dans

(1) Voyez un mémoire sur les volcans du Rhin, dans l'*Edimburgh Journal
of Science*, juin 1826.

le cas dont il s'agit de telles éjections manquent presque entièrement.

Le gour de Tazanat n'est pas tout à fait le seul exemple de
ce mode d'action volcanique dans la chaîne des puys. Le lac
de Beauny décrit ci-dessus, paraît devoir son origine à quelque
explosion semblable sur une petite échelle ; et nous aurons plus
tard l'occasion de remarquer sa répétition dans plus d'une localité du Mont-Dore.

Ligne orientale des puys.

Vers la limite orientale du plateau granitique, à une distance peu considérable du méridien sur lequel s'élève la chaîne
des puys décrits jusqu'à présent, on rencontre trois autres cônes
volcaniques.

31. Puy de la Bannière. — Une éruption s'est ainsi fait
jour au sommet d'une éminence granitique qui domine la vallée-plaine de la Limagne, et un vaste courant de lave a pris
la direction de cette plaine, se précipitant sur le flanc de la
montagne, et s'épanchant au-dessous sur un large espace horizontal.

On ne voit pas de cône ni de cratère régulier autour du
point de sortie du courant, mais des amas prodigieux de scories, de bombes volcaniques, de blocs de lave et de fragments
de granite. On devait s'attendre à ce que les flancs rapides de
la montagne s'opposassent à ce que ces matériaux incohérents
prissent la disposition qu'ils affectent ordinairement. La ville
de Volvic est bâtie sur le basalte de la Bannière qui croise celui de la Nugère, et qui paraît le recouvrir. D'abondantes
sources s'échappent au-dessous de l'un et de l'autre à Saint-
Genès et à Marsat. Il est d'une couleur foncée, compacte, et
renferme de nombreux cristaux d'augite, et d'autres plus rares
d'olivine et de felspath. Dans tous ses caractères, il contraste
avec la lave de la Nugère, car il offre la plus grande similitude
avec le basalte de quelques-uns des plateaux les plus anciens.

32. Puy de Chanat. — Ce cône est en partie couvert par un bois qui cache peut-être les vestiges de son cratère, qu'on ne retrouve plus. Ses scories enveloppent fréquemment de fragments de granite, et de gros nœuds d'olivine et d'hornblende. Ces derniers sont arrondis et amorphes, comme s'ils avaient été usés et soumis à un frottement extérieur. Ils sont d'un noir profond, et montrent une structure lamellaire seulement sur les fractures; les faces des lames sont très-brillantes. Des cristaux du même minéral ainsi que des grains de felspath d'un blanc bleuâtre, se trouvent dans la lave dont ce puy a fourni deux courants. L'un d'eux descend directement à l'est, et se perd immédiatement sous le sol cultivé. L'autre se dirige d'abord au sud-ouest, puis il est conduit par l'inclinaison du terrain dans le lit d'un petit ruisseau qu'il occupe encore, il contourne une hauteur granitique recouverte par un lambeau d'une coulée basaltique plus ancienne, et finit par disparaître vers l'est, au-dessus du village de l'Etang.

33. Gravenoire. — Ce cône volcanique a été plus souvent visité et décrit qu'aucun autre, à cause de sa proximité immédiate de Clermont. L'éruption, à laquelle il doit son origine, a éclaté à travers une couche de basalte qui couvrait la pente orientale d'une longue éminence granitique en forme de croissant, appelée puy de Charade, l'un des points les plus élevés du plateau.

Les scories, ainsi que les lapilli et les pouzzolanes, qui constituent le cône de Gravenoire, ont une apparence d'extrême fraîcheur. Elles sont rouges, brun-rouges et noires, et se rencontrent souvent sous forme de bombes, de lames et de baguettes cordées. La pouzzolane est très-recherchée pour servir à la préparation du mortier dont on se sert pour toutes les constructions des environs. Les gens du pays l'appellent « gravier noir, » et de là le nom que porte la montagne.

On ne voit point de cratère, il a probablement été détruit lors de l'émission de la dernière coulée de lave, qui semble être descendue tout à fait du sommet du cône actuel, au nord, dans

!a vallée de Royat, et qui s'étend de là dans la plaine jusqu'à
Montjoly et aux Roches (1).

On aperçoit deux autres courants qui sortent du milieu des
scories à la cime ou sur le flanc de Gravenoire, à l'est et au
sud. Le plus ancien est détourné dans son cours par une éminence calcaire, snr laquelle s'élève le puy de Montaudou,
rocher conique de basalte plus ancien que lui ; puis ils se rejoi-
gnent tous deux pour inonder une large surface de la plaine qui
est située au-dessous.

L'intérieur de la nappe de basalte dans la vallée de Royat
est mis à nu de chaque côté par une large excavation que le
ruisseau a déjà creusée à travers sa substance. Elle mesure 65
pieds (20 mètres) d'épaisseur, et est divisée par des fissures
verticales en prismes imparfaits, ou en blocs polyédriques, fort
semblables dans leur aspect général aux formes que revêtent
certains granites. Ces blocs font quelquefois place à des masses
globulaires concrétionnées, qui se délitent concentriquement,
et dont notre dessin donne un exemple pris dans la roche
près de Royat. Par plusieurs fissures de cette lave jaillissent
des sources abondantes, qui, au moyen d'un aquéduc fournissent à Clermont une quantité considérable d'eau d'une
grande limpidité.

Dans les jardins de Montjoly, à l'extrémité du courant septentrional, est une petite caverne qui rivalise, par les phénomènes qu'elle présente, avec la Grotte du Chien (*Grotta del
Cane*). De ses parois et de son sol s'exhale continuellement
du gaz acide carbonique, dont les qualités méphitiques ont
été mises hors de doute par des expériences répétées. Au

(1) Voyez planche I. Que ces géologues qui essaient de nier, afin de soutenir l'étrange théorie des « cratères de soulèvement, » qu'une coulée de lave
se puisse solidifier sur les flancs d'une montagne à des pentes qui dépassent
4° ou 5°, examinent les coulées de Gravenoire qui reposent, en nappes d'au
moins 10 pieds (3 mètres) d'épaisseur, sur la partie supérieure du cône, à des
angles qui dépassent 40°. Et cependant la plus grande partie de cette lave a été
assez liquide pour couler jusqu'à la distance de 4 ou 5 milles (6 à 8 kilomètres),
et s'étendre en une large nappe sur la plaine située au-dessous.

village de Royat, sur le bord septentrional de la coulée de lave, on a découvert, depuis peu, des sources thermales très-abondantes qui alimentent un établissement de bains, bâti sur l'emplacement d'un autre qui avait été élevé en cet endroit par les Romains, comme l'attestent de nombreux débris.

Le basalte de Gravenoire, pris dans la partie intérieure du courant, est compact, dense, de couleur gris d'ardoise foncé ou noir grisâtre, et renferme des cristaux d'augite, avec un peu d'olivine et de felspath vitreux. Les parties superficielles sont plus ou moins cellulaires et scoriacées. Il prend quelquefois une texture tout à fait cristalline, comme quelques-uns des basaltes les plus anciens.

A cause de sa proximité de la ville populeuse de Clermont, la cheire de Gravenoire a été mise en culture par l'opiniâtre industrie du cultivateur. Le procédé employé consiste à briser avec la mine les masses saillantes de basalte ; et de leurs fragments ainsi que des scories, aidés par des amendements, on a créé un nouveau sol qui est planté de vignobles, et qui rivalise presque avec la fertilité bien connue des flancs de l'Etna et du Vésuve, où la même méthode a été continuellement appliquée.

Puys faisant face au Puy-de-Dôme.

34. Chuquet Couleyre. — A peu près à **200** yards (**180** mètres) de la base est du Puy-de-Dôme, s'élève le petit cône qui porte le nom de chuquet Couleyre, et qui probablement, par suite de son peu d'importance, a jusqu'à présent échappé à tous ceux qui ont écrit sur les monts Dôme. Il a pourtant, selon toute apparence, donné naissance à une coulée considérable, qui, après s'être répandue sur une certaine étendue du plateau, rencontra une colline de granite au-dessus de la Font-de-l'Arbre ; elle se divisa, et une portion s'est jointe au courant gauche de Pariou, vers le Cheix, pendant que l'autre enfila l'étroite vallée de Fontanat, et accompagna le ruisseau qui y coulait jusqu'à Royat. Là elle s'est arrêtée ou bien a été recouverte depuis par la coulée de Gravenoire.

Le basalte de la coulée du chuquet Couleyre est noir, dense, fragile , et se fait remarquer par les nombreuses cellules à peu près sphériques dont il est rempli. Sa texture cristalline est visible à l'œil nu , et offre une multitude de cristaux très-petits de felspath vitreux ; ceux d'augite ne sont pas aussi apparents, mais quelques cristaux de ce minéral ainsi que de l'olivine sont dispersés à travers la masse.

35. Au sud , et à une courte distance du chuquet Couleyre , est un cône encore plus petit, connu des bergers sous le nom de chuquet Genestoux (1) , probablement à cause des genêts qui y croissent. Il n'a pas fourni de lave , et a peut-être été formé par quelque explosion accidentelle , qui a rencontré une issue dans cette direction pendant l'éruption plus violente des puys voisins. Les scories , qui sont très-fraîches , contiennent beaucoup de fragments empâtés de granite à différents degrés d'altération par l'action de la chaleur , et des nodules d'hornblende pareils à ceux du puy de Chanat.

36 , 37. Puy du petit et grand Sault. — Ce sont deux petits cônes situés à l'ouest du Puy-de-Dôme , dans lesquels il est difficile de découvrir des traces soit de cratère, soit de laves, à cause de l'épaisseur du gazon qui les recouvre et les entoure.

A l'ouest de la rivière de Sioule , s'élèvent au-dessus de la plate-forme primitive trois ou quatre autres cônes volcaniques qui sont les puys de Banson, de la Vialle et de Neufont. Ne les ayant pas visités , je ne puis donner aucun détail sur les phénomènes qu'ils peuvent présenter (2).

Chaînes des puys situés au sud du Puy-de-Dôme.

38. Puy des Gromanaux. — Une éruption , dans les circonstances que nous avons mentionnées ci-dessus s'est frayé un

---

(1) Le terme *chuquet* est comme le diminutif de puy; on l'applique en Auvergne à quelques monticules ou amas de rochers.

(2) Ils ont été mentionnés brièvement par MM. Bouillet et Lecoq dans leurs *Vues , etc., du département du Puy-de-Dôme* , p. 219; mais je n'ai trouvé aucun autre document à leur sujet.

passage à travers la couche de domite qui forme le prolongement de la base du Puy-de-Dôme. Un vaste demi-cratère, regardant au nord-ouest, a entr'ouvert la roche en place (*in situ*), et l'a en outre projetée sur d'autres points du puy.

Le puy suivant s'élève du milieu de ce cratère.

39. Puy de Besace. — Double cône recouvert de gazon, et qui, de même que le précédent et les autres puys voisins, présente de nombreux fragments de domite mêlés avec ses scories et ses lapilli. Il a peut-être fourni son contingent aux coulées de laves basaltiques qui ont inondé le versant occidental du plateau granitique.

40. Puy de Salomon. — C'est un large croissant, entourant à moitié un cratère qui a vomi une vaste coulée vers l'ouest. On trouve sur cette montagne des fragments volumineux d'un basalte compacte, gris clair, et d'une texture granitoïde assez grossière pour qu'on puisse apercevoir à l'œil nu les cristaux imparfaits qui constituent la roche. Les trois quarts de ces cristaux sont du felspath vitreux ; le reste est de l'augite vert auquel se joint une petite quantité d'olivine jaune pâle. Les cavités cellulaires de cette lave sont tapissées par des cristaux plus parfaits des mêmes substances.

41. Puy de Montchié. — Quatre bouches volcaniques ont combiné leurs efforts pour élever cette montagne. Son cratère septentrional présente un diamètre considérable, et sa profondeur est de 340 pieds (113 mètres). Celui du sud-ouest paraît avoir donné naissance à la coulée qui descend au-dessous d'Allagnat.

La grande proportion de fragments domitiques qui entrent dans la composition de ce volcan et de ceux qui l'avoisinent, et qui sont répandus sur la plaine à l'entour, font présumer que jadis une nappe de cette roche existait sur la ligne qu'ils occupent, laquelle a été subséquemment brisée et lancée en l'air par leurs explosions. La route en entamant la base du puy de Montchié, a mis à découvert une grande quantité de troncs d'arbres carbonisés, enfouis dans les déjections du volcan.

42. Puy de Barme. — Cette montagne volcanique est pla-

cée un peu à l'ouest de la chaîne. Elle possède trois cratères distincts, deux au sommet qui sont parfaits, et un troisième ouvert vers le sud-ouest. Il en est sorti une immense coulée de lave, qui a couvert un large espace du versant occidental du plateau, et qui atteint la Sioule au Pont-des-Eaux. S'emparant du lit de cette rivière, elle coula vers le nord, et s'arrêta au-delà du village d'Olby.

M. de Montlosier qui a si bien décrit les changements produits dans la direction de la Sioule par la lave de Côme, paraît n'avoir pas aperçu cette troisième invasion, qui a forcé l'eau à se creuser un nouveau lit aux dépens de la hauteur qui forme sa rive occidentale, et qui consiste en un tuf alluvial argileux, qui dérive du Mont-Dore.

43. Puy de Laschamps. — Cette montagne, vue de quelque distance, n'a pas l'apparence d'un volcan. C'est une croupe allongée, formée par les éjections réunies de trois ou quatre cratères, qui se sont considérablement effacés mutuellement. Son point culminant, probablement le résultat de la dernière éruption, est d'environ 1000 pieds (300 mètres) au-dessus du village de Laschamps qui est situé dans la plaine immédiatement au-dessous.

Au nord existe encore la plus grande partie d'un vaste cratère oblong; et une coulée de lave, s'échappant de sa base, tourne à l'est et couvre un espace considérable compris entre le puy et les hauteurs de granite situées à l'opposite. Là, dépassant ses limites, une portion du courant se dirige à gauche, longe la base du Puy-de-Dôme, et descend à Enval, où il atteint celui qui provient du chaquet Couleyre ci-devant décrit. L'autre portion pénètre dans la petite vallée de Beaune, mais disparaît avant que d'arriver à Fontfreide, sous les prairies qui couvrent les bas fonds qu'il occupe. Le basalte de cette coulée est cellulaire et grossièrement cristallin, de couleur gris-clair, et tout à fait semblable à celui du puy de Salomon dont il a été question plus haut. Le felspath entre pour une large proportion dans la composition de sa base, et il enveloppe des cristaux du même minéral ainsi que de l'olivine. On observe sur quelques points qu'il

se divise en prismes grossiers. Un autre demi-cratère vers la gauche a encore émis une coulée de lave, qui, après s'être réunie
à celles des puys de Lamoréno et de Montchar, deux dépendances du puy de Laschamps, s'étend sur une partie du versant occidental.

Au sud du puy de Laschamps, s'élève un système de cônes
volcaniques irrégulièrement groupés en cercle, résultant d'un
certain nombre d'éruptions répétées sur un petit espace, et qui,
selon toute probabilité, se sont succédé de près les unes aux
autres, ou même ont éclaté en même temps. C'est ici la partie de toute la chaîne qui intéresse le plus tout observateur,
qu'il soit géologue ou non. L'aspect extraordinaire de quelques-uns de ces puys reste à jamais gravé dans la mémoire. Il
n'est aucun endroit dans les Champs Phlégréens de l'Italie et
de la Sicile, qui laisse paraître plus parfaitement les traits particuliers d'une contrée bouleversée par les phénomènes volcaniques.

Il est vrai que ces cônes disposés circulairement sont en partie
boisés, et généralement couverts de gazon ; mais les flancs de
quelques-uns sont encore dénudés, et l'intérieur de leurs cratères
déchirés est rouge, sombre et scorifié, tandis que les fleuves
pétrifiés de lave dont ils ont couvert la plaine ont une telle
fraîcheur d'aspect que les produits du feu ont pu seuls la conserver si longtemps, et offrent une peinture frappante des opérations de cet élément dans toute sa plus terrible énergie (1).

Le cône suivant est le premier qui se présente à partir de l'est.

44. Puy de Mercoeur. — Cette montagne possède un petit cratère à son sommet, et n'a rien de remarquable d'ailleurs.

45. Puy Noir ou de la Meye. — Le puy Noir se trouve
immédiatement après, et a un large demi-cratère de 600
pieds (200 mètres) de profondeur regardant vers l'est. De
son intérieur descend une ou plutôt deux des plus volumineuses coulées de lave des monts Dôme. Après avoir couvert un
large espace au-dessus de Foufreide par une mer de lave fels-

____

(1) Voyez planche V.

pathiques, la coulée supérieure s'arrête à ce village, et une nappe inférieure de lave augitique foncée apparaît au-dessous, pénètre dans la vallée de Theix, et occupe le lit étroit de son ruisseau jusqu'à Julliat, où elle termine son cours qui est long de dix mille (16 kilomètres) à 1700 pieds (550 mètres) plus bas que son point d'origine. D'abondantes sources sortent à Fontfreide au-dessous de la nappe supérieure de lave.

Les scories du puy Noir sont d'une teinte extrêmement foncée, et justifient la dénomination attribuée à cette montagne. La lave inférieure contient de nombreux cristaux d'augite et d'olivine ; et, aux endroits où le courant a été obstrué par des rochers de granite qui rétrécissent la gorge qu'il parcourt, on peut observer une configuration prismatique imparfaite.

46. Puy de Lassolas ou de la Gravouse. — Ce cône forme l'enceinte d'un cratère très-largement ébréché. Ses parois, formées de scories noirâtres et incohérentes, entourent à moitié un abîme, qui semble presque vomir encore un impétueux torrent de lave. Il est attenant au suivant.

47. Puy de la Vache. — Cratère ébréché, l'exacte reproduction du précédent puy, auquel il s'unit par la base.

L'aspect tout entier de ces deux montagnes remarquables démontre fortement que les cendres et les scories, qui les ont formées, ont été projetées avant qu'aucune lave ait été émise, et que cette dernière substance, après s'être élevée à l'état fluide à travers la cheminée du cône, a rempli la cavité infundibuliforme du cratère ; et rompant par son poids le côté le plus faible, s'est précipitée au-dehors pour inonder le sol environnant. Le point jusqu'où a monté la lave dans le cratère est encore marqué, en dedans et à la partie supérieure du segment de circonférence encore subsistant du puy de la Vache, par un rebord saillant de matière scoriacée légère, colorée en jaune rougeâtre, riche en fer spéculaire, et fortement altérée par des vapeurs sulfureuses. Ce n'est autre chose, selon toute apparence, qu'une portion de l'écume qui s'était formée à la surface de la lave en ébullition, et qui adhérait aux parois du vase au moment où il s'est vidé.

Au-dessous, un bouchon de basalte ferme encore l'orifice volcanique, et est lui-même en connexion avec une énorme coulée, qui, grossie par l'adjonction des laves de Lassolas et du puy de Vichâtel qui est placé tout à fait vis-à-vis, prend son cours vers le sud-est, et, fermant comme une digue le lit de deux ruisseaux près de leur confluent, a donné naissance aux deux lacs de la Cassière et d'Aydat, dont le dernier est une grande et pittoresque nappe d'eau (1). De là, la coulée pénétra dans une étroite gorge granitique qu'elle enfila, et, s'étendant de nouveau lorsque la vallée s'élargit vers Saint-Saturnin, elle remplit entièrement le bassin de cette vallée, et s'arrêta sur l'emplacement actuel de Tallende. La distance parcourue par la lave est d'environ douze milles (18 kilomètres), et la différence de niveau entre sa source et sa terminaison est de 2230 pieds (690 mètres). Près du village de Saint-Saturnin, un amas d'eau paraît avoir existé à l'époque de son irruption ; car au-dessous du basalte, qui a en cet endroit à peu près quarante pieds (13 mètres) d'épaisseur, on aperçoit une couche d'argile contenant beaucoup de débris végétaux réduits en charbon par suite de la chaleur intense de la lave qui est venue la recouvrir. Il est à remarquer que l'argile en contact immédiat avec le basalte s'est durcie, et s'est divisée, sur l'épaisseur de dix à douze pouces (25 à 30 centimètres), en petits prismes verticaux, qui reproduisent exactement en miniature les groupes columnaires des plateaux basaltiques 2).

La cheire de la Vache, etc., est particulièrement déchirée et hérissée, comme le sont du reste celles de tous les puys de l'extrémité sud de la chaîne, caractère qu'elles doivent à la prédo-

(1) On dit que Sidonius Appollinaris avait son habitation sur ses bords.

(2) Il est clair que le retrait qui dans un cas est dû au refroidissement, est causé dans l'autre cas par l'augmentation de température. Le principe de la fluidité disparaît dans chaque cas, et il y a contraction.

J'ai observé dans le Velay de nombreux exemples de cette sorte de paradoxe naturel. Là l'assemblage bizarre de ces substances différentes, dans lesquelles les mêmes effets sont produits par des causes directement opposées, est rendu plus remarquable par la structure prismatique également régulière et de l'argile, et du basalte qui a endurci celle-ci.

minance de l'augite dans leur composition , tandis que les laves des puys septentrionaux , comme nous l'avons vu , sont presque totalement composées de felspath , et , par conséquent , présentent beaucoup moins d'aspérités (1).

Quelques-unes des scories du puy de la Vache semblent avoir été altérées par l'action des vapeurs acides ou sulfureuses ; on les trouve avec diverses teintes de blanc, de jaune, de bleu , de rouge et de noir ; elles abondent en fer spéculaire, qui a de plus pénétré dans les fissures des blocs de lave plus compacte, où il s'est sublimé, en les tapissant de ramifications dendritiques de la plus grande délicatesse.

48. **Puy de Vichatel.** — Ce cône a un cratère régulier incliné vers le nord-est. Sa lave se mêle avec les coulées de la Vache et de Lassolas.

49. **Montchal.** — Cône régulier , avec un demi-cratère qui regarde au nord ; il est en partie boisé. Sa lave a été probablement recouverte par celle du puy de Montgy.

50. **Puy de Montgy.** — Ce puy a émis une coulée considérable qui s'échappe d'un cratère ébréché vers le sud-est, exactement dans la direction de Montchal, qui paraît avoir divisé ce courant en deux branches. Elle se perd immédiatement sous les cendres et les autres matières pulvérulentes dont des explosions subséquentes ont jonché la plaine aux environs, ainsi que sous le sol végétal auquel leur décomposition a donné naissance.

51. **Pourcharet.** — Cône large et imposant, le plus occidental du groupe. Ses flancs sont escarpés ; et au sommet est un cratère large mais peu profond. La lave est sortie par sa base nord-ouest, et a suivi, dans cette direction , la pente du plateau jusqu'à une certaine distance.

52. **Montillet.** — Hauteur semi-circulaire de peu d'élévation. Du demi-cratère qu'elle forme s'échappe un courant de lave qui, tournant à droite, rejoint celui de Pourcharet.

53. **Montjugheat.** — Ce puy est isolé, et c'est un des

(1) Voyez page 77 , ci-dessus.

cônes les plus réguliers de la chaîne. Le cratère est large et profond. Sa lave paraît s'être réunie à celle de Montillet.

54. Puy de la Taupe. — Ainsi nommé de la ressemblance qu'il offre, de même que plusieurs des puys qui nous restent à décrire, aux travaux de quelque taupe géante. Il a un cratère ouvert à l'ouest, et sa lave couvre un espace considérable de ce côté. Le basalte de ce courant est remarquable en ce qu'il contient encore plus de cristaux d'augite que celui des puys voisins. Il est extrêmement foncé et très-compacte.

55, 56. Puys de Broussou et de Combegrasse. — Ces cônes, étroitement unis, ont des cratères ouverts au sud-est, et fournissent une coulée qui tourne à l'est et va se confondre avec celle de la Taupe.

57, 58. Puys de la Rodde et de Chalard. — Le premier est une grande montagne due probablement à l'action de plusieurs bouches volcaniques. Il a un demi-cratère tourné vers le sud, et donne naissance à un courant de lave qui s'étend à droite et à gauche, et atteint le village d'Aydat, situé à une des extrémités du lac du même nom.

Les scories du puy de la Rodde sont remarquablement riches en cristaux d'augite d'une régularité parfaite, et le basalte de sa coulée abonde également en cristaux de ce minéral ainsi qu'en olivine.

Le puy de Chalard paraît s'être élevé sur une ouverture latérale, immédiatement après l'éruption qui a produit le puy de la Rodde.

59. Puy de Charmont. — Ce cône possède un large et profond cratère égueulé vers le sud-est; du fond s'échappe une coulée de lave noire, qu'un coteau granitique a empêchée d'atteindre le lac d'Aydat.

60. Puy de l'Infau ou de l'Enfer. — Demi-cercle large, mais de peu d'élévation; restant des parois d'un vaste cratère, dont l'emplacement est maintenant occupé par un marais circulaire, appelé la Narse d'Espinasse, du nom du village le plus proche.

A l'est et au sud, la plaine est formée par d'anciennes nappes de basalte, à travers lesquelles une éruption, dont l'explosion a été très-violente, a éclaté en interrompant leur continuité. On peut observer leurs sections tout autour de l'intérieur du cratère. Il a vomi une coulée vers l'est.

61. PUY DE MONTAYNARD. — Cette montagne est le volcan le plus méridional de la chaîne des monts Dôme qui soit visible sur notre carte. Sa figure est irrégulière, ce qui provient de ce qu'il a deux cratères voisins l'un de l'autre. L'un d'eux est ouvert au sud-est, et il s'en est échappé une importante coulée, qui couvre un large espace au sud et à l'est, et atteint au lit de la rivière de Monne. Mais la mise en culture de la plaine sur laquelle s'élève Montaynard, et le grand nombre de laves bien plus anciennes qui ont coulé du Mont-Dore dans cette direction, rendent difficile la détermination bien précise des limites des coulées récentes. Quoique la chaîne continue des puys s'arrête en cet endroit, on rencontre, sur le même méridien, à la distance d'à peu près trois milles (5 kilomètres), un autre cône et une autre coulée très-récents. Ce point est en dedans des limites du système du Mont-Dore, et nous renverrons pour le moment sa description.

Roches volcaniques provenant d'éruptions plus anciennes.

Les éruptions qui ont produit la chaîne des puys que nous venons de décrire, quoiqu'elles soient loin d'être toutes contemporaines, appartiennent évidemment à une période pendant laquelle la force volcanique s'acharna avec une furie toute particulière le long de la ligne occupée par cette chaîne, avec une énergie qui paraît l'avoir complétement épuisée, et qui est peut-être la cause de son inertie subséquente (1).

___

(1) Les éruptions qui se manifestèrent durant six années, de 1730 à 1736, dans l'île de Lancerote, une des Canaries, produisirent une chaîne de cônes, au nombre de près de trente, et une mer de lave qui inonda une vaste étendue de pays. Ces cratères se sont ouverts successivement, sur le trajet d'une ligne qui s'étend à peu près dans le sens de la longueur de l'île ; sans doute dans la direction d'une grande fente souterraine. Ils ont été amplement décrits par

Mais une observation attentive démontre d'une manière convaincante, que, préalablement à cette ère d'intense activité, des éruptions ont continuellement éclaté dans la même circonscription, sans qu'il existe aucun intervalle de repos dont la durée soit suffisante pour nous tracer une ligne nette de démarcation entre les récents et les anciens restes volcaniques de la classe de ceux dont nous nous occupons maintenant.

Pour la commodité de la description cependant, j'ai jugé nécessaire d'établir une division conventionnelle, entre ceux que nous venons de décrire, comme indubitablement très-modernes, et ceux auxquels nous allons passer, qui ont été produits à des époques antérieures.

Nous avons mentionné les premiers suivant l'ordre où ils se présentent géographiquement. On comprendra mieux le caractère et la position des seconds, si nous les considérons à l'inverse de ce qui paraît être l'ordre chronologique de leur formation ; en commençant par les produits des éruptions qui semblent avoir précédé immédiatement celles que nous avons décrites dans la chaîne des puys.

Ces restes volcaniques consistent en coulées de basalte, dont les cônes et les cratères d'origine, ou bien n'existent plus depuis longtemps, ou bien sont en partie effacés ; en coulées plus ou moins dépouillées des scories qui les accompagnaient, ainsi que de leurs surfaces scorifiées, attaquées par la décomposition, souvent divisées et morcelées en plateaux isolés ou en pics, et enfin, qui dominent des vallées ou des ravins, d'une profondeur considérable, dont le creusement est évidemment postérieur à leur épanchement.

67. Le puy Rouge, près de *Chalusset*, sur la rive gauche de la Sioule, à deux milles (3 kilomètres) environ au-dessous de Pontgibaud, est un des premiers chaînons qui relient les éruptions modernes à celles qui sont plus anciennes. Il possède,

M. de Buch et sir Ch. Lyell (*Principes*, tome 3, pp. 240-43 de la traduct. française) et offrent une ressemblance remarquable avec la chaîne des cônes volcaniques modernes de l'Auvergne.

en effet, et réunit les caractères distinctifs de l'une et de l'autre classe. Il a fait éruption à travers le gneiss qui l'entoure de tous côtés ; et un cône considérable, formé de lapilli, de pouzzolane, de bombes volcaniques et de scories affectant toutes sortes de formes bizarres, marque encore l'emplacement de sa bouche éruptive. A la base nord de cette colline, du côté de la Sioule, commence un énorme courant de basalte, qui a jadis évidemment coulé dans la vallée en la remplissant tout entière, et qui s'étend jusqu'au delà de deux milles (3 kilomètres) plus bas.

Postérieurement, la rivière s'est creusée elle-même un nouveau passage entre cette accumulation de roche basaltique et sa rive septentrionale ; et les vastes dimensions de cette excavation, creusée dans des roches primaires solides, et qui est profonde, en certains points, de 50 pieds (16 mètres) au-dessous du niveau de l'ancien lit, sur lequel on voit reposer le basalte, dénote la longue continuité de l'action érosive, aussi bien que son irrésistible puissance. L'excavation ne peut être attribuée, en totalité, qu'à la *rivière* qui y coule encore, attendu que l'état parfait, et sans traces de dérangement, du cône de scories incohérentes démontre qu'aucune vague dénudante, aucun déluge ou masse d'eau *extraordinaire* ne s'est montré sur ce point depuis l'époque à laquelle l'éruption a eu lieu.

Les massives falaises de basalte qui font saillie au-dessus de la gorge ainsi creusée ont un aspect frappant. L'épaisseur moyenne de la couche est peut-être de 150 pieds (50 mètres) ; sa surface supérieure est aplatie, mais couverte de protubérances scorifiées, et, là où elle n'a pas été mise en culture, elle est déchiquetée comme quelques-unes des cheires des monts Dôme. Ces portions de basalte cellulaire et rugueux sont néanmoins simplement superficielles ; l'intérieur et la grande masse du courant sont compactes et divisées nettement en prismes très-petits, groupés en faisceaux circulaires et radiés. Au-dessous est une couche de sable, de gravier et de cailloux roulés de trois pieds d'épaisseur, qui était évidemment l'ancien lit de la rivière, alors qu'elle fut envahie par la coulée de lave, mais qui est maintenant de 30 à 50 pieds (6 à 16 mètres) plus élevée que le lit actuel que la Sioule s'est depuis creusé dans le gneiss sous-jacent. On a percé, dans cette dernière roche, plusieurs galeries au-dessous de la lave, pour l'extraction du minerai de plomb qui y forme des filons. Quelques-unes de ces galeries datent d'une époque très-reculée, et sont probablement l'œuvre des Romains. Une compagnie, de formation récente, extrait encore beaucoup de minerai.

En quelques points de ce courant, la structure prismatique est remplacée par la structure globulaire concrétionnée sur une petite échelle, le basalte se séparant au toucher en petits globules anguleux qui excèdent rarement la grosseur d'un pois, *les pièces séparées grenues* des géologues français. Rien ne prouve ici que cette structure ait été produite, ou même mise en évidence par la décomposition; au contraire, de larges masses horizontales de cette nature alternent avec d'autres qui sont prismatiques sur une échelle relativement minime, la dernière modification paraissant passer à la première par la simple décroissance des axes de condensation. Là où on voit le basalte en contact immédiat avec le gneiss qui le supporte, cette dernière roche a subi une désagrégation partielle, et a pris une couleur rouge clair à la profondeur de quelques pouces.

Par ses caractères minéralogiques, le basalte de Chalusset ressemble à quelques-unes des variétés les plus anciennes. Il est compacte, pesant, d'un aspect sombre, d'une teinte foncée, et on n'y voit empâté aucun cristal apparent. Il enveloppe souvent des fragments de granite et de schiste micacé, fortement altérés; et j'ai trouvé parmi ses scories, des blocs d'un porphyre semblable à celui de Chateix, près de Clermont.

68. PUY DE CHARADÉ. — Éminence granitique considérable qui s'élève sur le bord oriental du plateau. Son sommet est couvert par une nappe massive de basalte, qui se prolonge du côté de l'est en s'inclinant rapidement, jusqu'au moment où elle est interrompue et cachée par le cône volcanique plus récent de Gravenoire, qui paraît avoir éclaté au-dessous d'elle.

De l'autre côté de cette montagne, et à une moindre élévation, la même nappe de basalte reparaît, et est facilement reconnaissable à ses caractères particuliers. Elle rencontre, immédiatement après, le roc basaltique plus ancien qu'on appelle le puy de Montaudou (1), qui la sépare en deux branches, lesquelles se réunissent au-dessous, et suivent la pente de la colline jusqu'au niveau de la plaine.

On aperçoit une petite quantité de scories au sommet du puy de Charade qui suffisent pour marquer l'emplacement d'une bouche d'éruption ; mais il n'y a rien qui ressemble à un cône ou à un cratère. Le basalte contient des cristaux très-gros d'augite et des nodules d'olivine ; il a l'apparence rude et compacte, est fortement atteint par la décomposition, et se divise fréquemment en sphéroïdes d'un pied au plus de diamètre, qui se débitent en lames concentriques. Néanmoins, malgré ces nombreux caractères de grande antiquité, sa disposition en forme de coulée de lave, descendant sans interruption des hauteurs granitiques jusque dans la grande vallée au-dessous, est si évidente, que M. Ramond a cru devoir ranger Charade dans la classe des volcans modernes (2).

Cependant les flancs granitiques de la montagne doivent avoir été prodigieusement dénudés, et des ravins larges et profonds ont été creusés en entier de chaque côté, depuis que s'est consolidée la couche de lave, qui, maintenant, fait saillie au-dessus d'eux en formant un escarpement rocheux, tandis que leurs pentes rapides paraissent avoir été graduellement creusées

(1) Voyez planche I. Le basalte du puy de Montaudou est très-compacte, à grain fin, pesant et noir. Il renferme parfois de petits cristaux granulaires de felspath, qui ressemblent à ceux du porphyre d'Egypte, et des grains de péridot. Le puy lui-même est un roc parfaitement conique dont il est difficile de bien établir la structure, à cause de la végétation qui le recouvre. Quelques prismes grossiers se montrent au sommet, et, à l'ouest, on peut le voir reposer sur le calcaire d'eau douce, dont les strates sont bouleversées et contournées à la ligne de jonction. Je présume que c'est un dyke de basalte, qui a été poussé sur ce point de dessous les couches tertiaires, à leur jonction avec le granite. Il est remarquable que cette protubérance a très-certainement partagé, à la fois, et le vieux courant de lave de Charade, et celui plus récent de Gravenoire, dans leur descente des hauteurs situées à l'occident, derrière lui.

(2) Nivellement des plaines, 1815.

par de l'eau courante. En outre, la grande vallée principale dans laquelle la lave de Charade est descendue, presqu'au même niveau que la plaine actuelle, a dû exister avant l'excavation de ces gorges secondaires. Il est conséquemment impossible de regarder la formation des vallées du district en général comme constituant une époque ou comme marquant quelque période déterminée. De nouvelles preuves de ce fait se trouvent sur plusieurs points, aussi bien de l'Auvergne que du Velay et du Vivarais. Nous les discuterons à mesure que nous avancerons.

69. Puy de la Rodade. — C'est un lit de basalte remarquable par sa séparation régulière en sphéroïdes très-parfaits, et qui surmonte une petite colline calcaire à quelques yards (0,91 centimètres) au-dessus du ruisseau de Boisseghoux, et à peu près à la même hauteur que le plateau formé, sur la rive opposée du cours d'eau, par la coulée plus récente de Gravenoire. On peut supposer qu'il se rapporte à une coulée secondaire de Charade, mais qui, dans ses caractères minéralogiques, diffère matériellement du basalte de cette montagne. Sa faible élévation au-dessus de la plaine démontre la date relativement récente de sa formation.

70. Plateau de Chateaugay. — C'est une nappe détachée de basalte qui recouvre une étendue considérable de la formation calcaire d'eau douce. Du côté de la Limagne, il s'élève au-dessus de la plaine à une hauteur moyenne de 450 pieds (150 mètres) ; mais, au sud-ouest, le plateau formé par la lave de Jumes l'égale en élévation, et reproduit exactement sa structure et sa disposition. Les causes qui ont produit l'un et l'autre sont si évidemment les mêmes, qu'il est impossible de ne pas être convaincu de l'identité de leur origine. Il est également clair que l'isolement plus complet et la plus grande élévation du plateau de Châteaugay au-dessus de la plaine sont seulement dus à ce qu'il a été exposé pendant un temps plus long aux érosions météoriques.

Cette coulée paraît n'avoir pas eu sa source sur le granite, mais bien à une faible distance de la limite des deux formations ; et la nature boursouflée et cellulaire du basalte à l'extrémité nord-ouest, ainsi que les masses scorifiées, et par-dessus tout, les nombreuses larmes de lave ou bombes volcaniques (signe infaillible d'une bouche éruptive) qui s'y trouvent en abondance, témoignent encore de l'emplacement de son cratère. C'est en outre le point le plus élevé du plateau, et de là il s'incline graduellement vers le sud et l'est. Le basalte de Châteaugay est généralement divisé en colonnes prismatiques grossières, qui, dans certaines parties, montrent par la décomposition une structure sphéroïdale concrétionnée, et se divisent dans d'autres, soit en tables massives, soit en lames schisteuses, entre lesquelles on trouve fréquemment de l'aragonite cristallisée.

71. Plateau de la Serre. — Cette remarquable nappe de basalte doit principalement l'intérêt qu'elle présente à cette circonstance qu'elle est demeurée presqu'entière et qu'elle offre conséquemment la disposition particulière que prend un courant de matière fluide descendant sur un plan incliné, et occupant les niveaux les plus bas, quoiqu'elle forme actuellement le couronnement d'un coteau allongé et élevé.

Qu'elle ait coulé comme un torrent de lave, cela est d'ailleurs attesté par les scories sur lesquelles elle repose, par les masses caverneuses et scorifiées qui existent encore à sa surface, mais qui adhèrent à la roche compacte et solide située au-dessous et en font partie, et enfin parce que l'emplacement de la bouche qui l'a produite est encore reconnaissable à son extrémité supérieure.

D'un autre côté, cette couche basaltique a tous les traits caractéristiques des plateaux plus isolés, et, jusqu'à présent, sujets à contestation (1). Son élévation varie de 850 à 400 pieds

(1) Il faut se rappeler qu'à l'époque où j'étudiai cette contrée (1821-25), la discussion était encore très-animée, entre les Neptuniens et les Vulcanistes, au sujet de l'origine ignée ou aqueuse des flœtz trapp, et que ceux mêmes qui admettaient leur origine ignée, soutenaient encore que toutes les nappes applaties de basalte, qu'on trouve si souvent couronnant de hautes collines en forme de plateau, ont été formées sous la mer, et dans des circonstances totalement différentes de celles qui caractérisent les éruptions sub-aériennes actuelles. J'ai

(270 à 130 mètres), au-dessus du lit des cours d'eau qui coulent dans les vallées situées de chaque côté ; et une de ses branches, coupée et séparée du courant principal par une excavation subséquente, a pris cette forme conique si générale parmi les restes basaltiques, et à laquelle l'usure des siècles tend à réduire la totalité, et, couronnée par une forteresse en ruines appelée Montredon, elle ressemble exactement aux stolpens et aux kœnigsteins d'autres districts basaltiques (1).

La coulée de la Serre a son origine sur le granite, et repose sur cette roche dans la plus grande partie de son étendue: le reste repose sur le calcaire lacustre. Son sommet occidental qui porte le nom de *Tête de Serre*, ou de puy de Nadaillat, mesure 3461 pieds (1154 mètres) au-dessus du niveau de la mer. Elle se termine à l'est par une colline formant un

conservé dans cette édition quelques passages semblables à celui ci-dessus, dans lesquels ces doctrines, aujourd'hui entièrement rejetées, sont combattues, parce que, même actuellement, c'est à peine, je crois, qu'est éteinte l'erreur qui consiste à regarder ces larges et vastes nappes horizontales de basalte, comme presque nécessairement d'origine sub-aqueuse.

(1) Ce fait se représente sur de nombreux points de l'Auvergne, où, presque à chaque pas, nous rencontrons des pics isolés et coniques, qui consistent chacun en un énorme groupe de prismes basaltiques convergeant vers le sommet. Tous ont été successivement surmontés de forteresses dans ces temps d'anarchie où une position inaccessible était la condition nécessaire à la sécurité de la personne et de la propriété. Tels étaient les châteaux de Montrognon, Montredon, Montrodeix, Monteelets, Vodable, Usson, Nonette, Baron, Mozun, Murol, Vendeix, Bonnevie, Mercœur, Ibois, Mercurol, etc., etc. Le nombre de ces forteresses, et la nature presque imprenable de la plupart d'entre elles, ont fait que les tyrans féodaux d'Auvergne ont duré plus longtemps que ceux du reste de la France ; et ce ne fut que lors du ministère de Richelieu et sous le vigoureux règne de Louis XIV qu'on arrêta définitivement leur carrière de violence et de rapine. Beaucoup d'entre eux furent condamnés judiciairement et exécutés à Clermont, par une cour spéciale qui s'y tint, appelée les *Grands-Jours*, sort qu'ils méritaient bien. Des ordres furent alors donnés pour la démolition de tous les châteaux-forts d'Auvergne, et actuellement il n'en reste guère que les fondations, ou quelques débris de leurs massives murailles, généralement construites avec des prismes basaltiques, enlevés au pic lui-même, et placés horizontalement. La pouzzolane était mêlée au mortier employé dans ces constructions ; et sans le lien que lui communique cet ingrédient, il est probable qu'aucun ciment n'aurait eu de prise sur la surface lisse et ferrugineuse des prismes.

cap avancé, dont la pointe a été en partie séparée du reste. Sur cette pointe s'élève le village du Crest, à une hauteur absolue de 2044 pieds (680 mètres), ce qui donne, entre les deux extrémités, une différence de niveau de 1417 pieds (474 mètres), sur une distance en ligne directe d'un peu plus de six milles et un quart (10 kilomètres). L'inclinaison de cette couche de basalte, par conséquent, correspond presque complétement avec celle des deux courants de lave très-récents qui ont coulé au-dessous, et qui occupent actuellement le fond des vallées situées sur chacun de ses côtés. L'un d'eux provient du puy Noir, l'autre du groupe de cônes placés aux environs du lac d'Aydat. En outre, la distance à laquelle atteint le basalte de la Serre égale à peu près la longueur de ces derniers courants. Le parallèle entre des coulées basaltiques si voisines, et dont l'une est plus ancienne et les autres plus récentes, est complet et d'un haut intérêt. La seule différence essentielle est dans la position ; l'une occupant le sommet d'une hauteur allongée, les autres le fond des vallées latérales ; mais cependant, sur plusieurs points, ces dernières ont elles-mêmes formé des plateaux qui ont déjà acquis une élévation fort considérable au-dessus des lits actuels des ruisseaux.

La surface du plateau de la Serre ne présente pas une pente uniforme, mais elle est coupée par trois déclivités qui ressemblent à des degrés. Il y en a deux au-dessus du granite, et une autre à la ligne de contact de cette roche avec le terrain d'eau douce. Elles sont probablement dues à des inégalités de la surface granitique, qui ont çà et là opposé un obstacle momentané au courant. La portion qui repose sur les strates lacustre est plane et presque horizontale.

Il est digne de remarque que de chaque côté on trouve un ravin transversal, à peu près à l'endroit où les couches tertiaires de sédiment reposent sur les roches cristallines primaires ; et une dépression existe à la surface du plateau, le long de cette ligne, le basalte ayant été déjà partiellement miné en dessous en cet endroit, par une excavation creusée à travers les couches de grès friable qui sont intercalées entre la formation calcaire et le granite. Avec le temps, je n'en doute pas, une séparation complète s'effectuera de la sorte, et la portion orientale de cette colline ressemblera à plusieurs autres qui l'avoisinent, et dont la connexion avec les roches primaires n'existe plus.

L'épaisseur du basalte de ce plateau varie de 50 à 60 pieds (16 à 2 mètres). Quoiqu'en général amorphe, ou fracturé par des veines verticales irrégulières, il offre cependant en quelques points, particulièrement vers le Crest et au château de Montredon, de très-beaux groupes columnaires. Là la coulée a été entamée par de profonds ravins qui ont mis à découvert sa structure intérieure, et, selon toute probabilité, l'absence apparente de cette configuration régulière dans les autres parties du plateau est seulement superficielle.

Par-dessus tout cette colline est instructive à un haut degré comme type de la formation des plateaux basaltiques en général; comme un de ces précieux chaînons qui établissent un passage entre des roches qui paraissent très-différentes par leur position géologique; une des gradations intermédiaires, par lesquelles une coulée de lave, qui occupait originairement le fond d'une vallée, passe dans la suite des siècles, à des chapeaux massifs et tabulaires recouvrant une montagne isolée et élevée, en vertu de la grande résistance qu'elle présente au lavage érosif des eaux pluviales, et qu'elle communique aux strates sous-jacentes auxquelles elle forme un revêtement protecteur.

72. 73. Les Côtes de Clermont et Champturgues. — Ces hauteurs calcaires, jadis évidemment réunies, et actuellement séparées, mais seulement par un ravin peu profond, sont couronnées par un lit de basalte, qui par sa position et sa nature offre la plus grande analogie avec celui de Châteaugay; mais son élévation au-dessus de la plaine est plus considérable, et il a davantage souffert de dégradations, apparemment par suite de son ancienneté plus grande.

Il offre une pente graduelle qui se dirige vers le centre de la Limagne, à partir du voisinage des escarpements granitiques, et paraît avoir coulé, sous forme de courant de lave, des hau-

teurs qui s'élèvent au-dessus de Durtol. Peut-être a-t-il été jadis continu avec ces restes de basalte qui reposent sur le granite dans le voisinage du puy de Chanat, mais qui ont perdu toute trace de scories ou de parties cellulaires.

74. PLATEAU DE PRUDELLES. — C'est une masse de basalte qui couronne un promontoire granitique, dominant la vallée de Villars au sud, et celle du Cressinier au nord, et se terminant par un escarpement abrupt du côté de l'est. Elle paraît néanmoins s'être jadis prolongée quelque peu, en descendant la pente rapide qui se trouve dans cette direction, car quelques lambeaux d'un basalte semblable se rencontrent *sur place*, parmi les vignes qui couvrent cette déclivité.

Le cône d'où est venu ce courant forme encore un monticule qui domine son extrémité occidentale, et qui est jonché de scories en forme de bombes dont les cavités contiennent de délicates concrétions stalagmitiques de quarz, la fiorite des minéralogistes français. C'est cette colline qui a occasionné le partage de la coulée de Pariou.

Au point de contact du granite et de la masse basaltique qu'il supporte, on voit un lit de scories, tellement atteintes par la décomposition, qu'on peut les tailler avec un couteau. Leurs cavités sont remplies d'un bol blanc et brun, d'une consistance céroïde. Le basalte se divise, en quelques endroits, en prismes très-réguliers à cinq ou six pans, qui s'exfolient par la décomposition en lames schistoïdes, perpendiculairement à leurs axes.

La gravure donne l'idée de la position de ce plateau qui domine la profonde gorge granitique de Villars. Au-dessous est une route romaine, dont l'antique pavé basaltique est encore entier (on la nomme le *chemin ferré*). Elle a été construite sur la surface de la coulée, de date relativement récente, qui descend de Pariou. Depuis que cette dernière s'est épanchée, cependant, un ravin a été creusé, sur la droite, à la profondeur de plus de 150 pieds (50 mètres). Il est évident que la gorge a été excavée en totalité depuis que le basalte de Prudelles a coulé sur la surface qu'il recouvre actuellement, et qui était alors, nécessairement, le point le plus bas des environs. On a encore, en cet endroit, une réunion très-instructive d'une coulée de lave plus ancienne et d'une autre plus récente, qui témoignent de même de l'érosion graduelle des vallées du district par les causes encore agissantes.

Quoique la coulée de Prudelles ait toute l'apparence d'être unique, elle est formée de deux espèces de basalte très-différentes. Celui de l'extrémité ouest est remarquable par les nombreux et volumineux nodules d'olivine qu'il renferme. Celui qui est à l'est présente, au lieu de ce minéral, une confusion de cristaux d'augite et de felspath compacte, disséminés dans une base qui a tous les caractères d'une dolérite à grains fins.

75. Puy Girou (haut. abs. **2,888** pieds, 930 mètres). **76. Puy de Jussat. 77. Gergovia.** — Je regarde ces trois éminences, dont les bases reposent sur le calcaire d'eau douce, comme ayant primitivement formé un plateau unique, recouvert par une coulée de lave basaltique provenant des hauteurs primitives voisines, probablement du puy de Berzé [79]. (Voyez planche **I.**)

Elles sont actuellement en partie séparées l'une de l'autre ainsi que du granite. La première a été réduite à un faisceau conique de prismes qui convergent vers le sommet (1); la seconde a une crête allongée; tandis que le vaste plateau de Gergovia occupe encore une large surface, que la tradition et l'histoire s'accordent à désigner comme l'emplacement de cette

---

(1) Cette disposition particulière des prismes, si évidemment propre à protéger les masses qu'ils constituent contre l'action destructive des pluies et des gelées, est, comme le montre l'observation, la cause qui a préservé, à travers toutes les régions basaltiques, un aussi grand nombre de collines isolées et coniques de roche volcanique. Je ne me souviens pas d'en avoir traversé une seule de cette nature, dans laquelle il soit difficile de saisir une telle structure; et ce fait, joint lui-même à bien d'autres que tout grand massif montagneux offre à l'œil et à l'intelligence du géologue, tend à l'amener à une conviction accablante, *que le total énorme de dénudation des portions émergées de la surface du globe, a été effectué par la puissance érosive des agents météoriques,* depuis leur émergence de l'Océan. La grande élévation des couches calcaires au puy Girou (2800 pieds, haut. abs. 900 mètres) est digne de remarque.

cité des Arvernes, que César et ses légions ont assiégée longtemps en vain (1).

Gergovia est aussi intéressant pour le géologue que pour
l'antiquaire. On trouve en abondance sur ses flancs sud et
ouest des couches de calcaire indusial siliceux. La face orientale présente un exemple très-distinct de l'alternance des coulées basaltiques avec les strates d'eau douce. Deux profonds ravins ont mis là à découvert des coupes complètes de toutes les
couches qui composent la montagne. La base consiste, de
même que la plaine sur laquelle elle s'élève, en minces couches
horizontales de calcaire marneux blanc. Aux deux tiers environ
de l'élévation totale, on rencontre un lit massif et horizontal
de basalte, épais, dans quelques parties, de 40 pieds (13 mètres),
qui paraît s'être moulé sur les strates qui le supportent, et sur
la surface duquel d'autres couches calcaires sont venues encore
se déposer.

Celles-ci, cependant, quoique distinctement stratifiées, et
avec une tendance générale à l'horizontalité, sont loin d'être
aussi régulièrement disposées que le calcaire inférieur. Elles
sont fréquemment contournées et bouleversées, et parfois in-
terrompues par des filons étroits de basalte, qui semblent des
ramifications du lit supérieur très-épais qui surmonte le tout,
et forme la superficie du plateau. Les couches calcaires ainsi
enfermées entre deux lits de basalte, sont fortement mélangées de cendres volcaniques et de scories. On trouve quelques
couches minces de calcaire compacte jaune, sensiblement libres
de matières étrangères ; mais la masse générale est plutôt un
pépérino-calcaire que toute autre chose. Elle est en partie traversée par des veines de demi-opale, et contient des masses de
calcaire siliceux.

Le lit inférieur de basalte s'avance bien au-delà du lit supérieur, paraissant avoir été originairement plus étendu ; et

(1) On trouve fréquemment au sommet de ce plateau des briques romaines,
des amphores, des médailles et des haches, ainsi que des têtes de flèches gau-
loises en jade et en serpentine.

les lambeaux qui couvrent les collines calcaires au dessus d'Aubière, de Pérignat et de Chanonat, doivent avoir fait partie de cette nappe, qui, soit qu'elle ait fait éruption sur les lieux, ou bien à une certaine distance, est évidemment antérieure aux strates de pépérino-calcaire qui lui sont supérieures, comme nous l'avons fait observer ci-devant, et a été produite à une époque où le lac d'eau douce déposait encore son sédiment calcaire. Le basalte est en quelques parties très-régulièrement prismatique, en d'autres amorphe. Il est d'une teinte foncée, pesant et sonore, et contient de petits cristaux esquilleux de felspath vitreux et quelques infiltrations calcaires.

La ligne de contact de ce lit de basalte et des strates de calcaire marneux sur lesquelles il repose est bien définie, et on peut en prendre des échantillons de très-petite dimension dont une moitié est du basalte compact, noir et cassant, l'autre un calcaire blanc, faisant une vive effervescence avec les acides, et sensiblement inaltéré. Les masses basaltiques qui se rencontrent dans les couches calcaires intermédiaires sont loin d'être aussi distinctement séparées de la matière enveloppante. Au contraire, chaque substance semble passer à l'autre, par un mélange mécanique qui s'est effectué lorsqu'elles étaient toutes deux dans un état de grande mollesse, sinon de fluidité.

Le plateau supérieur de basalte présente rarement une division prismatique sur une large échelle, mais plus fréquemment une structure tabulaire. Il est sur quelques points extrêmement celluleux ; les cavités cellulaires ayant été subséquemment remplies par des cristallisations de carbonate de chaux et d'aragonite, de telle sorte qu'elles lui donnent le caractère d'une très-riche amygdaloïde.

78. MONTROGNON. — Eminence conique de basalte columnaire, couronnée par les ruines d'une forteresse féodale, et reposant sur le calcaire d'eau douce. C'est probablement l'unique reste d'un plateau formé par une branche du courant de Gergovia.

79. PUY DE BERZÉ. — C'est une protubérance saillante du

plateau granitique, l'emplacement d'une ancienne cheminée volcanique ; car son sommet est jonché de basalte cellulaire, de scories et de *bombes,* qui, toutefois, présentent une apparence de grande antiquité. C'est de cette bouche, suivant toute probabilité, que procèdent les coulées de Gergovia, Montrognon, etc. Leur hauteur relative favorise cette opinion. Le puy de Berzé mesure 3,210 pieds (1,069 mètres) au-dessus de la mer ; le puy Girou, 2,792 (930 mètres), et la partie occidentale du sommet de Gergovia 2,496 (797 mètres). L'extrémité orientale de la dernière colline est beaucoup inférieure, toute la surface descendant graduellement dans la direction supposée du courant, c'est-à-dire à partir des rives granitiques du lac vers son centre.

80. Basalte de Saint-Genès-Champanelle. — Cette coulée occupe le fond d'une dépression du plateau primitif, où coule un petit ruisseau qui se dirige du village de Chatrat vers celui de Saint-Genès. Par sa position, en conséquence, elle se rapproche des laves des puys récents ; mais attendu qu'il ne reste point de cône qui puisse indiquer sa source, et qu'elle a évidemment souffert beaucoup de dégradations, elle doit certainement être plus ancienne qu'aucune de ces dernières. Le basalte de ce courant est imparfaitement prismatique, et dans quelques parties il se sépare en petits globules anguleux ; mais ce qu'il offre de plus remarquable, c'est la large proportion de *quarz* qui entre comme un élément dans sa composition. Cette substance est très-inégalement distribuée, se rencontrant en bien plus grande abondance dans quelques parties du courant que dans d'autres, et se présente sous trois apparences : 1°. en grains distincts ou cristaux imparfaits empâtés dans la base ; 2°. comme partie constituante de cette base, qui, observée sous une lentille d'un faible grossissement, paraît être un mélange granitoïde de quarz, de felspath et d'augite ; 3°. en filons distincts et souvent considérables, plus ou moins exempts d'augite, quelquefois entièrement purs, d'une couleur gris-blanc, et semblables par leur disposition et leur aspect aux filons de quarz si communs dans les lydiennes et les schistes argileux, etc.

C'est là le seul exemple d'un basalte quarzeux que je connaisse en Auvergne.

81. Puy de Chatrat. 82. Puy de Pasredon. — Eminences granitiques couvertes de basalte, probablement les restes d'un même courant, mais qui est certainement distinct du dernier que nous venons de mentionner et en outre plus ancien.

83. Puy de Saint-Sandoux (Haut. abs. 2822 pieds, 940 mètres ; *Barnère* de Ramond). — C'est un plateau basaltique encore plus élevé, mais moins étendu que celui de Gergovia. On pourrait peut-être le ranger parmi les dépendances du Mont-Dore ; mais comme il forme un objet très-apparent dans toutes les vues des monts Dôme, et qu'il est compris dans notre carte de cette chaîne, il peut être plus convenable de le décrire maintenant.

Il se trouve sur les limites du granite et de la formation lacustre, et repose en partie sur l'un et l'autre. Plus d'une coulée paraît avoir contribué à le former. Le basalte qui se montre à la surface du plateau est remarquable en ce qu'il présente la transition complète d'une dolérite à gros grain, composée de felspath compacte et de cristaux volumineux d'augite, à un basalte totalement homogène. Le passage est tantôt très-rapide, de telle sorte qu'il a lieu dans les limites d'un échantillon de faible format ; tantôt graduel, les cristaux d'augite et les amas de felspath compact diminuant de volume, et le dernier minéral étant enfin remplacé par l'olivine.

84. Plateau de Saint-Saturnin. — Nappe basaltique reposant entièrement sur le sol calcaire, et à un niveau plus bas que le basalte de Saint-Sandoux, mais qui est, peut-être cependant, une branche de la même coulée. Au sud-est, immédiatement au-dessus du château de Saint-Sandoux, une partie de cette nappe prend la forme d'un énorme sphéroïde composé de prismes divergeants à partir du centre de la roche, près duquel ils sont étroitement réunis, vers la circonférence, où ils laissent entre eux un espace considérable. Les prismes sont très-réguliers et formés d'articulation. Sur d'autres points, le basalte de la même nappe montre une structure tabulaire.

85. Puy d'Olloix (Haut. abs. 3343 pieds, 1114 mètres).
— Éminence conique de basalte, qui est, suivant toute apparence, un fragment de la même coulée que le puy de Saint-Sandoux. Il renferme de gros nœuds d'olivine.

La grande élévation relative de ces trois dernières éminences basaltiques est remarquable. M. Raulin (1) pense qu'elles ont été soulevées par un mouvement élévatoire qui s'est manifesté sur une ligne transversale à l'axe général des chaînes de montagne avoisinantes, de même que les couches granitiques et tertiaires sur lesquelles elles reposent depuis leur formation. Cette opinion sera discutée plus loin.

86. Chaux de Corent. — C'est un grand plateau de basalte qui repose en totalité sur les couches d'eau douce, et dont l'extrémité orientale commande l'Allier. De ce côté, immédiatement au-dessus du village de Corent, s'élève une vaste muraille de colonnes basaltiques, dont les portions supérieures montrent une tendance à la forme sphéroïdale. La partie sud-ouest du plateau est couverte de scories et de bombes volcaniques extrêmement fraîches qui ont été probablement lancées par une dernière éruption qui a éclaté à travers la couche basaltique plus ancienne. Une cavité circulaire d'à peu près 30 pieds (10 mètres) de diamètre et 10 ou 12 (3 ou 4 mètres) de profondeur, paraît être le seul cratère qu'ait laissé cette explosion récente. Ses parois intérieures sont perpendiculaires, et consistent en masses scoriformes de basalte, recouvertes par des amas de lapilli et de pouzzolane. Un courant peu considérable de lave très-celluleuse semble dériver de ce point, et couvre le flanc méridional de la montagne. Les nombreux fragments de granite empâtés dans ses scories démontrent que cette éruption, quoique indubitablement d'une date beaucoup plus récente que le basalte qui forme la surface du plateau, a son origine bien au-dessous des strates calcaires d'eau douce qui composent la colline. Ces strates contiennent des veines de gypse et des pyrites entremêlées de bitume et de sulfate de baryte.

(1) Bulletin XIV, page 657.

Quoique généralement horizontales elles montrent sur quelques points un bouleversement considérable et passent au pépérino. Le puy de Corent est digne de la plus grande attention comme renfermant les produits d'éruptions d'époques différentes et très-éloignées. Ses scories abondent en cristaux octaédriques de fer oxydulé, en fiorite et en cristaux d'hornblende, semblables à ceux du puy de Chanat, mais bien plus volumineux. Quelques-uns approchent de la grosseur du poing. Ils sont quelquefois parfaits, mais, le plus généralement, ils sont arrondis à l'extérieur, et les angles sont émoussés comme par une fusion partielle.

87. Puy de Cournon. — On rencontre deux lambeaux d'un courant basaltique sur cette colline étendue et presque aplatie, dont le restant de la surface est le plus souvent recouvert par un lit épais de cailloux roulés granitiques et volcaniques, et était évidemment à une certaine époque le lit de l'Allier, quoique variant entre 400 et 500 pieds (130 et 160 mètres) au-dessus du niveau actuel de la rivière. A sa base le calcaire marneux passe sur quelques points au pépérino.

A l'est de l'Allier, entre Pont-du-Château et Issoire, on peut observer un nombre considérable d'autres plateaux et pics de basalte, couronnant des éminences soit de calcaire lacustre, soit appartenant à la petite chaîne granitique qui sépare la Dore de l'Allier, et contre laquelle vient s'appuyer la formation d'eau douce. Ce sont les seuls lambeaux encore subsistants de très-anciennes coulées. Leurs scories ont généralement disparu, et les points d'où ils dérivent, aussi bien que leur connexion, s'il y en a jamais eu entre eux, sont difficiles à retracer. L'espace dans lequel ils se rencontrent n'est pas très-étendu, et on peut le considérer comme une bande étroite renfermée entre l'Allier et le méridien de Mozun. Presque toutes les remarquables collines de pépérino-calcaire que nous avons ci-dessus décrites comme faisant partie de la formation d'eau douce de la Limagne se rencontrent dans ses limites. La direction de cette ligne volcanique semble conserver le parallélisme avec la ligne volcanique des monts Dôme.

Les plus remarquables de ces restes basaltiques sont : les puys Benoît, de Dallet (ci-dessus décrits), de la Roche-Noire, de Saint-Romain, de Turluron et de Saint-Hippolyte, qui ont leurs bases sur les couches tertiaires, et les pics de Buron et de Mozun, qui reposent en partie sur le sol primitif. Ils ne présentent aucun trait particulier, et par conséquent, en les décrivant en détail, on ne ferait que répéter ce qui a déjà été dit au sujet des roches semblables qui sont situées dans le voisinage immédiat des monts Dôme.

CHAPITRE VI.

Région II. — Le Mont-Dore.

———◆———

§ I. Esquisse générale du Mont-Dore (1).

Nous n'avons rencontré jusqu'à présent que des masses détachées de roches volcaniques recouvrant seulement le sol primaire sur certains points, et le laissant affleurer entre elles à des intervalles peu considérables. Nous allons étudier maintenant une de ces excroissances montagneuses qui ont recouvert sa surface sur une étendue de plusieurs milles (2) en diamètre, et qui s'élèvent à une hauteur proportionnée au-dessus de son niveau.

Le Mont-Dore, quoiqu'il ne soit pas le plus considérable des trois grands massifs volcaniques, atteint à la plus grande élévation absolue. Ramond donne 6258 pieds (1886 mètres) au-dessus de la mer au *pic de Sancy*, qui en est le point culminant, et dépasse de 128 pieds (43 mètres) la cime la plus élevée du Cantal. On ne peut mieux se figurer ce massif montagneux qu'en se représentant sept ou huit sommités rocheuses, groupées ensemble dans un circuit d'à peu près un mille (1600 mètres) de diamètre, à partir desquelles, comme du sommet d'un cône aplati et quelque peu irrégulier, toutes les pentes

(1) Le Mont-Dore, anciennement *Mons Duranius*, tire son nom de la rivière de *la Dore* qui descend de son sommet; aussi emploie-t-on à tort l'orthographe *Mont-d'Or*. Voyez Ramond, *Nivellement des plaines :* Mémoires de l'Institut, 1815.

(2) Le mille est d'environ 1,600 mètres.

descendent plus ou moins rapidement, jusqu'à ce que leur déclivité se perde graduellement dans la plaine élevée qui l'entoure. Imaginez que cette masse est profondément et largement
entamée sur des flancs opposés par deux vallées principales,
celle *de la Dordogne* et celle *du Chambon*, et en outre sillonnée par une douzaine environ de gorges moindres où coulent
des cours d'eau qui tous ont leurs sources vers les sommités
centrales, et de là se dirigent vers tous les points de l'horizon.
Vous aurez alors une idée grossière, mais assez exacte du
Mont-Dore.

Il est très-possible qu'une montagne non volcanique ait pris
à peu près cette forme par suite d'un long isolement ou de
circonstances accidentelles : mais le Mont-Dore et le Cantal
partagent avec l'Etna, le pic de Ténériffe, Palma et toutes les
autres montagnes volcaniques isolées, cette autre particularité,
que les roches, dont chaque massif est composé, se présentent
en lits qui plongent dans toutes les directions à partir de l'axe
central, et qui reposent parallèlement aux pentes extérieures.
Cette disposition singulière nous amène à conclure, *à priori*,
que de telles montagnes sont les restes de vastes volcans. On
est en outre confirmé dans cette opinion, lorsqu'à l'examen on
reconnaît qu'elles consistent en couches prodigieuses de scories,
de ponces, et de leurs fins détritus, alternant avec des nappes
de trachyte et de basalte qui portent la marque de leur origine
ignée, et descendent souvent en coulées continues jusqu'à ce
qu'elles atteignent la plate-forme qui entoure la base de la montagne et s'y étalent largement.

On ne trouve point, il est vrai, de cratère régulier au sommet
du Mont-Dore. Il serait peu rationnel de s'attendre à en rencontrer un dans une montagne volcanique, qui offre tant d'autres preuves de ce qu'elle a été longtemps et vivement attaquée par les agents de la dégradation depuis l'extinction de ses
feux.

Les déjections fragmentaires de sa bouche ont, en grande
partie, formé les immenses conglomérats qui couvrent ses flancs
et sont accumulés à ses pieds. Ses produits plus solides, ses

courants de lave et quelques brèches consolidées, ont résisté avec plus de succès à l'usure des siècles et à l'action destructrice du temps ; et leurs extrémités supérieures se dressent encore en pics élevés qui dominent une gorge en forme de cirque, placée tout à fait au cœur de la montagne, et qui marque probablement l'emplacement de son cratère central ; mais celui-ci, divisé en étroites et profondes gorges secondaires, forme aujourd'hui le bassin supérieur de la vallée principale et le récipient dans lequel se réunissent deux torrents, la *Dore* et la *Dogne*, qui donnent naissance au fleuve qui, à partir de ce point, porte leurs deux noms réunis en un seul.

Si les matériaux qui composent une montagne volcanique étaient disposés d'une manière uniforme, les vallées qui ont réduit le Mont-Dore à un véritable squelette montreraient d'une façon très-suffisante quelle est sa constitution ; mais, comme on devait s'y attendre, les coupes qu'elles présentent ne mettent à découvert que des lits énormes et irréguliers de tufs et de brèches, mêlés avec des coulées alternantes et répétées de trachyte, de phonolite et de basalte, et traversés par de nombreux dykes des mêmes roches (1).

Les flancs opposés de chaque excavation présentent généralement des sections qui se correspondent, les mêmes lits se montrant à des hauteurs semblables sur chaque pente, mais variant d'épaisseur. C'est le cas général de toutes les gorges étroites près de la base de la montagne où l'amoindrissement

---

(1) Lorsque les causes qui entretiennent l'activité de l'Etna auront cessé d'agir, cette montagne volcanique revêtira les traits les plus caractéristiques du Mont-Doro. Et même aujourd'hui, ses flancs sont sillonnés par de profondes et grandes vallées résultant des tremblements de terre et de la descente rapide des torrents pluviaux. On peut voir les lits de laves d'époques différentes formant de nombreuses pseudo-strates superposées et qui se correspondent sur les flancs opposés de ces vallées, dont la plus remarquable, à cet égard, est celle de Trisoglietto. Voyez Ferrara, *Descrizione del l'Etna*, 1818.

Il paraît que les flancs du pic de Ténériffe sont encore plus profondément entrecoupés par des déchirures et des ravins et M. Escobar dit avoir compté plus de cent couches de laves différentes et lits de ponces sur les flancs de la vallée de Las Ganchas au N.-O. du pic. Voyez la description des îles de Palma et de Madère dans le *Manuel* de sir Ch. Lyell, traduct. Hugard, t. II, p. 274 *et seq.*

de la pente a fait que les coulées de lave se sont étendues en largeur aussi bien qu'en longueur ; et , dans ces circonstances, le même lit ou la même série de lits couvre souvent une surface de plusieurs milles carrés, formant une succession de vastes plateaux avec une faible inclinaison qui n'est qu'à peine perceptible vers leur terminaison.

En étudiant les courants qui constituent ces différents plateaux, on trouve qu'ils consistent en basalte qui a coulé de tous les côtés , jusqu'à la distance de 15 et de 20 milles (24 et 32 kilom.), et, dans quelques cas, vers l'est et le nord de 25 ou 30 milles (40 ou 48 kilom.) des sommités centrales (1). Quoique la continuité de quelques-unes de ces nappes de lave basaltique ait été détruite, nous pouvons en remonter plusieurs sans rencontrer aucune interruption, jusqu'à ce que, à une faible distance du sommet du groupe, nous arrivions à un endroit qui, par suite de la nature torréfiée et cellulaire du basalte et de la quantité de scories et de bombes encore adhérentes à sa surface, paraît être la source de la coulée, la bouche par où elle a été vomie.

Les plateaux de trachyte, au contraire , atteignent rarement à une telle étendue , et l'on ne trouve que peu de portions de ceux qui dérivent du Mont-Dore hors les limites d'un cercle de 10 milles (16 kilom.) de rayon. Mais ce que ces coulées trachytiques perdent en longueur , elles le regagnent en épaisseur et en largeur. Les laves de cette classe paraissent avoir possédé un degré de fluidité inférieur à la fluidité de la lave basaltique, probablement par suite de leur moindre pesanteur spécifique (2) et de leur grain plus grossier, et , en conséquence , se sont ac-

---

(1) Ces dimensions sont loin d'être sans exemple parmi les laves des volcans modernes. Sir W. Hamilton estime que la coulée qui a atteint Catane en 1669 a 14 milles (23 kilom.) de long, et 6 de large (9 kilom.) en quelques parties. Recupero a mesuré la longueur d'une autre coulée sur le flanc nord de l'Etna, et l'a trouvée de 40 milles (64 kilom.). Spallanzani mentionne des coulées de 15, 20 et 30 milles (24, 32 et 48 kilom.), *Voyage en Sicile*, I, 219 ; et Pennant en décrit une qui est sortie d'un volcan d'Islande , en 1785 , et qui a couvert une surface de 94 milles sur 50 (150 sur 80 kilom.)! *North globe*, vol. 1.

(2) Voyez *Considerations on Volcanos*. p. 86, 92 *et seq.*

cumulées les unes au-dessus des autres, en masses prodigieuses, au voisinage de la source qui les produisait. Elles sont ainsi
devenues les portions les plus apparentes, sinon les plus considérables, de l'édifice qu'elles ont élevé en commun avec les
autres laves. Le trachyte constitue à peu près toutes les principales sommités et les plateaux centraux de la montagne, tandis que le basalte se montre rarement ailleurs que sur les pentes extérieures, ou dans les escarpements latéraux et au fond
des vallées.

Quelques lambeaux isolés de coulées basaltiques, cependant, se montrent à une élévation considérable, reposant immédiatement sur quelques-uns des plateaux trachytiques, tandis que les exemples d'une superposition bien nette du trachyte
au basalte sont peu communs. On est parti de là pour supposer
que les éruptions qui ont produit cette dernière sorte de lave
ont eu lieu après que se fût arrêté et définitivement éteint le
volcan qui a donné naissance aux laves trachytiques. Mais il
s'en faut de beaucoup que les faits confirment cette hypothèse;
et j'indiquerai plusieurs exemples de l'alternance évidente des
deux roches.

En réalité, il n'est pas toujours possible de les séparer nettement l'une de l'autre parmi les variétés infiniment diversi-
fiées de trachyte qui se trouvent au Mont-Dore, où il n'y a
pas deux couches qui soient semblables, où même la même
couche change fréquemment d'aspect à un degré considérable,
quelques-unes ont la structure laminaire, la texture feuilletée
et le grain écailleux qui caractérise le phonolite. Lorsqu'elles
contiennent, comme cela arrive quelquefois, une large proportion d'augite, elles approchent extrêmement du basalte dont
on ne peut plus les distinguer. Là où la texture n'est pas écail-
leuse, mais où la quantité d'augite est considérable, les trachytes prennent souvent tout à fait l'apparence de quelques-
unes des laves récentes des monts Dôme ; ils sont extrêmement
cellulaires, d'une couleur gris foncé, et d'une texture cristalline. Le trachyte qu'on emploie comme pierre à bâtir au *Mont-*

Dore-les-Bains, est presque identique à la lave du *puy de la Nugère* qui est exploitée à Volvic.

La quantité totale de matières *fragmentaires* rejetée par la bouche principale ainsi que par les bouches secondaires du Mont-Dore doit avoir jadis égalé entièrement le volume de ses coulées de lave ; mais la nature incohérente de ces conglomérats les a nécessairement exposés à une destruction beaucoup plus prompte. Le volume de ce qu'il en reste encore est néanmoins prodigieux. Ces conglomérats recouvrent, supportent ou enveloppent tour à tour les différentes sortes de laves solides. On les trouve à toutes sortes de distances du centre d'éruption ; quelquefois s'étendant en larges plateaux, d'autres fois remplissant l'intérieur des dépressions de la montagne , semblables aux amas de neige laissés par un court dégel dans une contrée montagneuse.

Ces conglomérats peuvent se diviser en deux sortes , selon que l'une ou l'autre classe de produits volcaniques prédomine dans leur composition.

Quelques-uns sont entièrement formés de ponce pulvérulente , dans laquelle de petits filaments soyeux de cette substance sont très-reconnaissables , aussi bien qu'un petit nombre de cristaux de felspath. On les rencontre tantôt incohérents et arénacés , tantôt consolidés par un mélange intime avec de l'eau en un tuf blanc jaunâtre d'une certaine consistance semblable au tuf des Champs-Phlégréens près de Naples ; quelquefois la structure de la roche est lamellaire et on la vend comme tripoli. En général , cependant , cette substance pulvérulente enveloppe des fragments de diverses grosseurs de trachyte , de basalte et de granite , formant un conglomérat tufacé. Si ces matériaux plus grossiers prédominent, il en résulte une véritable brèche dans laquelle les fragments sont immédiatement en contact ; ou bien séparés par des interstices accidentels ; ou enfin agglutinés par un ciment, soit de tuf, soit d'oxide de fer , qui provient probablement de la décomposition partielle des fragments eux-mêmes qui sont dans ce cas formés d'un basalte très-ferrugineux, et dans cette condition la roche ressemble au pépérino de la campagne de Rome.

M. Ramond, en décrivant ces conglomérats (1), remarque avec beaucoup de justesse que la manière dont ils sont disposés exclut toute idée que les eaux, soit de la mer, soit d'un lac intérieur, aient eu quelque part dans leur arrangement (2); et il imagine en conséquence qu'ils sont tombés à travers les airs sur les lieux qu'ils occupent encore après qu'ils furent projetés par la force explosive du volcan.

Mais il devient difficile d'admettre complétement cette opinion lorsqu'on a remarqué que la plus grande partie de ces dépôts se trouvent, non pas aux environs du cratère, mais en accumulations puissantes et séparées au pied de la montagne, s'étendant fréquemment en droite ligne jusqu'à une très-grande distance de son centre, sans changer de caractère ni subir quelque diminution, correspondant à la distance, dans le volume de leurs fragments constituants.

Les conglomérats dont sont composés les plateaux de *Pardines*, de *Neschers* et de *Polagnat*, par exemple, aussi bien que ceux qui surmontent le *puy de Monton*, sont trop inégalement distribués et trop éloignés du foyer éruptif pour avoir été formés de la façon que suppose M. Ramond. Sur ce dernier point qui est à 20 milles (32 kilom.), exactement en droite ligne des sommités centrales du Mont-Dore où était certaine-

(1) *Mémoires de l'Institut*, 1815.

(2) Le plus grand nombre des volcans de l'Italie ayant été probablement sous-marins, il s'ensuit nécessairement que les matières incohérentes qu'ils ont projetées ont été déposées, répandues et nivelées au fond ou sur les bords de la mer : et de là les tufs étalés et stratifiés de la côte occidentale de cette péninsule, depuis Naples jusqu'à Civita-Vecchia. Voyez Brocchi, *Suolo di Roma*, p. 180, etc.; et Breislack, *Voyage en Campanie*.

Mais le cas est très-différent avec les volcans en question, volcans qui ont éclaté à la partie supérieure d'un vaste plateau d'une élévation qui varie entre 3,000 et 5,000 pieds (1,000 et 1,600 mètres) au-dessus du niveau de la mer; et dont les plus anciennes éruptions paraissent avoir commencé non-seulement longtemps après que cette contrée fut émergée de l'ancien océan, mais encore à une période où les lacs d'eau douce du district avaient à peu près entièrement terminé leurs dépôts.

ment située la bouche qui les a projetés , j'ai observé des blocs massifs de trachyte très-compacte et d'obsidienne trachytique mesurant plus d'un yard (un mètre) cube de grosseur. Il n'est pas croyable que des fragments de cette taille aient pu être transportés à une telle distance seulement par la force de projection du volcan , force qui s'exerce toujours dans une direction à peu près sinon tout à fait perpendiculaire. Il n'est pas possible que les vents dominants , qui , comme le fait remarquer M. Ramond , suivent cette direction , que ces vents puissent agir avec quelque efficacité sur des masses d'un si grand poids. Il faut par conséquent admettre de toute nécessité l'intervention de quelque autre cause dans les cas qui nous occupent ; et des faits variés tendent à prouver que la descente rapide de masses d'eau du sommet de la montagne à l'époque de ses éruptions a coopéré avec la chute des pierres et des cendres projetées à la formation de ces conglomérats.

Ces faits sont principalement les suivants :

1°. Les dépôts de cette nature , qui s'étendent à une certaine distance de la montagne, occupent un petit nombre de larges vallées , évidemment creusées dans le granite ou les strates d'eau douce antérieurement à l'époque où ils ont été déposés. Ils ne se retrouvent pas dans les larges intervalles qui séparent ces vallées, comme cela devrait certainement avoir lieu dans le cas où ils proviendraient de la dispersion uniforme de fragments incohérents projetés par le volcan.

2°. Leur caractère alluvial est dénoté par leur consolidation par l'eau , ainsi que par la stratification partielle de quelques-uns de ces tufs ; enfin par les lits accidentels et les amas de sable et de gravier qui les accompagnent , par les troncs d'arbres et les morceaux de bois ainsi que les animaux terrestres qu'on y trouve fréquemment enveloppés.

3°. La plupart des fragments qui composent les conglomérats situés à distance ont leurs angles brisés et arrondis, et les plus considérables sont tout à fait roulés.

4°. D'énormes faisceaux de prismes basaltiques y sont quelquefois enveloppés. Les prismes ne sont pas séparés les uns des autres et leurs angles n'ont pas souffert. Ces roches ne peuvent avoir été lancées ainsi du cratère, mais doivent avoir été détachées des coulées voisines par quelque action érosive violente.

5°. Les conglomérats qu'on trouve dans les limites de la formation lacustre contiennent des fragments roulés de calcaire. Ces fragments ne peuvent avoir été vomis par le volcan qui a éclaté à travers le granite ; mais on comprend facilement que les strates calcaires ont pu être déchirées par des torrents, se précipitant avec impétuosité et déposant sur leur trajet les couches qui enveloppent ces blocs.

Il ne faut cependant pas les confondre avec des dépôts alluviaux ordinaires de quelque contrée montagneuse, qui sont le résultat de l'usure de ses roches et de l'excavation de ses vallées, et dont ils se distinguent non-seulement par leur volume, mais encore par les coulées de trachyte, de phonolite et de basalte qui les recouvrent, les supportent et les pénètrent dans toutes les directions, et qui sont, par conséquent, de formation contemporaine avec eux.

La descente de déluges aqueux sur les flancs de grands volcans périodiques, pendant qu'ils sont en éruption, est bien connue comme un phénomène habituel (1), et comme due à une ou tout au plus trois causes distinctes, savoir les suivantes :

1°. La fonte soudaine de la neige au sommet de la montagne, occasionnée, soit par la chute de pluies de scories rouges de chaleur, soit par le contact d'une coulée de lave vomie par le volcan.

2°. Les prodigieuses averses de pluie qui accompagnent généralement les éruptions volcaniques ou qui leur succèdent, et qui ont été attribuées, avec une grande probabilité, à la condensation du volume énorme de vapeur d'eau qui s'échappe par les cheminées volcaniques, tant qu'elles sont en activité, et qui constitue, en effet, l'agent principal des phénomènes qu'elles présentent.

3°. Les énormes masses d'eau, probablement le contenu de cratères-lacs intérieurs, que les volcans *trachytiques*, spécialement ceux de l'Amérique (1), sont connus pour rejeter quelquefois, et qui, lorsqu'elles sont mêlées avec les cendres et les lapilli, les entraînent dans leur cours, ou bien lorsqu'elles sont vomies en même temps que ces cendres et ces lapilli de l'intérieur du volcan, ont été quelquefois désignées sous le nom de *coulée de boue*, mais qu'il ne faut pas confondre avec ces éruptions pseudo-volcaniques de gaz hydrogène qu'on voit aux Maccaluba, à Modène, en Crimée, etc., etc. Il n'est pas nécessaire de supposer que chacun de ces phénomènes variés ait eu lieu dans le cas qui nous occupe ; il est possible, du reste, qu'ils aient tous agi tour à tour ou bien simultanément (2).

Si nous considérons les effets qui doivent naturellement résulter de l'irruption soudaine de grandes masses d'eau le long des pentes d'un volcan d'une élévation considérable, comme le Mont-Dore, alors qu'il est en éruption, masse d'eau entraînant tous les matériaux incohérents qui entourent son cratère, aussi bien que tous ceux qu'elle rencontre dans sa descente, déchirant les flancs de la montagne, et s'étendant sur les plaines et les vallées environnantes ; nous verrons que ce phénomène est parfaitement propre à former les conglomérats qui nous occupent actuellement. Et ces conglomérats, soit qu'ils remplissent des cavités sur les flancs de la montagne, ou bien de

(1) Voyez Humboldt, *Tableau physique.* D'Aubuisson, *Géognosie*, tom. i, p. 181. Breislak, *Instit. Géol.*, tom. iii, § 641. Scrope, *On Volcanos*, p. 160. Lyell, *Principes*, 1865, p. 412.

(2) Le Mont-Dore se couvre chaque hiver d'une grande quantité de neige qui ne disparaît que très-tard dans l'été. Il y en avait plusieurs plaques considérables qui étaient demeurées dans les dépressions près de son sommet lorsque je le visitai au commencement de *septembre* 1821, aussi bien qu'à l'époque de ma dernière visite en août 1857. Pour ce qui est du fait que nous venons de citer comme se rencontrant chez les volcans américains, il est à noter qu'ils sont de même que ceux dont nous nous occupons, principalement *trachytiques*. Les cendres fines des volcans trachytiques forment avec l'eau une argile imperméable, ce qui occasionne souvent la création de lacs dans leurs cratères pendant les intervalles de tranquillité. Ces lacs, soit qu'ils renversent leurs digues par leur poids croissant, soit que l'éruption subséquente rompe ces mêmes digues, se précipitent, dans les deux cas, en une effroyable débâcle sur le sol moins élevé qui entoure la montagne. Le trass des volcans du Rhin a sans doute été produit de cette manière. — Voyez *Considerations on Volcanos*, p. 159.

profondes et grandes vallées à une distance considérable de ses bases, montrent précisément cette confusion chaotique qu'on doit attendre d'un tel mode de formation, et que nul autre mode ne saurait expliquer d'une manière suffisante.

Le *puy de Monton* est peut-être le point le plus distant du Mont-Dore où l'on puisse trouver ces produits alluviaux en abondance. J'ai indiqué sa distance en ligne directe du pic de Sancy comme étant de vingt milles (trente-deux kilomètres); la différence de niveau est d'environ 4400 pieds (1400 mètr.); différence qui donne une pente moyenne d'un pied sur trente-quatre (3 décimètres sur 11 mètres), certainement suffisante pour communiquer à une grande masse d'eau toute l'impétuosité nécessaire pour qu'elle puisse transporter des blocs de la grosseur de ceux que nous avons dit s'y rencontrer.

J'ai cherché avec soin à établir le mode de formation de ces conglomérats, qui n'avaient jamais été expliqués d'une façon satisfaisante, parce qu'ils forment un trait des plus saillants dans les formations trachytiques du centre de la France ; constituant peut-être une bonne moitié de la masse totale des trois grands groupes volcaniques de cette classe et leur appartenant exclusivement, puisque aucune roche semblable ne se rencontre en connexion avec les produits basaltiques de bouches volcaniques plus récentes ou moins considérables.

§ II. Structure du Mont-Dore.

Ce serait donner à ces pages trop d'étendue, si j'entreprenais de décrire le Mont-Dore en détail, roche par roche, autant qu'il est possible de l'observer. Aussi me bornerai-je à esquisser ses masses principales, en indiquant tout ce qu'elles offrent de plus remarquable.

C'est pourquoi, imaginons pour un moment que nous sommes au sommet du *pic de Sancy*, roc pyramidal de trachyte porphyrique, et le point le plus élevé de toute la montagne (1).

(1) Les localités mentionnées dans cette esquisse du Mont-Dore, peuvent être

Réunies avec lui par des crêtes intermédiaires, des éminences raboteuses, semblables et formées de la même substance, s'élèvent de chaque côté. Ces éminences sont plus ou moins arrondies par l'action atmosphérique, et, en partie, couvertes de végétation. L'une d'elles, le *puy Ferrand*, égale presque en hauteur le pic de Sancy. Ces deux sommités, les plus saillantes de toutes, dominent à droite et à gauche deux bassins profonds en forme de cirques. L'un d'eux s'ouvre vers le nord, il est entouré d'une ceinture de précipices perpendiculaires, et les eaux des différentes sources de la *Dordogne* s'y réunissent. L'autre s'ouvre au nord-est et forme la *gorge de Chaudefour*, à la tête de la *vallée du Chambon*. Sur le flanc opposé à ces dépressions, chacune de ces sommités donne naissance à un plan incliné dont la pente décroît graduellement, interrompue d'abord par quelques trois ou quatre projections semblables à des gradins, étagées l'une au-dessus de l'autre, et s'élargissant de plus en plus à mesure que le niveau s'abaisse en larges plates-formes (1). Ces plates-formes atteignent avec un petit nombre d'interruptions à la base de la montagne, et se prolongent à quelque distance sur la contrée adjacente.

La roche qui constitue ces plateaux est, presque sans exception, du trachyte ; et la divergence générale, à partir d'un seul point de toutes les principales coulées trachytiques, nous

observées sur la *carte cadastrale du Puy-de-Dôme* de 1843. Voyez d'ailleurs la vue à vol d'oiseau de la vallée de la Dordogne dans la planche II. — Ajouté par le traducteur : On peut aussi suivre la description de l'auteur anglais sur la *carte de France de l'état-major*, feuille de Clermont et autres.

(1) Les régions élevées du Mont-Dore, ainsi que celles du Cantal et du Mézenc, sont trop peu abritées et trop élevées pour qu'on puisse les cultiver, mais elles sont revêtues d'une longue succession de riches et vastes pâturages. La constitution du sol est ainsi quelques fois cachée sur des espaces considérables. Cependant elle est toujours à découvert par intervalles sur les bords escarpés des cours d'eau qui descendent des plateaux. À l'exception de quelques forêts de sapins dans les parties les plus élevées, on ne trouve que peu de bois hors des vallées ; et cette disposition particulière de la surface du sol et de la végétation donne à la contrée un aspect entièrement différent selon qu'on la considère du fond de ces vallées ou du sommet des plateaux qui les séparent. Ce premier aspect est agréable, luxuriant et animé ; le second nu, triste et presque désert.

amène à présumer qu'elles sont le produit d'une bouche unique
par où avaient habituellement lieu les éruptions et qui occupait
cet emplacement central. La structure des hauteurs qui enceignent les gorges ci-dessus mentionnées confirme cette supposition. Elles sont constituées par des lits variés et fréquemment répétés de trachyte, qui montrent, par leur disposition
confuse et leurs parties scoriacées, les traits qui caractérisent
le voisinage d'un centre d'éruption. En descendant, vous ob-
servez des masses rocheuses de conglomérat alternant avec le
trachyte ou venant s'y appuyer. C'est de cette nature que sont
les crêtes élevées où les ruisseaux de la *Dore* et de la *Dogne*
prennent leur source, et qui réunissent entre elles les quatre
principales sommités centrales : le *pic de Sancy*, le *puy Fer-*
rand, le *Pan de la Grange* et *Cacadogne*. Immédiatement au-
dessus de la *cascade de la Dore*, cette roche renferme de l'a-
lun et du soufre avec assez d'abondance pour couvrir les frais
de travaux d'extraction considérables (1). A l'ouest, deux gorges profondes, appelées les *vallées d'Enfer* et de la *Cour*, sont
entièrement creusées dans les mêmes conglomérats. Ils ont un
aspect torréfié et consistent en fragments de trachyte et de basalte, compacte ou cellulaire, réunis en une brèche par un ciment tantôt ferrugineux, tantôt ponceux. Dans le premier cas,
le mélange est extrêmement solide et durable. Cette brèche
est traversée par plusieurs dykes de trachyte porphyrique, de
couleur foncée, en partie cellulaire, et divisé en prismes réguliers généralement dans une direction perpendiculaire aux parois du filon. Une cloison étroite et peu élevée, appelée *les*
Fernes, qui sépare les gorges de la Cour et d'Enfer, est principalement constituée par un dyke de cette sorte. Les brèches
entre lesquelles il était enfermé ont disparu d'un côté, mais

(1) La présence de l'alun et du soufre s'explique par d'anciennes *fumerolles*,
chargées de vapeurs sulfureuses acides, qui ont attaqué la roche volcanique, et
transformé en alun, par la substitution du soufre à la silice, le felspath qui
entrait dans sa composition, et qui ont en outre déposé dans ses cavités du soufre natif. Ce point du Mont-Dore a dû être, pendant un certain temps, une *sol-*
fatare. — (*Note du traduct.*)

— 138 —

subsistent du côté opposé. Dans la première de ces gorges, on
voit deux ou trois filons entièrement dénudés, qui ressemblent
tout à fait aux ruines de murailles cyclopéennes ; ces surfaces
polygonales des extrémités des prismes, qui sont couchés horizontalement, apparaissent de chaque côté. Le flanc escarpé
du *puy de l'Aiguiller*, qui termine la vallée d'Enfer, présente
trois ou quatre dykes semblables qui le traversent verticalement
dans toute sa hauteur (900 pieds — 300 mètres), et justifient la
dénomination attribuée à cette montagne en se terminant en
pics *semblables à des aiguilles* qui atteignent presqu'à la hauteur du pic de Sancy.

Immédiatement à l'opposite de la vallée de la Cour, sur le
côté oriental de la vallée de la Dordogne (1), existe un ravin
qui sépare deux rochers anfractueux, nommés *Cacadogne* et le
Roc-de-Cuzeau. Ce ravin est jonché par les débris énormes des
rocs qui le dominent, et qui consistent en un conglomérat enveloppant diverses coulées de trachyte et de basalte mêlées
dans une étrange confusion. Parmi les blocs dispersés dans le
fond et appartenant à ces coulées, il en est plusieurs d'un trachyte qui se rapproche de l'obsidienne, d'un éclat et d'une
cassure résineuse, de couleur noire, et qui renferme de nombreux et gros cristaux de felspath (pitchstone porphyry, — *rétinite porphyroïde*) ; ainsi que d'une autre variété plus rare,
compacte, pesante, de couleur rouge brique, avec un peu de
l'éclat résineux du pitchstone (*rétinite*) renfermant des cristaux
opaques excessivement pesants de felspath qui ont l'apparence
de la cire. Le *Roc-Barbu*, rocher isolé et informe qui se dresse
au milieu du ravin, présente un faisceau de prismes divergents
d'un basalte extrêmement dense, compacte et lourd, qui renferme des cristaux volumineux et réguliers d'augite et d'olivine.

Telle est la nature de l'aire que commandent les sommets
trachytiques centraux ; et, dans ces traits, il est facile de reconnaître les traces d'un vaste cratère démantelé, qui n'est pas

(1) C'est cette vallée qui est plus spécialement connue sous le nom de *Vallée
du Mont-Dore*. — (*Note du traducteur.*)

sans ressembler au tableau que présente actuellement le cratère récent du Vésuve (1), ouvert dans les entrailles de la montagne par l'éruption 1822 ; cratère dont les escarpements abrupts et à pics, comme ceux des gorges que nous venons de décrire, sont formés d'un conglomérat de scories et de fragments volcaniques enveloppant des lits horizontaux de lave, et pénétrés par de nombreux dykes de la même substance, le plus souvent verticaux, et se séparant en prismes horizontaux.

Il semble donc que nous sommes autorisés à conclure que la bouche principale qui a vomi les grandes formations trachytiques du Mont-Dore était située dans le voisinage immédiat du bassin supérieur de la vallée de la Dordogne.

Nous n'avons là, cependant, aucun motif pour penser que cette bouche n'a produit que du trachyte ; les nombreux fragments et les dykes de basalte inclus dans les conglomérats qui forment son enceinte, aussi bien que la direction et l'inclinaison des lits basaltiques, tendraient plutôt à démontrer le contraire ; et il a été déjà observé que beaucoup des coulées de cette roche, si apparentes sur les confins de la montagne, peuvent être remontées jusqu'à leurs points d'éruption au voisinage des plateaux trachytiques centraux, et, par conséquent, à une distance peu considérable du cratère principal.

Si, quittant le cirque où la Dore et la Dogne réunissent leurs eaux, nous suivons le torrent qui porte, à partir de ce point,

---

(1) Ceci a été écrit en 1823. Il faut se rappeler que le cratère central de tout volcan à éruptions périodiques est sujet à être alternativement creusé par des explosions très-violentes, et ensuite rempli par des éruptions moindres qui éclatent dans sa circonscription (voyez un *Mémoire sur la formation des cratères, etc., Geological proceeding*, avril, 1836). Les dernières éruptions d'un volcan éteint ont pu être de l'une ou l'autre sorte, et ont pu conséquemment soit laisser une vaste ouverture ou cratère au sein de la montagne, soit, à sa place, un dôme solide ou cône composé des produits des éruptions qui ont précédé sous la forme d'accumulations fragmentaires traversées par des dykes et des lits de lave dans un état de confusion chaotique ; ou bien encore les dernières explosions ont simplement fait sauter en l'air des portions d'un semblable cône, donnant naissance à une ou plusieurs de ces dépressions en forme de cirque qu'on rencontre souvent vers le centre de la montagne, et dont nous avons des exemples à la fois ici et dans le Cantal.

leurs deux noms réunis en un seul (1), nous rencontrons des escarpements perpendiculaires, formés de lits répétés de trachyte, qui limitent la vallée de chaque côté. A gauche, un profond ravin (2) a mis à nu le flanc d'un roc escarpé appelé le *puy du Cliergue*, et a découvert les affleurements de cinq ou six énormes coulées de trachyte, séparées les unes des autres par des lits de tuf et de ponce décomposée. La plus inférieure de ces énormes nappes est exploitée pour les constructions des bains voisins ; et la roche qui la constitue est éminemment propre à cet usage, car elle se sépare avec facilité en masses prismatiques grossières, est extrêmement cellulaire, se travaille bien sous le ciseau, et enfin a une étroite ressemblance avec la lave de la Nugère ou *pierre de Volvic*. Sa couleur est le gris bleuâtre, elle a peu de cristaux apparents de felspath, et possède une grande sonorité. Les nappes supérieures appartiennent à une autre variété, leur teinte est plus claire, et elles contiennent des cristaux plus volumineux et plus nombreux de felspath.

On voit des couches disposées d'une façon analogue au flanc opposé de la vallée. Leur surface supérieure descend par une pente rapide à partir du sommet du roc de Cuzeau, en formant un plateau appelé *Durbize* qui donne naissance en se prolongeant plus bas au *plateau de l'Angle*, lequel domine immédiatement le *village des bains*. Le *plateau de Rigolet*, en face de celui-ci, en a évidemment jadis fait partie, quoique actuellement séparé de lui par suite du creusement de la vallée de la Dordogne. La hauteur, l'inclinaison et la direction de chacun d'eux se correspondent, aussi bien que les couches qui les composent. La surface supérieure de tous les deux est occupée par une épaisse coulée de trachyte dont la section de chaque côté de la vallée présente une longue rangée de colonnes irrégulières.

Une déchirure qui y a été creusée, ainsi que dans les cou-

____

(1) Voyez, planche VII.

(2) Ce ravin appelé ravin de *Rireau-Grand*, est un des plus curieux pour la géologie et la minéralogie du Mont-Dore. — (*Note du traduct.*)

lées inférieures, par une chute d'eau connue sous le nom de *grande cascade du Mont-Dore*, à peu de distance au-dessus du village des Bains, montre la succession suivante :

1. (En commençant par en haut.) Une couche de trachyte porphyrique de 160 pieds (50 mètres) d'épaisseur, qui forme le plancher du plateau à son extrémité. La couleur de cette roche varie du grisâtre au blanc-bleuâtre. Elle offre une grande ressemblance avec la pierre du Puy-de-Dôme, et comme chez celle-ci ses fissures sont quelquefois tapissées de larges lames de fer spéculaire. Ce trachyte est très-poreux et contient de nombreux cristaux de felspath vitreux, du mica, et de l'hornblende aciculaire enveloppés dans une base à texture très-lâche et à très-gros grains, évidemment formée des détritus de ces cristaux, ainsi que de grains de fer oxydulé et peut-être encore d'augite. Il ressemble beaucoup au trachyte de *Drachenfels*. Il enveloppe souvent des masses sphéroïdales, de couleur plus foncée, et plus compactes que la substance enveloppante, pénétrées par des cristaux entrelacés d'hornblende aciculaire qui rappellent les nodules analogues des Monts-Euganéens et ceux qu'on rencontre dans quelques granites et porphyres.

2. Ce trachyte repose sur un lit épais de tuf arénacé appartenant évidemment à la couche qu'il supporte. A sa partie supérieure il y a beaucoup de cristaux détachés de felspath vitreux volumineux et parfaits, généralement doubles. Leur surface est pulvérulente; leur intérieur comme carié, présentant souvent des fibres longitudinales séparées par des interstices égaux. Cette apparence paraît due à une fusion partielle à la manière des filaments de la ponce. Des cristaux semblables se rencontrent dans le trachyte porphyrique d'Ischia.

3. Phonolite columnaire, passant au basalte (1), très-schis-

---

(1) On a proposé la présence de l'olivine comme caractère spécifique du basalte, qui dans tous ses autres caractères peut être souvent confondu avec le phonolite et le trachyte. Mais cela ne peut être admis, attendu que beaucoup de basaltes typiques paraissent privés de ce minéral. Tout ce qu'on peut dire, c'est que les laves très-felspathiques sont généralement regardées comme du trachyte, et celles qui sont le plus augitiques et le plus ferrugineuses comme du basalte;

teux dans certaines parties, d'une teinte d'ardoise foncée, empâtant de nombreux petits cristaux d'augite et de felspath vitreux. Il est légèrement translucide sur les angles.

4. Brèche de scories et de fragments volcaniques avec un ciment tuffacé.

5. Couches épaisses d'un basalte amorphe, variant dans ses caractères. En quelques parties d'un gris d'ardoise foncé, compacte, sonore, et contenant de petits cristaux de felspath ; ailleurs, d'un brun rougeâtre, pesant et à grain serré, mais parsemé de larges cellules elliptiques, dont l'intérieur est en général tapissé de petits mamelons d'hématite, et la roche étant partout extrêmement ferrugineuse.

Cette nappe épaisse de basalte, et les brèches qui l'accompagnent reparaissent en outre au-dessous d'un roc de trachyte en forme de capuchon, appelé *le Capucin*, sur le côté opposé de la vallée, ainsi que dans la *vallée de la Scie*, servant de support à cette partie du plateau de Rigolet. Le basalte prismatique de la *cascade du Quereilh*, à l'extrémité du plateau de l'Angle, qui semble affleurer au-dessous des lits superficiels de trachyte et de tuf, appartient probablement à la même coulée de lave.

6. Tuf ponceux blanc enveloppant quelques fragments de granite, de basalte et de trachyte. Cette couche est traversée par deux ou trois filons à peu près verticaux qui proviennent évidemment du basalte sus-jacent; on voit leurs extrémités inférieures se terminer dans le tuf. Cette circonstance, jointe à leurs insignifiantes proportions, ne permet pas de les considérer comme injectés d'en bas (1).

les roches trachytiques prenant le nom de phonolite lorsque leur structure est compacte et schistoïde. Dans un article publié dans le *Journal of the royal institution* de juin 1826, et qui renferme un projet de classement conventionnel et de nomenclature des roches volcaniques, je me suis hasardé à proposer un genre intermédiaire pour renfermer ces roches qui partagent à la fois les caractères du trachyte et du basalte, de l'appeler *greystone* (roche grise, *graustein*, en allemand) de leur couleur dominante, et je suis encore persuadé que cette dénomination est nécessaire.

(1) Cette remarquable coupe naturelle se présente si bien d'elle-même aux

La vallée où coule le torrent de *la Scie* est à peu près parallèle à la vallée de la Dordogne, située à l'ouest de celle-ci ;
elle en est séparée par le *plateau de Rigolet*. La montagne qui
s'élève au delà est couronnée par une énorme coulée de trachyte porphyrique qui forme le plancher d'un plateau élevé
connu sous le nom de *plateau de Bozat*, le prolongement de
celui du Cliergue, et qui est évidemment sorti sous la forme
d'une coulée massive du voisinage du *puy de la Grange*, sommité qui domine la *vallée de la Cour*. En continuant à avancer
vers l'ouest, la *vallée de Vendeix* sépare le plateau de Bozat de
celui de la *forêt de Charlanne ;* mais la parfaite concordance
dans l'inclinaison et la constitution de ce dernier ainsi que d'une
série d'autres plateaux qui se succèdent dans la même direc-

regards de tous ceux qui visitent le Mont-Dore, étant à peine distante d'un
quart de mille (400 mètres) du village des bains, et étant située sous la cascade
qui est la principale curiosité de l'endroit, que j'avoue que je ne puis pas du tout
comprendre comment M. Beudant et d'autres géologues français ont pu nier la
superposition du trachyte au tuf ou au basalte. Au *ravin des Egravals*, en re-
montant un peu plus la vallée, où a eu lieu depuis peu de temps un vaste glissement de terrain qui a mis à nu la structure de la montagne sur un escarpement
abrupt d'un demi mille (800 mètres) de long, une couche bien décidément basaltique, peut-être la même, est encore sous-jacente à la masse de conglomérats qui supportent le grand plateau supérieur de trachyte. En un mot, on peut
affirmer qu'on trouve aussi fréquemment le basalte sous-jacent au trachyte, que
reposant sur cette dernière roche. Il est, je crois, impossible d'admettre l'an-
tériorité générale de la dernière sur la première de ces deux classes de roches,
ce que les géologues français regardent généralement comme un fait établi.
Une autre opinion de M. Beudant que je ne puis m'expliquer, c'est qu'aucun des
trachytes du Mont-Dore n'a la forme de coulées ou de nappes de lave ; c'est au
contraire la disposition qui prédomine chez eux, quoique leur épaisseur soit assez considérable ainsi que leur étendue pour tromper celui qui ne les aurait observés qu'à la hâte. Il admet, il est vrai, qu'il y a des *laves très-felspathiques analogues au trachyte dans le Mont-Dore*, laves qui prennent la forme de *coulées ;*
mais il ajoute que les *vrais trachytes* ne présentent jamais cette disposition.
En réalité, il est tout à fait impossible de distinguer, *minéralogiquement*, soit
sur de petits échantillons ou bien sur une plus large échelle, les roches felspathiques qui sont disposées en nappes épaisses et en coulées de celles qui se présentent sous une forme un peu plus massive et volumineuse. M. Beudant, par
conséquent, bornerait donc la dénomination de trachyte à une roche d'une configuration particulière et ayant certaines relations géologiques, signification
qu'on ne peut admettre pour un terme généralement reçu dans un sens minéralogique. — Voyez *Scrope on Volcanos*, p. 94 *et seq.*

tion , et dont le dernier est traversé par la route de Clermont à Aurillac, prouve qu'ils ont tous été primitivement réunis en formant une des plus étendues et des plus volumineuses coulées trachytiques du Mont-Dore. La roche qui les constitue est poreuse , et en certaines parties extrêmement cellulaire ; les cristaux empâtés de felspath , nombreux et volumineux , atteignent jusqu'à quatre pouces de longueur (0,10 centimètres). Une hauteur allongée et à sommet aplati nommée *Chamablanc* se détache du plateau de Bozat en se dirigeant vers le nord , mais à un niveau bien inférieur. Une nappe de basalte s'observe à sa surface supérieure , et ses flancs dénotent qu'il y a toute apparence qu'elle vient affleurer en s'échappant au-dessous des trachytes et des tufs du plateau supérieur, quoique les débris qui cachent le point de jonction des deux roches rendent difficile la vérification directe de ce fait.

A l'opposite , c'est-à-dire au côté est de la vallée de la Dordogne , et au-dessus du plateau de l'Angle , on voit une autre coulée de trachyte porphyrique qui dépasse encore par ses proportions celle que nous venons de décrire. Elle paraît avoir constitué primitivement une éminence allongée , massive et d'une grande élévation (pareille à celle dont nous avons vu un lambeau considérable conservé dans le plateau de Bozat), qui dérive des sommités centrales de Cacadogne et de Cuzeau , et se dirige du sud au nord avec une pente progressivement croissante. Une dénudation subséquente , dont la cause a fortement agi sur cette roche si facilement attaquable à la fois par la décomposition et le frottement, l'a réduite à une chaîne irrégulière d'éminences arrondies , étroitement unies par leurs bases, et qui décroissent graduellement en élévation à mesure qu'elles s'éloignent des sommités centrales. Les principales de ces éminences portent le nom de *puys de l'Angle, de Hautechaux , du Barbier, de la Tache , Poulet , Baladou, de l'Aiguiller et de Pessade.* A la dernière de ces hauteurs, le trachyte se termine d'une manière abrupte, précisément en face des Monts Dôme; l'intervalle qui le sépare de ces dernières montagnes est couvert par des coulées basaltiques dont la

— 145 —

plupart me paraissent sortir *au-dessous* du trachyte, et avoir
coulé de la bouche centrale du Mont-Dore.

En outre, les plateaux qui, du pied de ce groupe montagneux, descendent vers l'est, aussi bien que ceux du côté méridional de la *vallée du Chambon*, qui s'échappent immédiatement du puy Ferrand, sont principalemnt composés de basalte.
Ils s'étendent, avec une inclinaison graduelle, en nappes larges
et uniformes sur une immense étendue de pays, n'étant d'abord
que légèrement entamés par les torrents de montagne qui plus
loin les ont coupés entièrement jusqu'au granite sous-jacent ; et
si nous descendons encore plus bas, nous enfonçant dans les
vallées, nous les trouvons divisées en longues bandes qui
forment, le long de chaque gorge, une bordure de colonnades massives, et s'avancent sous la forme de promontoires
à sommets aplatis jusque dans la plaine de la Limagne. Ils
se terminent aux bords de l'Allier ; mais sur la rive opposée
de cette rivière s'élèvent quelques cônes isolés du même basalte
qui marquent l'étendue originaire des coulées, et donnent la
preuve que cette rivière n'avait pas encore creusé son lit actuel
à l'époque où elles se sont épanchées. Presque partout ces basaltes sont accompagnés de lits de conglomérats, dérivés également du volcan central, et sans doute pour la plus grande
partie, entraînés jusque dans leurs gisements actuels par des
débâcles aqueuses, telles que nous l'avons indiqué précédem-
ment.

Les deux vallées principales par où s'écoulent aujourd'hui les
eaux de ce vaste plan incliné, celles du *Chambon* et de *Besse*,
creusées en partie dans le granite, en partie dans la formation
d'eau douce, mais bordée partout par des lignes d'escarpements de basalte et de ses conglomérats, offrent un très-
grand intérêt ; et cela d'autant plus qu'elles présentent cette
circonstance que le fond de chacune est occupé par une coulée
de lave se rapportant à des éruptions de date plus récente (1).
Le bassin supérieur de la première de ces vallées montre dans

(1) Voyez planche IX.

les escarpements qui le dominent, du trachyte porphyrique avec conglomérats reposant sur le granite (1) et servant de support à du basalte. Le trachyte s'arrête au-dessus du *village du Chambon*, mais les tufs et les brèches accompagnent les coulées basaltiques jusqu'à l'Allier, et se montrent par intervalles dans les deux vallées en accumulations prodigieuses, comme à la *Dent du Marais*, près du *lac Chambon*, et aux *plateaux de Pardines et de Neschers*.

Ils renferment toujours des blocs de toutes les variétés de trachyte et de basalte, des fragments de granite, des ponces, des scories, etc., et une proportion considérable de fer titaniaté qu'on trouve dans leurs détritus sableux. On y rencontre des masses de calcaire, là où ils recouvrent les strates d'eau douce ou viennent s'appuyer contre elles ; et dans de semblables circonstances, le basalte a souvent ses cavités cellulaires tapissées par des infiltrations calcaires. A la *montagne de la Velle*, près de Chidrac, on en rencontre quelques portions tout à fait amygdaloïdes, dans lesquelles l'aragonite et le carbonate de chaux forment à peu près les deux tiers de la masse. C'est immédiatement au-dessous de ces tufs et de ces brèches, ou parfois intercalés dans leur épaisseur, que se rencontrent les célèbres *lits à ossements de la montagne de Per-*

(1) C'est le point le plus élevé où on aperçoive le substratum granitique du Mont-Dore, c'est-à-dire à 3714 pieds (1,151 mètres) au dessus de la mer. Il reparaît au nord-ouest de la montagne au-dessous de *Murat-le-Quaire*, dans la vallée de la Dordogne, à une hauteur absolue de 3271 pieds (996 mètres); et au sud-ouest près de Chastreix, à 3422 pieds (1042 mètres). Si nous prenons la hauteur moyenne entre ces trois points, 3469 pieds (1057 mètres) comme l'élévation probable du granite au dessous de la montagne, nous aurons 2748 pieds (757 mètres) pour l'épaisseur des produits volcaniques seulement sur ce point, et plus de 1400 pieds (420 mètres) pour leur épaisseur moyenne dans un circuit de 3 milles et demi de rayon (5 kilomètres).

Ce volume, quoique considérable, est très-inférieur à celui du Cantal, ne dépasse peut-être qu'à peine celui du Vésuve, et n'est rien en regard de la masse colossale de l'Etna et du pic de Ténériffe, qui, formés principalement de matières volcaniques, s'élèvent au-dessus de la mer et certainement à partir d'une grande profondeur au-dessous jusqu'à la hauteur de 11000 et 12000 pieds (3530 et 3650 mètres) : ou enfin lorsqu'on les compare aux formations trachytiques encore plus étonnantes des Andes et des Cordillières.

riers, dans lesquels MM. Croizet, Bravard et Pomel ont découvert de nombreux restes de mammifères appartenant à plusieurs séries distinctes d'espèces, que les deux premiers naturalistes rapportent à des époques tertiaires successives (1).

La Dordogne qui pendant les trois ou quatre premiers milles (4 ou 6 kilom.) de son cours coule à peu près du sud au nord, tourne subitement vers l'est à peu de distance au-dessous du village des Bains, laissant sur la droite une portion massive d'un plateau élevé qui fait exactement face à sa vallée supérieure, et a peut-être été originairement séparé des hauteurs centrales par quelques violentes explosions, tandis que le creusement subséquent du lit de la Dordogne a élargi la brèche.

La base de cette montagne consiste en conglomérats variés, enveloppant des couches de basalte ; au-dessus une bande de phonolite peut être suivie tout le long de ses flancs est et nord, surmontée elle-même par du trachyte porphyrique ; si toutefois ces deux roches, comme plusieurs circonstances peuvent le faire supposer, ne passent pas de l'une à l'autre. Enfin la surface supérieure du plateau offre des coulées plus récentes de basalte qui paraissent y avoir leur origine.

Le trachyte, néanmoins, est de beaucoup la plus apparente parmi ces roches, car il constitue le *puy Gros*, énorme renflement de son sommet oriental, et descendent de là vers l'ouest en formant une vaste plate-forme sans interruptions, quoique parfois recouverte par du basalte, comme au village de *Laqueuille*, où la coulée se termine par une muraille de colonnes gigantesques à six pans, dont j'ai observé quelques-unes qui n'avaient pas moins de 15 pieds (5 mètres) de diamètre ; leur hauteur n'est pas proportionnée à une si grande épaisseur, car elle dépasse rarement 30 pieds (10 mètres). La roche qui les compose est un trachyte noir passant au basalte (greystone) empâtant des cristaux d'augite et de felspath, et extrêmement

(1) Voyez le *Manuel* de sir Ch. Lyell, tom. ii, p.   traduct. Hugard ; et le *Quarterly Journal of Geolog. societ.*, tom. ii, p. 77. Voyez en outre le Catalogue des restes organiques du centre de la France, dans l'*Appendix* ci-après.

cellulaire. Ses cavités les plus larges contiennent souvent des cristallisations radiées d'aragonite.

Le phonolite, ou la variété laminaire et schistoïde de trachyte prédomine au nord du puy Gros où une couche épaisse de cette substance semble avoir été divisée en lambeaux détachés par le torrent qui se dirige de cet endroit vers *Rochefort*. Les plus considérables de ces masses ainsi isolées sont le *puy de Loueire et les roches Sanadoire et Tuilière*. Dans la première montagne, le phonolite est divisé en tables compactes ; dans les deux dernières roches, il forme des prismes très-réguliers. Ceux de la Sanadoire s'entrelacent en groupes fantastiques, et en un certain point divergent d'un centre commun avec assez de régularité pour ressembler à un éventail circulaire. Les prismes de la Tuilière sont verticaux ou à peu près, schisteux, et se divisent en lames minces qui, à l'extrémité septentrionale de la roche, sont perpendiculaires aux axes des prismes, mais deviennent graduellement de plus en plus obliques, jusqu'à ce qu'à l'autre extrémité leur inclinaison soit telle que leurs plans forment un angle de 15° à 20° avec les axes, et l'action de la pesanteur contribue avec celle des intempéries à leur séparation : la roche en conséquence tombe tout à fait en ruine de ce côté. Ces plaques sont employées comme ardoises tégulaires dans le voisinage, d'où la dénomination de Tuilière.

Ce phonolite renferme quelques cristaux de felspath, et prend tellement l'apparence du trachyte en certaines parties, que je penche à croire qu'il n'est qu'une variété accidentelle de cette roche, d'autant p'us que la nappe à laquelle il appartient paraît se fondre dans les grandes coulées trachytiques du puy Gros d'un côté, et du puy de l'Aiguiller de l'autre.

La nature volcanique de la Roche-Tuilière a été, à une certaine époque, fortement contestée par des naturalistes qui n'avaient qu'examiné la roche isolément ou seulement ses échantillons, sans étudier ses connexions évidentes avec celles du voisinage. Mais la rencontre de fréquentes parties cellulaires, et de quelques scories empâtées dans ses prismes, doit suffire pour

convaincre ceux mêmes qui doutent de son origine ignée. Le docteur Weiss de Leipsick a découvert des grains de haüyne dans cette roche, mais ils sont presque microscopiques et très-rares.

Le basalte du plateau élevé que nous décrivons en ce moment paraît avoir été produit par de nombreuses éruptions d'une bouche, placée au nord-ouest du puy Gros, dont l'emplacement est marqué par deux éminences entièrement formées de scories, appelées *Chantouzet* et le *Cros-de-Pèze*.

Les coulées que cette bouche a fournies se sont épanchées vers l'est et vers l'ouest, formant d'un côté le rivage du *lac de Guéry*, et de l'autre descendant dans la vallée de la Dordogne, et montrant plusieurs rangées de prismes le long de ses bords, comme à *Saint-Sauve*. Elles sont accompagnées de brèches, et on remarque à *Murat-le-Quaire,* au *Roc de la Monteilh*, et sur d'autres points, qu'elles reposent sur une couche épaisse de scories aussi fraîches d'aspect que celles d'aucun volcan récent.

Une série encore plus étendue de coulées basaltiques s'étend à partir de la base du puy de l'Aiguiller dans la direction du nord, atteignant à la distance de 16 milles (24 kilom.) les rives de la *Sioule*, et couvrant une vaste portion du plateau granitique des monts Dôme. Là, comme ailleurs, on les trouve associés avec les conglomérats qui les accompagnent en grande quantité presque jusqu'à la fin de leur course. Un large bassin, parallèle à la croupe granitique des monts Dôme, paraît avoir jadis été rempli par la réunion de ces produits volcaniques dont il reste encore d'énormes portions. A *Polagnat*, le tuf consiste principalement en ponces très-blanches et très-soyeuses, évidemment stratifiées par l'eau. Les conglomérats des environs de cette localité renferment assez fréquemment des troncs d'arbre dans lesquels on peut suivre le passage, depuis la simple carbonisation jusqu'à l'état de jayet. Ils contiennent de plus des granules de soufre entre leurs fibres (1).

---

(1) C'est avec l'alunite sulfurifère de la cascade de la Dore dont il a été question ci-dessus le deuxième gisement de soufre natif que nous ayons rencontré

Les coulées basaltiques qui ont pris cette direction sont remarquables par leurs variétés. Près de Rochefort ils forment des lits énormes et répétés, divisés en prismes très-réguliers ou en tables. La dernière modification de structure se montre en outre très-parfaite sur le bord de la vallée de la Sioule, en face de *Saint-Bonnet*, où on extrait souvent des masses tabulaires de dix pieds (3, 30 mètres) sur une largeur proportionnée, et d'une épaisseur de trois ou quatre pouces (75 ou 100 millimètres). Leur surface est unie et égale ; elles sont extrêmement élastiques, et résonnent sous le choc comme une plaque de fonte. Le basalte qui les forme se rapproche du phonolite, il est d'un grain fin et très-cristallin, parfaitement compacte, d'une couleur ardoisée claire, avec un reflet vert, et entièrement privé de tout cristal empâté, quoique l'action des intempéries y fasse découvrir une agglomération imparfaite de particules d'augite en concrétions globulaires. Près de *Villejacques*, dans la même vallée, une coulée, dont le basalte renferme des cristaux laminaires brillants d'hornblende qui atteignent quelquefois deux pouces (50 millimètres) de longueur et des masses granulaires d'olivine, apparaît au milieu des tufs qui l'entourent. Il se décompose en petits sphéroïdes anguleux. Une autre coulée voisine est formée d'un basalte très-frais et très-cellulaire qui ressemble à certaines laves de la chaîne des puys ; le basalte d'un autre est fortement imprégné de fer, noir, dense et pesant.

Il nous reste à étudier le flanc sud-ouest du Mont-Dore. Il présente une pente plus uniforme et plus douce que les autres. Les coulées de trachyte ne sont parvenues qu'à une faible distance des hauteurs centrales dans cette direction. Elles constituent deux ou trois masses saillantes composées de roche porphyrique plus ou moins poreuse, et, dans le voisinage du cratère présumé souvent scoriforme et colorée en rouge sombre.

jusqu'ici. La source minérale du puy de la Poix en laisse déposer sous forme de petits cristaux ; et enfin il paraît qu'on en trouve encore une petite quantité dans le granite des environs d'Ambert, loin de toute roche volcanique. — (*Note du traducteur.*)

Le basalte au contraire est extrêmement abondant de ce côté. Il descend en vastes plateaux depuis les extrémités des coulées trachytiques, et est accompagné par une brèche de scories sur laquelle il repose généralement. Partout où ces plateaux ont été ravinés par les torrents, leurs sections offrent des rangées de colonnes prismatiques de la plus grande régularité; comme à *Chastreix*, à *Latour-d'Auvergne*, etc. Dans ce dernier endroit les prismes sont formés d'articulations ajustées entre elles au moyen de leurs bases alternativement concaves et convexes; lorsqu'on les brise on découvre un cylindre de basalte compacte et noir enfermé dans une enveloppe de teinte plus claire et de texture plus lâche.

Les limites du Mont-Dore vers le sud ne sont pas très-bien définies. Les prolongements de sa base rencontrent ceux qui se détachent du Cantal, et se réunissent avec eux en formant un plateau élevé et massif qui sépare les eaux de la Dordogne de celles de l'Allier et est connu sous le nom de *montagnes du Cézallier*. Une maigre végétation couvre la surface de ce district vaste et désolé. Son sol consiste principalement en roches primaires, jusqu'à ce qu'on atteigne la limite du département du *Puy-de-Dôme* où le basalte reparaît de nouveau en abondance.

Le gneiss et le micaschiste servent de support à plusieurs plateaux basaltiques le long du flanc oriental du Cézallier, et à une élévation considérable, comme près d'*Anzat*, d'*Apcher*, etc.; mais il est probable que ce haut massif primaire, en opposant un obstacle au progrès des laves du Mont-Dore vers l'est, a été la cause de leur absence relative dans cette direction. Sur quelques points, comme aux environs d'*Ardes*, on voit reposer le basalte sur les argiles tertiaires, vertes et rouges et sur les grès.

A l'ouest l'inclinaison de cette plaine élevée vers la Dordogne est graduelle, et sa surface est jonchée de gros fragments roulés de basalte et de roches primaires, qui témoignent des ravages des torrents pluviaux de l'une et l'autre montagne, et de leurs fréquents changements de lits.

§ III. Eruptions volcaniques récentes du Mont-Dore.

Nous avons déjà fait mention de cônes volcaniques et de coulées provenant d'éruptions relativement récentes qu'on rencontre dans les limites du Mont-Dore. Ces cônes et ces coulées offrent absolument les mêmes caractères que ceux de la chaîne des puys des monts Dôme ; ils appartiennent probablement à la même période, et ont éclaté sur le prolongement de la même ligne.

Le premier de ces cônes, en commençant par le nord, est le *puy de Tartaret*. Il est situé à une distance de trois ou quatre milles (5 ou 6 kilom.) de Montaynard, le dernier des puys que nous avons décrit dans cette direction comme appartenant à la chaîne des monts Dôme.

Ce cône volcanique a surgi au milieu de la vallée du Chambon ; et, barrant le ruisseau qui y coulait, a donné lieu à la formation d'un amas d'eau, dit le *lac du Chambon* (1), qui semble, lorsqu'on considère la surface horizontale et formée d'alluvions de la plaine située au-dessus, avoir été primitivement beaucoup plus étendu, et s'être retiré graduellement à mesure que se creusait davantage le canal par où se décharge actuellement le trop plein de ses eaux.

Quoique les collines de chaque côté soient surmontées par les anciennes coulées volcaniques du Mont-Dore, le granite apparaît sans interruption à leurs bases ; et c'est à travers cette roche que l'éruption du Tartaret a eu lieu, disloquant et déchirant une couche superficielle de basalte qui paraît avoir préexisté sur les lieux.

Le cône est formé de scories incohérentes, de lapilli et de fragments de granite. Il possède deux cratères profonds et réguliers en forme de coupe, séparés par une crête élevée, et échancrés l'un et l'autre d'un côté. Ils ont contribué ensemble à fournir une abondante coulée, qui s'étale d'abord sur une surface large et horizontale, puis, se resserrant quand la vallée

(1) Voyez planche IX.

devient plus étroite, occupe le lit d'un ancien cours d'eau et suit toutes ses sinuosités jusqu'au village de Neschers, au-dessous duquel elle se termine à la distance de trente milles (45 kilom.) de son origine.

C'est une étude intéressante que de suivre, malgré la longueur de la promenade, cette coulée de basalte récent depuis son origine à un cône indubitablement volcanique, dans le fond d'une vallée encaissée en partie dans le granite, mais dont les flancs sont partout bordés par des sections de coulées plus anciennes qui ont cheminé dans la même direction ; d'observer l'analogie entre ces formations basaltiques d'époques différentes, leur parallélisme parfait, et leur étendue presque égale, au moins dans un sens ; de constater leur fréquente ressemblance de structure ; de voir comment en plusieurs parties, spécialement près de *Champeix* et de *Neschers*, le basalte le plus récent se divise en colonnes prismatiques régulières ; de remarquer enfin la communauté de leurs caractères minéralogiques, et les parties scoriacées qui accompagnent les uns et les autres.

On connaît peu de pays où on puisse trouver une si remarquable juxtaposition de produits volcaniques anciens et modernes. C'est ce qui a fait, probablement, que ceux qui ont examiné seulement les extrêmes des deux séries ont autant de répugnance à admettre l'identité de leur origine. Ici la nature elle-même a mis ensemble les objets à comparer et les a placés simultanément sous les yeux de l'observateur, comme si elle avait eu expressément l'intention de démontrer que leur mode de formation est le même. Suivant l'expression de M. Ramond : « Ce n'est assurément pas au Mont-Dore que la fameuse question de la volcanicité des basaltes sera jamais l'objet d'une discussion sérieuse (1). »

(1) Ceci a été écrit en 1825. Aujourd'hui il semble incroyable qu'à une date aussi peu éloignée l'origine ignée des basaltes pût être encore contestée par des géologues de réputation. Mais l'école de Werner était encore tellement en faveur en Allemagne, à Edimbourg, et dans plusieurs autres pays, qu'on tenait pour une hérésie de discuter la précipitation des eaux de quelque océan archaïque de toutes les roches cristallines. Et comme on sait qu'il est très-difficile

Le *village de Murol* est bâti sur la coulée moderne à la base même du cône ; et l'espace recouvert par la lave au sud du village est parsemé de trente ou quarante éminences noires et informes de basalte scoriacé , qui , s'élevant au-dessus d'une surface d'ailleurs unie (car les intervalles ont été mis en culture), offrent un tableau singulier et frappant. La disposition de la vallée rend extrêmement probable que lors de l'éruption du Tartaret il existait en cet endroit une stagnation d'eau , ce qui rendrait compte d'une façon très-simple de ces protubérances , puisqu'on sait que de telles irrégularités de la surface sont sujettes à être créées toutes les fois qu'une coulée de lave rencontre dans son trajet quelque sol marécageux ou imprégné d'humidité , ou mieux lorsqu'elle roule ses flots au-dessus. La conversion de l'eau en vapeur , occasionnant une série d'explosions violentes , déchire et soulève par conséquent des portions de lave qui se consolident immédiatement au contact de l'air sous des formes déchirées et bizarres.

Le basalte du Tartaret est compacte , rude , foncé , et renferme des cristaux d'augite , d'olivine , ainsi que de nombreuses lamelles de felspath. La hauteur conique adjacente, au sommet de laquelle s'élèvent les ruines du *château de Murol* , est formée d'un basalte prismatique ancien , segment détaché d'une des coulées qui bordent la vallée de chaque côté.

Le *puy d'Eraigne* , qui apparaît au delà dans notre esquisse, est de même nature. Ces deux hauteurs doivent l'une et l'autre leur isolement à l'érosion de torrents qui se réunissent.

Deux cônes récents , *Montchalme* et *la Montsineyre* , se succèdent à peu de distance l'un de l'autre dans la direction du sud. Ils ont éclaté à travers des lits répétés de basalte , et probablement de trachyte, à une hauteur considérable sur le flanc du Mont-Dore.

Tous deux ont des cratères larges et réguliers , et tous deux ont produit d'abondantes coulées qui s'engagent dans les *vallées*

---

de séparer les roches cristallines primaires des roches trappéennes par le caractère de l'origine, la bataille se livrait sur ces dernières.

de Besse et de Compains, et les suivent jusqu'à la distance de plusieurs milles, reposant indifféremment sur des couches basaltiques plus anciennes ou sur le granite. Les torrents impétueux qui coulent dans les deux gorges ont à leur tour creusé un nouveau canal dans le basalte récent souvent jusqu'à la profondeur de 30 et 40 pieds (10 et 15 mètres). La coulée qui provient de la Montsineyre, particulièrement, offre une masse et une surface prodigieuses.

Une circonstance remarquable et singulière accompagne ces cônes ; je veux parler de l'existence d'une dépression profonde, large, et à peu près circulaire immédiatement au pied de chacun d'eux. Le fond en est rempli d'eau et on les désigne sous le nom de *lacs Pavin et de la Montsineyre ;* l'un et l'autre sont bordés par des escarpements à peu près perpendiculaires de basalte ancien. Leur position annonce qu'ils sont contemporains des éruptions des cônes voisins ; et il semble probable qu'ils doivent leur origine à quelque soudaine et violente explosion, de même que le Gour de Tazanat que nous avons ci-devant décrit parmi les monts Dôme.

Dans le même voisinage se trouve plusieurs autres moindres cônes de scories, et quatre autres cratères lacs, nommés *Chauret, Bourdouze, Chambedaze et la Godivelle*, qui sont probablement dus à une cause analogue, et datent d'à peu près la même période récente d'activité souterraine.

Un petit nombre d'autres éruptions récentes ont eu lieu à l'est du même méridien, c'est-à-dire aux environs de *Coteuge, de Rentières, de Brion,* etc. Elles présentent les produits caractéristiques ordinaires que nous avons déjà décrits comme se trouvant sur beaucoup d'autres points, et que nous n'avons pas besoin de décrire de nouveau.

Ces points éruptifs sont confinés sur la pente sud-est du Mont-Dore, et on n'en retrouve plus en dedans des limites du Cantal qui est hors de la direction de la zône le long de laquelle sont distribuées les bouches éruptives les plus modernes.

CHAPITRE VII.

Région III. — Cantal.

§ I.

L'énorme volcan dont les restes occupent à peu près toute l'étendue du département du Cantal a dû avoir par sa constitution primitive et par sa forme une étroite ressemblance avec le Mont-Dore ; et les deux groupes des montagnes, dans leur état actuel, diffèrent peu l'un de l'autre, relativement à la nature des matériaux éruptifs qui les composent.

Nous avons représenté le Mont-Dore comme ressemblant par sa configuration à un cône aplati et irrégulier ; le Cantal en approche plus encore, puisque ses flancs descendent d'une manière plus uniforme à partir des sommités centrales. La principale circonstance à laquelle on doit attribuer les irrégularités que la première montagne offre dans ses contours doit évidemment être attribuée au volume excessif des mamelons de trachyte que le volcan a poussé au dehors dans trois ou quatre directions. Les laves trachytiques du Cantal, au contraire, peut-être par suite d'un degré supérieur de fluidité, ont atteint à une distance considérable sans s'accumuler en des masses aussi énormes, et ont été ensuite recouvertes par des nappes larges et répétées de basalte qui donnent aux surfaces extrêmes de la montagne une pente plus régulière et plus graduelle.

Les vallées qui entrecoupent cette surface rayonnent de tous côtés à partir des hauteurs centrales jusque vers la contrée environnante. Elles sont généralement profondes et bordées de parois escarpées et rocheuses qui présentent de chaque côté des sections qui se correspondent des différentes couches volcaniques à travers lesquelles l'excavation a été creusée; et, aux approches de leur terminaison, elles entament la base primaire qui supporte ces couches volcaniques.

Telles sont les grandes vallées, ouvertes vers l'ouest, de la *Goule*, de la *Cère*, de la *Marone*, du *Mars* et de la *Rue*, qui versent le tribut de leurs eaux dans la Dordogne et dans le Lot; et celle de l'Allagnon à l'est, la seule rivière du Cantal qui soit tributaire de l'Allier. Nous avons déjà décrit la formation calcaire d'eau douce qui s'interpose, dans un espace limité, entre les roches christallines primaires et le terrain volcanique superposé.

Les lits inférieurs de cette dernière formation consistent généralement en conglomérat. On les aperçoit au fond et sur les flancs de toutes les vallées profondes, constituant souvent une vaste et imposante ligne de falaises qui se découpent en tours et en créneaux, et étant divisés en prismes grossiers sur une grande échelle ils prennent mille formes fantastiques. La masse et l'étendue de ces lits sont également surprenantes. On les rencontre dans quelques vallées, celle de la Cère par exemple, se continuant avec une épaisseur constante à partir de quelques centaines de pieds de la base des sommités centrales jusqu'à la distance de plus de vingt milles (30 kilom.), conservant partout une inclinaison graduellement décroissante parallèle aux flancs de la montagne. Toujours ils enveloppent des coulées de basalte et de trachyte, ou en sont accompagnés, et ces coulées se montrent par intervalles sans aucune régularité, et sont souvent intimement mêlées avec les conglomérats qui les avoisinent. La constitution de ces conglomérats est ici plus variée et plus irrégulière encore qu'au Mont-Dore. Sur un point ils consistent en un tuf arénacé, incohérent, renfermant des blocs arrondis de trachytes, de basalte et de granite; près de là, c'est une brèche ferrugineuse, solide, formée de fragments anguleux de basaltes et de scories, quelquefois unis par un ciment de basalte même, d'autres fois, dans les limites de

la formation d'eau douce , par un ciment calcaire ou argileux.
Parfois le tuf le plus décidément endurci contenant des fragments anguleux passe graduellement à une roche compacte qui
renferme de petits cristaux de felspath vitreux et d'augite , a
une tendance à se diviser en prismes rhomboïdaux, et est teinte
dans son épaisseur par de l'oxide de fer en bandes brunes qui
imitent parfaitement par leur disposition les zônes parallèles et
ondulées d'une planche de sapin (1). Sur d'autres points les
fragments manquent, et le tuf est endurci, évidemment par suite
de l'action de l'eau , en une argile feuilletée , remplie d'em-
preinte de feuilles et de branches d'arbres, et passe quelquefois
à un lignite terreux dont les paysans se servent comme de com-
bustible.

Ces différents changements de composition , aussi bien que
la position et l'aspect des grandes couches de conglomérat, ne
peuvent s'accorder avec aucun mode de production autre que
celui que nous avons attribué aux roches de même ordre du
Mont-Dore. Leur formation est évidemment contemporaine de
celle des coulées de lave qu'ils enveloppent ; mais leur nature
et leur étendue excluent toute idée qu'ils puissent être dus seulement aux projections du volcan ; tandis que la grande élévation qu'ils atteignent autour des sommités centrales ne permet
pas de supposer que ce ne sont que des dépôts alluviaux de
quelque masse d'eau qui aurait existé au pied de la montagne
à l'époque de ses éruptions. Il ne reste donc qu'à conclure qu'ils
résultent, pour la plupart, de torrents d'eaux descendant tumul-
tueusement le long des flancs du volcan lors de ses éruptions,
et entraînant des quantités énormes des produits fragmentaires
projetés qui accompagnent ses coulées de lave.

Ces vastes couches sont ordinairement recouvertes par des
coulées basaltiques qui, quelquefois, comme dans les vallées de
Salers et du Falgoux , se répètent cinq ou six fois, et ne sont
séparées les unes des autres que par un lit de leurs propres scories. Je n'ai remarqué aucune alternance du trachyte avec le

(1) Il est analogue au trachyte régénéré observé en Hongrie par M. Beudant.

basalte, comme j'en avais observé au Mont-Dore. Dans le Cantal, la production de la première roche ainsi que des tufs et brèches qui lui sont associés, semble avoir cessé avant qu'aient commencé les éruptions de basalte.

Tel est, du moins, l'ordre général de superposition qui s'observe dans les sections produites par les vallées principales à quelque distance du sommet de la montagne. Si on s'élève plus haut, la confusion des produits augmente, indiquant le voisinage de la bouche éruptive. La forme conique de l'ensemble de la montagne et la divergence de toutes ses coulées à partir du voisinage de quelques sommités centrales, tout cela fait présumer, comme pour le Mont-Dore, que le volcan du Cantal a eu un cratère central principal; et plusieurs circonstances concourent à fixer son emplacement au-dessus du double bassin où se rassemblent les sources supérieures des rivières de la Jordanne et de la Cère.

C'est autour et hors du circuit de cet espace, entouré par plusieurs pics culminants et par des hauteurs escarpées de trachyte, que les principales coulées volcaniques semblent avoir leur origine. Au centre s'élève le *puy Griou*, séparé d'un massif de phonolite, *le Plomb du Cantal*, par une dépression considérable que traverse l'ancienne route de Murat à Aurillac, aujourd'hui remplacée par un tunnel percé 900 pieds (300 m.) plus bas à travers la hauteur attenante. Le *Plomb*, le point le plus élevé de toute la montagne (6096 pieds de hauteur absolue 1854 mètres), est basaltique, et c'est probablement de là que partent les énormes coulées de basalte qui se sont épanchées vers le sud-est.

En perçant le tunnel dont il vient d'être question, on a rencontré un grand nombre de dykes, plus ou moins verticaux, de trachyte, de phonolite et de basalte (1) qui traversent une brèche contenant des fragments scoriformes et cellulaires de ces roches, aussi bien que des filons de rétinite porphyroïde vert. Cette structure, si semblable à celle de la partie centrale du

____

(1) Voyez un Mémoire de M. Ruelle, *Bulletin XIV*, p. 106.

Mont-Dore, est précisément celle qu'on devait s'attendre à rencontrer dans la cheminée d'éruption d'un volcan (1).

La hauteur à laquelle on donne le nom de *Col de Cabre* domine la source de la Jordanne vers le nord, et donne naissance à un prolongement montagneux formé surtout de trachyte, qui s'étend dans la direction du nord-est, et sépare la vallée de Murat de celle de Dienne ; tandis qu'au nord-ouest du même espace s'élève le *puy Mary*, à la tête de coulées puissantes et répétées de basalte, qui, entassées les unes sur les autres, forment les montagnes de Salers, et s'étendent de là par-dessus une plaine élevée vers le Mont-Dore.

Il est de fait, qu'à l'exception des masses que nous venons d'indiquer, et d'une coulée considérable mais fort dégradée de même nature qui se termine en un énorme et haut plateau au dessus de la ville de Bord à l'ouest de la Dordogne, et qui repose sur un lit de cailloux roulés et occupe probablement l'ancien lit de la rivière qui coule actuellement à plus de 1000 pieds (300 mètres) au-dessous ; il est de fait, dis-je, qu'à ces exceptions près, les laves trachytiques du Cantal sont loin d'être aussi apparentes à l'extérieur de la montagne que les basaltes, et sont grandement dépassées en nombre, volume et étendue par les nappes de cette dernière substance qui s'étendent dans toutes les directions, des hauteurs centrales vers les bords inclinés, et qui à l'est et au sud-ouest atteignent à des distances de 25 et 30 milles (37 et 45 kilom.).

Au sud est, elles forment un vaste plateau uni, appelé la *Planèze*, qui atteint la base de la chaîne primaire la Margeride, mais qui est peu sillonnée par les cours d'eau, et présente un aspect singulièrement triste à cause de sa nudité absolue. A son extrémité est située la ville de Saint-Flour ; et là, comme partout où ce plateau est coupé, on voit des lits successifs et parallèles de basalte qui s'étagent l'un sur l'autre en formant des colonnades parfaitement régulières.

(1) Voyez la note à la page 159.

11

Une série de plateaux semblables s'étend à partir des montagnes qui sont situées derrière Salers, jusqu'à la ville de **Mauriac**, et même un peu au delà vers le nord. Ils consistent principalement en un basalte de couleur claire, d'un grain très-cristallin, parsemé de larges cavités cellulaires. Il présente sur plusieurs points les structures columnaire, tabulaire et sphéroïdale concrétionnée ; et, partout où il a cédé aux érosions des torrents, on le voit reposer sur un conglomérat tufacé.

Mais les nappes basaltiques à travers lesquelles l'Allagnon a creusé sa vallée dans le voisinage immédiat de Murat sont les plus remarquables de toutes par leur configuration prismatique régulière, non moins que par leur étendue.

Elles sont associées avec le trachyte, accompagnées et en partie enveloppées par des accumulations de brèches ; mais, sur certains points, des portions colossales de basalte ont été séparées de ces nappes et isolées du reste de la coulée à laquelle elles appartiennent. Telles sont les montagnes de *Bonnevie* et de *Chastel*. La première, au pied de laquelle est bâtie la ville de Murat, est depuis longtemps célèbre pour la beauté de ses prismes. C'est un grand rocher conique, d'environ 400 pieds (120 mètres) de hauteur à partir de sa base, formé d'un unique et énorme faisceau de prismes qui convergent de tous les côtés vers le sommet, ceux de l'extérieur étant légèrement courbés, ceux du centre droits et verticaux. Ces derniers sont les plus parfaits et ont été mis à jour par suite des dégradations que le flanc oriental du rocher a souffertes. Ils sont unis, longs et minces, ordinairement à six pans, dépassant rarement huit ou dix pouces (20 ou 25 centim.) en diamètre, avec une hauteur qui est souvent de 50 ou 60 pieds (15 ou 20 mètres) sans joints ni fissures. Les muséum de Paris et de Lyon, aussi bien qu'un grand nombre de cabinets particuliers, ont été enrichis de prismes extraits de cette localité ; mais c'est un travail très-délicat que de les séparer de la masse du rocher, et il est encore plus difficile de les transporter sans détérioration à une grande distance. Ce basalte est fragile, sonore, lourd, compacte, à grains

fins, d'une couleur noire foncée, et sans aucun cristal apparent. Il est remarquable que la face occidentale du rocher est entièrement amorphe.

Au côté opposé de Murat est un lambeau basaltique qui semble appartenir à la même nappe, dans lequel les colonnes sont subdivisées par des joints fréquents ; les articulations séparées s'ajoutent l'une à l'autre au moyen de bases alternativement concaves et convexes, ayant quelquefois de petites saillies cunéiformes partant des angles impairs d'un prisme, et occupant des troncatures obliques correspondantes dans un autre.

Au-dessus et au-dessous de Murat, dans la vallée de l'Allagnon, on exploite comme pierre à bâtir des lambeaux de calcaire placés au-dessous des roches volcaniques, ce qui prouve que la formation d'eau douce s'étendait vers l'est de la bouche éruptive centrale du volcan. Mais la masse la plus considérable se voit sur le flanc opposé ou occidental, où, dans le voisinage d'Aurillac (1), une couche épaisse de brèche, alternativement supportée, recouverte et pénétrée par des coulées de basalte et de trachyte repose sur des marnes argileuses et calcaires, dont les strates sont sur plusieurs points contournées et disloquées, comme si elles n'avaient pas été encore consolidées alors qu'elles ont été envahies par les torrents de matière volcanique. Parfois elles ont l'apparence d'un dépôt subséquent de calcaires en couches confuses se moulant sur les surfaces inégales des nappes volcaniques. Ce fait peut être observé entre Polminhac et Yolet dans la vallée de la Cère. En général, cependant, la ligne de jonction de la formation lacustre et des produits volcaniques est mieux définie ; on peut la suivre sans interruption depuis Vic-en-Carladez jusqu'à Aurillac. Les coulées de basalte ainsi que

(1) On dit qu'il y a moins d'un siècle que le sable de la Jordanne contenait une quantité de poudre d'or suffisante pour rémunérer le travail des cribleurs et des laveurs, et la tradition assure que la ville d'Aurillac, située sur cette rivière, tire son nom de ce fait : *quest. Auri lacus ?* Les trachytes de Mexico sont aurifères ; il n'est nullement improbable qu'il en soit de même de ceux de France. — Voyez Brieude, *Topogr. médicale de l'Auvergne*, 1782-83.

celles de trachyte envoient parfois d'épais filons verticaux ou dykes dans le calcaire sous-jacent, mais jamais le long des parois de ces dykes, où le contact des deux substances est immédiat, ni ailleurs, je n'ai pu trouver aucune altération matérielle dans la texture du calcaire. Dans beaucoup de cas, on voit des masses de calcaire, aussi bien que des fragments plus petits, et même quelques coquilles d'eau douce enveloppées par la lave, mais ils font encore une vive effervescence avec les acides, et, sauf une teinte noirâtre, rarement ils paraissent totalement affectés.

Les couches lacustres se trouvent sur le côté est à un niveau supérieur de quelques centaines de pieds, à la hauteur qu'elles présentent sur le côté occidental, ce qui amène M. Raulin à supposer l'existence d'une faille traversant les hauteurs centrales de la montagne, et datant de la première éruption du volcan ; hypothèse qui n'est pas du tout improbable (1).

En dehors des limites de la formation tertiaire, la base primaire sort de dessous les produits volcaniques de chaque côté du Cantal. Le point le plus élevé où j'aie pu l'observer est près du village de Thiézac dans la vallée de la Cère, entre le cinquième et le sixième mille (8e et 9e kilomètres), à partir du cratère présumé, où une roche de gneiss, évidemment *sur place,* perce à travers les strates calcaires aussi bien que les brèches trachytiques qui leur sont superposées, et disparaît immédiatement.

Nous ne possédons aucune date à l'aide de laquelle nous puissions déterminer l'âge relatif des restes volcaniques du Mont-Dore et du Cantal. Les apparences nous amèneraient à conjecturer que ces volcans ont parfois été en activité pendant la même période.

§ II. Canton d'Aubrac.

Le petit district montagneux de l'Aubrac, qui s'étend entre les trois villes de La Guiole, Saint-Geniez et Saint-Urcize, dans

______

(1) *Bulletin XIX*, p. 174.

le département de l'Aveyron , est en grande partie recouvert par des nappes massives de basalte qui appartiennent, je crois, à un centre d'éruption indépendant du Cantal. Mais comme je n'ai pas eu l'occasion d'observer ce groupe autrement que du sommet de cette dernière montagne , j'ignore les limites véritables et la disposition de ses produits volcaniques. Cependant, M. Lecoq, qui l'a visité , m'a assuré qu'il a évidemment fait éruption sur les lieux à travers le gneiss et le micaschiste, et qu'on n'y aperçoit aucune trace de formation tertiaire ni de nulle autre formation calcaire.

CHAPITRE VIII.

————◉————

§ I.

Les coulées basaltiques du Cantal semblent avoir été arrêtées dans leur marche vers l'est et le sud-est par la haute chaîne primitive de *la Margeride*, quoiqu'on en trouve divers lambeaux dispersés sur sa surface. Au nord de cette chaîne, elles s'étendent presque jusqu'aux bords de l'Allier, dans la direction de Lempdes et de Brioude. Si vous traversez la rivière (1) et

(1) [Quoique ce soit étranger à mon sujet, qu'il me soit permis de mentionner comme un objet de curiosité trop peu connu, cette route n'étant pas fréquentée par les touristes, *le pont sur l'Allier à Vieille-Brioude*, un des plus importants et des plus admirables travaux de ce genre qui soit en Europe. Il est formé par une seule arche de pierre d'une portée de 192 pieds (64 mètres), et qui s'élève à 90 pieds (26 mètres) au-dessus de la rivière. Sa surface est parfaitement horizontale, et, quoiqu'étroit, il admet les voitures les plus larges. Les culées qui supportent cette arche magnifique s'appuient de chaque côté contre des rochers de micaschiste qui encaissent en cet endroit l'Allier pendant un certain trajet. Sa construction date à peu près du xvᵉ siècle; mais c'est seulement depuis peu d'années, sous le règne de Napoléon I, qu'il a été élargi de façon à pouvoir admettre des véhicules de toute largeur. La légéreté aérienne et l'élégance de la voûte vue d'en bas n'ont peut-être rien de comparable dans aucune autre construction de ce genre.] Un an après que fut écrite cette note (1824), ce pont s'écroula dans la rivière, ayant probablement été affaibli lorsqu'on fit l'addition que nous avons rapportée. Un autre pont également beau, et, il faut l'espérer, plus durable, a depuis été construit entre les culées primitives et dans les mêmes dimensions. L'Allier prenant sa source dans la chaîne élevée de la Lozère est sujette à des inondations d'une violence extrême. Une des plus terribles dont on se souvienne vient d'avoir lieu (octobre 1857), et a emporté le pont du chemin de fer de Clermont à Brioude, et causé beaucoup d'autres dommages.

que vous avanciez plus loin dans le département de la Haute-Loire, par la grand'route qui conduit à son chef-lieu, le Puy en Velay, vous traversez d'abord un espace aride de terrain granitique qui paraît avoir été fortement déchiré par les torrents qui descendent des hauteurs de la Chaise-Dieu ; et, immédiatement après, vous vous trouvez entouré par des restes volcaniques qui diffèrent par leur caractère de ceux que vous avez laissés derrière vous sur la rive opposée de la rivière, et sont évidemment étrangers au foyer d'éruption qui a produit ces derniers. C'est pourquoi on peut, d'une manière générale, regarder l'Allier comme la limite naturelle qui sépare le district volcanique du Cantal de celui de la Haute-Loire.

Les restes volcaniques du département de la Haute-Loire et de l'Ardèche, ou, en d'autres termes, des anciennes provinces du Velay et du Vivarais, appartiennent aux deux classes que nous avons établies ci-dessus, et conséquemment se rangent naturellement sous ces deux chefs séparés :

1°. *Le mont Mézenc et ses dépendances.*

2°. *Les produits d'éruptions plus récentes* qui ont éclaté sur un grand nombre de points irrégulièrement disséminés sur une large zône du plateau primaire, depuis Paulhaguet et Allègre jusqu'à Pradelles et à Aubenas, et qui paraît être le prolongement dans la direction sud-est de la chaîne des volcans modernes que nous avons décrite dans le département du Puy-de-Dôme.

§ II. Le Mont Mézenc et ses dépendances.

Le Mézenc est le point le plus élevé d'un vaste système de roches volcaniques, qui repose en partie sur le granite ou le gneiss et en partie sur le terrain jurassique, et que leur position et leur nature démontrent être les restes des produits d'un unique et puissant volcan analogue à ceux que nous avons décrits dans le Mont-Dore et le Cantal. Les produits cependant de ce volcan sont disposés d'une façon quelque peu différente, car ils se sont répandus sur une surface d'étendue à peu près égale sans s'accumuler en masses montagneuses aussi considérables autour de leur centre d'éruption. Deux causes semblent avoir contribué à cette diversité d'aspect ; premièrement, que les éruptions du Mézenc paraissent avoir été moins fréquemment répétées que celles des deux autres volcans ; secondement, que ses laves consistent presque exclusivement en basalte ou bien en phonolite, le trachyte grenu ordinaire ne s'y joignant que très-rarement. Les laves du Mézenc ont donc possédé une grande fluidité relative ; et, ayant fait éruption sur une des éminences les plus élevées du plateau primaire qui offrait une inclinaison considérable dans presque toutes les directions, elles paraissent avoir coulé à de grandes distances immédiatement après qu'elles eurent été vomies par la bouche volcanique.

Il résulte de ces circonstances que le granite qui sert de support est parfois à découvert dans les ravins jusqu'au pied des sommités centrales ; et que la plus élevée d'entre elles, le mont Mézenc, quoiqu'érigé sur une base beaucoup plus élevée que celles qui supportent le Cantal et le Mont-Dore, leur est inférieur à tous deux en hauteur absolue. Il mesure au-dessus de la mer, d'après Cordier, 5974 pieds (1991 mètres).

Le Mézenc lui-même, et les autres masses principales qui se groupent autour de lui, sont à peu près uniformément composés de trachyte (clinkstone, trachyte écailleux ou schisteux), roche qui vient en première ligne parmi les produits de ce volcan, tandis que la variété commune ou compacte du trachyte est, sinon totalement absente, au moins très-rare dans tout le groupe. Le basalte est très-abondant, et est associé à de vastes couches des conglomérats qui lui sont propres ; conglomérats analogues dans leurs caractères généraux à ceux du Mont-Dore et du Cantal, mais qui doivent à l'absence des laves trachytiques de ne renfermer que peu sinon point de ponces, et d'être par suite presque toujours à l'état de brèche basaltique (tuf basaltique).

Nous croyons ne pas nous tromper, si, d'après l'inclinaison universelle des différentes nappes volcaniques à partir du mont Mézenc, nous fixons leur point d'éruption dans le voisinage de cette montagne. Au sud-est de cette sommité rocheuse, dans le voisinage de *la Croix des Boutlières*, il existe encore un bassin semi-circulaire dont les bords escarpés sont entièrement formés de scories et de masses détachées d'un véritable phonolite cellulaire, coloré en rouge, et qui formait probablement, pour cette raison, une partie de l'enceinte d'un des cratères les plus récents. De là partent deux embranchements principaux de phonolite, l'un au sud, l'autre au nord-nord-ouest.

Le premier se présente sous l'apparence de vingt ou trente éminences rocheuses voisines les unes des autres, très-considérables, et plus ou moins réduites par l'effet des dégradations à une forme conique, qui hérissent irrégulièrement le plateau du Haut-Vivarais. C'est du pied de l'une d'elles, *le Gerbier-des-Joncs*, que s'échappe la source de la Loire.

L'autre embranchement constitue une chaîne montagneuse formée de nombreux dômes ou cônes analogues, se reliant en général par leurs bases, et couvrant une large zône de pays jusqu'aux villes de Roche-en-Reignier et de Beauzac sur la rive septentrionale de la Loire. L'abaissement progressif et uniforme de cette série de sommets phonolitiques, depuis le Mézenc jusqu'au lit du fleuve où elle se termine, les deux dernières montagnes, désignées sous les noms de *Miaune* et de *Gerbison*, s'appuyant contre le pied de la chaîne primaire de la Chaise-Dieu sur la rive opposée, cet abaissement amène à penser que ce sont les lambeaux restant d'une unique et énorme coulée de lave, antérieure au creusement de la vallée actuelle de la Loire, et beaucoup plus considérable par sa masse et son étendue qu'aucune autre des champs Phlégréens de la France. L'espace que cette coulée a dû couvrir est de plus de vingt-six milles (40 kilomètres) de longueur, sur une largeur moyenne de six milles (9 kilomètres), ce qui lui donne une superficie de 156 milles carrés (360 kilomètres). Son épaisseur primitive doit avoir été prodigieuse, ainsi qu'on en peut juger par les lambeaux montagneux qui subsistent encore et dont on peut voir le profil dans l'esquisse qui accompagne cet ouvrage. Plusieurs d'entre eux s'élèvent à une hauteur de quatre à cinq cents pieds

(120 à 160 mètres) au-dessus de leurs bases ; et aucun, à ce que je crois, ne porte de traces d'une division en couches distinctes ; de sorte que cette chaîne entière, si colossale qu'elle soit, doit être regardée comme une seule coulée, comme le produit d'une éruption unique. Elle repose généralement sur le granite, soit immédiatement, soit par l'intermédiaire du basalte et de ses conglomérats ; mais elle paraît avoir recouvert, en outre, une portion considérable de la formation calcaire d'eau douce que nous avons décrite comme se trouvant dans les environs du Puy.

La détermination de ce dernier fait pouvant être regardée comme de quelqu'importance, j'ai mis quelque soin à l'étudier. Au château de Lardeyrolles, et sur différents points près des villages de *Saint-Pierre-Eynac* et de *Mercœur,* le phonolite repose certainement en partie sur les strates d'eau douce. Immédiatement au-dessous du second de ces villages, qui est bâti ainsi que son château en ruines sur un pic conique de phonolite, la superposition est bien décidée et immédiate. Il est vrai que le noyau de cette colline, ainsi que des autres collines isolées recouvertes de phonolite que j'ai observé dans les limites de la formation lacustre, est granitique ; et la forte inclinaison des couches calcaires de Mercœur, là où elles supportent le phonolite, indique que le granite contre lequel elles viennent aboutir n'est pas éloigné. Mais il n'est pas difficile de concevoir que c'est seulement à la faveur de ce noyau primitif sousjacent que le chapeau de phonolite a échappé à la destruction. Il n'est pas étrange non plus, *à priori*, qu'on trouve rarement cette roche reposant *uniquement* sur les couches calcaires, attendu que ces dernières, consistant dans ce canton en marnes très-tendres et très-friables, ont dû céder partout à l'action érosive des eaux pluviales auxquelles la structure extrêmement fissile de la roche superposée donne un facile passage. Il en résulte que la masse entière du phonolite qui recouvrait ces couches friables d'eau douce a dû être minée en-dessous, s'est écroulée et a été entraînée, à l'exception de certaines portions qui reposaient accidentellement sur quelque protubérance granitique perçant à travers les marnes , comme dans les cas que nous venons de citer.

Au reste, les couches lacustres les plus friables, les argiles et les marnes ont généralement disparu ; excepté un petit nombre de lambeaux dispersés qui s'appuient contre les parois primaires escarpées du bassin , ou bien ces portions qui ont été protégées par un recouvrement de basalte , et de ses brèches solides qui, moins perméables à l'eau que le phonolite fissile , sont demeurés plus longtemps sur leurs perfides fondations ; lambeaux et portions qui sont même réduits à des segments relativement minimes de couches originairement très-étendues , et qui diminuent plus ou moins chaque année par suite du creusement et de l'érosion qui sape et mine leur base.

D'un autre côté, que la production de ces roches volcaniques ait eu lieu postérieurement au dépôt de la totalité probablement de la formation lacustre, cela est confirmé par une preuve négative très-forte, je veux parler de l'absence complète de fragments de phonolite parmi ses matériaux de transport, ou les sables et les grès inférieurs ; tandis que , au contraire , ils abondent dans les couches alluviales et volcaniques qui ont été déposées au-dessus de cette même formation lacustre après qu'elle eut été profondément dégradée. Il n'est guère possible que la nappe de phonolite ait été rongée et réduite aux pics isolés actuels , avant ou pendant le dépôt des sables et des marnes, sans qu'un fragment ou un seul caillou en provenant se retrouve dans ces dernières couches pour attester sa destruction.

Plusieurs géologues ont remarqué la tendance qu'ont les montagnes de phonolite à se dégrader en se réduisant à des masses détachées de forme conique. Nulle part on ne peut mieux apprécier la justesse de cette observation qu'en suivant la chaîne que nous décrivons en ce moment , chaîne qui est absolument réduite à une série d'éminences rocheuses qui montrent toutes les gradations intermédiaires de forme , depuis le segment irrégulier d'un énorme mamelon jusqu'au cône parfait.

La cause de cette conformité gît évidemment dans la facilité plus grande avec laquelle le phonolite cède à l'action météorique sur certains points que sur d'autres, aussi bien par suite de ses fréquentes variations de texture et par conséquent d'aptitude à se décomposer, que par suite de ses variétés accidentelles de structure. Tantôt les modifications prismatiques et laminaires concourent, en se combinant, à hâter la disjonction de certaines parties (comme nous l'avons remarqué dans la roche Tuilière au Mont-Dore); tantôt elles leur communiquent la plus grande force possible de résistance, comme lorsqu'un assemblage de prismes s'appuyant les uns contre les autres, converge en un faisceau pyramidal. Les mêmes causes continuent à influer sur l'aspect des masses après qu'elles ont été complétement isolées et réduites à une forme arrondie par la destruction de leurs angles saillants. Lorsque le phonolite est de nature à se désaggréger par son exposition aux intempéries, il se présente sous la forme d'un cône à pentes douces, recouvert d'une couche épaisse d'un sol terreux de couleur blanche, qu'ombragent fréquemment de vigoureuses forêts de chênes et de sapins. Quand la roche est moins sujette à la destruction, sa partie supérieure prend la forme d'une calotte déchirée et raboteuse, et sa base est encombrée d'amas stériles et croulants de débris feuilletés. Le phonolite des deux ramifications nord et sud du Mézenc est toujours, je crois, plus ou moins laminaire et souvent prismatique. Les feuillets varient depuis des tables massives et compactes, épaisses et de grande dimension, jusqu'à des lames minces comme des ardoises. Ces dernières sont généralement employées dans le pays comme pierres tégulaires. La couleur de la roche passe du gris-bleu foncé au gris-verdâtre, au vert, au jaune pâle ou au jaune d'ocre, et au blanc pur. Les variétés claires s'observent généralement à la partie inférieure de la couche, mais jamais, je crois, dans les parties supérieures et plus exposées à l'air; il ne faut donc pas confondre cette nuance avec les effets ordinaires de la décomposition. Les variétés foncées sont compactes, dures, translucides sur les bords; leur cassure est plane et esquilleuse. Les parties pâles sont plus grenues, terreuses, et se rapprochent du trachyte commun; il n'est pas rare qu'elles prennent une structure tout à fait lamellaire, avec un éclat légèrement argentin ou soyeux. Fréquemment des concrétions sphéroïdales d'un vert foncé, sont disséminées dans une base grisâtre plus claire. Cela résulte évidemment de l'aggrégation imparfaite de molécules augitiques qui se sont réunies en cristaux distincts sous des circonstances favorables.

De petits cristaux empâtés de felspath sont fréquents, ceux d'augite ou de hornblende plus rares. Les parties inférieures de la couche sont quelquefois poreuses et accidentellement cellulaires. Dans le voisinage des sommités centrales des masses très-cellulaires et même scoriformes se rencontrent en abondance ; elles sont ordinairement rougeâtres ou violacées, et d'une texture cristalline (1).

Basaltes et Brèches volcaniques.

J'ai déjà indiqué le basalte comme ayant été produit en quantité par le système volcanique du Mézenc. Les coulées se sont principalement répandues vers le nord-ouest, l'ouest, le nord-est et le sud-est, dirigées par la pente plus grande du plateau primaire dans ces directions.

Vers le sud-est, en particulier, une énorme ramification, formée de deux ou un plus grand nombre de nappes successives de basalte, accompagnées de brèches, descend jusqu'à la distance de plus de trente milles (45 kilom.), rivalisant en étendue et en volume avec la ramification phonolitique que j'ai décrite dans la direction opposée.

(1) Je n'ignore pas qu'en attribuant la chaîne de montagnes phonolitiques qui s'étend du Mézenc à Miaune à une seule coulée colossale divisée en segments par l'action des éléments, je suis en désaccord avec la plupart des géologues de là localité qui regardent ces dômes ou puys comme étant chacun le produit d'une éruption locale particulière. Tout ce que je puis dire, c'est que dans la visite que j'ai faite dernièrement à ce district, chaque observation que j'ai pu faire n'a fait que me confirmer dans mon opinion primitive. Et de plus, je soupçonne fortement que sur plusieurs points de cette chaîne les éminences phonolitiques reposent sur le basalte qui aurait antérieurement coulé sous forme de lave dans cette direction sur la surface du granite. Je recommande fortement l'étude de ces deux questions à tout géologue qui visitera le pays.

Cette coulée n'est pas moins intéressante par sa position que par ses énormes dimensions. Elle paraît prendre sa source entre les pics isolés de phonolite que j'ai décrits ci-dessus comme formant un groupe au sud du Mézenc, et elle se prolonge, doucement inclinée, vers le sud-est sur un espace d'environ douze milles (18 kilom.), reposant sur le plateau primitif du Haut-Vivarais, et formant une ligne de faîte élevé qui sert de partage aux eaux des rivières de l'Ardèche et de l'Erieux. Vers la ligne de jonction des formations primaire et secondaire, elle est brusquement interrompue par une brèche profonde par où passe la route d'Aubenas à Privas. Mais sur le côté opposé de cette dépression, on retrouve la même nappe basaltique à une hauteur précisément correspondante, au sommet d'une montagne de calcaire jurassique. De là elle continue à s'avancer avec une même inclinaison graduelle jusqu'à la distance d'environ autres douze milles (18 kilom.) en ligne droite. Tant que cette nappe repose sur le granite, sa largeur est peu considérable, et elle se présente plutôt comme une crête montagneuse aplatie au sommet que sous la forme plus habituelle d'un large plateau. Mais lorsqu'elle pénètre dans les limites du terrain secondaire, sa disposition devient différente ; elle s'étend sur une largeur de cinq, sept et neuf milles (8, 11 et 14 kilom.), et recouvre un vaste et haut plateau qui portait autrefois le nom de Coiron. Il ne peut ici y avoir le moindre doute que la totalité de cette vaste étendue de strates jurassiques a été préservée de la destruction uniquement par son recouvrement volcanique. Le reste de la formation pui entourait cet espace a été rongé dans toutes les directions par divers torrents descendant de la montagne, et dénudé par l'érosion météorique jusqu'à un niveau très-inférieur. Le Coiron seul a résisté avec succès sous la protection de son revêtement basaltique, et il se projette comme un vaste promontoire aplati, en avant du haut plateau primaire, jusque dans la plaine méridionale. Cependant il n'est pas demeuré tout à fait intact. Les agents de la dénudation, auxquels la dureté métallique du basalte lui-même finit par céder, l'ont divisé par de nombreuses gorges transversales, creusées souvent à une grande profondeur tout à la fois à travers la formation volcanique et les couches calcaires. Ces gorges sont séparées par des ramifications massives et parallèles qui partent d'un axe rectiligne longitudinal tout comme les côtes partent de l'épine dorsale. Il y en a au moins huit ou neuf de chaque côté, chacune desquelles est couronnée par de prodigieux massifs tabulaires de produits volcaniques qui montrent dans leur section un vaste alignement d'escarpements verticaux, reposant sur les couches calcaires secondaires. L'exacte correspondance en position, en structure et en dimension de ces chapeaux basaltiques, aussi bien que leur départ à tous du même tronc, tout cela témoigne qu'ils ont jadis été réunis en un plateau continu. Du côté de Villeneuve-de-Berg, où on peut embrasser d'un seul coup d'œil les extrémités de six ou sept de ces embranchements, leur aspect est extrêmement caractéristique.

L'épaisseur de la nappe volcanique est ordinairement de 300 ou 400 pieds. Elle paraît formée, partout où je l'ai examinée, par deux énormes assises distinctes de basalte, séparées par un lit d'épaisseur très-variable de scories et de fragments volcaniques soudés en une brèche, ou seulement de scories incohérentes. Chaque assise, mais plus particulièrement l'inférieure, présente une sorte de premier étage de prismes verticaux très-réguliers et d'égales longueurs surmontés d'une masse encore plus épaisse relativement amorphe, mais qui, vue de près, est composée d'une multitude de petits prismes rectilignes et courbes, placés dans toutes les directions possibles et entrelacés de toutes les manières. Ces deux portions de la masse se confondent à leur ligne de jonction de telle sorte qu'on ne peut douter qu'elles n'appartiennent à la même coulée. Le basalte de la surface supérieure est poreux, écumeux et scoriacé (1).

La régularité presque architecturale qui résulte sur différents points de cette disposition a probablement donné lieu à la fable

---

(1) Il ressemble parfaitement sous ce rapport aux coulées de lave très-récentes du Vivarais que nous ne tarderons pas à décrire.

qui a cours parmi les paysans de la plaine située au-dessous, qui appellent encore ces rochers « *les Palais du Roi,* » et qui s'imaginent qu'ils sont l'œuvre et l'habitation de quelque monarque géant.

Le calcaire sur lequel ils reposent, et dont l'âge correspond à l'argile d'Oxford, c'est-à-dire à l'oolite moyenne, est en partie argileux et friable ; il passe à une argile feuilletée avec laquelle il alterne, et cède par suite facilement à l'action érosive. Les falaises supérieures sont ainsi fréquemment minées en dessous, et il s'en détache d'énormes portions qui roulent ou glissent sur les flancs rapides et croulants de leurs bases calcaires, qui sont en quelques endroits jonchés de leurs débris. Beaucoup de ces masses écroulées sont formées de fragments de prismes parfaitement réguliers et de grandes dimensions.

Le rocher remarquable sur lequel s'élève le château de Roche-Maure sur les bords du Rhône, aussi bien que deux autres rochers situés dans le voisinage, sont évidemment les segments extrêmes d'un de ces bras qui se détachent vers l'est du grand tronc basaltique du Coiron. Il me paraît, cependant, qu'ils ne sont plus dans leur position naturelle, et qu'ils sont peut-être descendus, par suite d'un glissement ou d'un affaissement des hauteurs qui les dominent, alors qu'a été excavée cette partie de la vallée du Rhône.

Non loin d'une des ramifications latérales du flanc opposé du Coiron, à Villeneuve-de-Berg, on peut observer un dyke considérable de basalte qui traverse à peu près dans la direction du nord au sud les couches de calcaire qui forment quelques collines basses au pied du Coiron. Le basalte en est tantôt cellulaire et tantôt compacte, très-foncé, très-dense et cristallin. Les parties compactes affectent souvent une structure globulaire, et d'autres fois se séparent en pièces rhomboïdales. Les cavités des portions cellulaires sont souvent remplies d'infiltrations calcaires. La roche calcaire ne présente que peu de traces d'altération par suite de son contact avec le basalte, et ne paraît pas non plus avoir eu ses couches dérangées ou déplacées ; on peut en détacher des échantillons qui présentent les deux substances étroitement unies. Il y a ici tout lieu de croire que ce filon n'est pas un dyke d'éruption, mais qu'il procède d'une masse de basalte supérieure aujourd'hui détruite, et qui serait le prolongement de celle qui est située au-dessus de Saint-Jean-le-Noir. Les énormes blocs qui parsèment encore les vallées de Laduègne et d'Escoutay prouvent suffisamment que cette nappe ne s'arrêtait pas primitivement là où sont actuellement ses limites dans cette direction.

Le ravin appelé *les Balmes de Montbrul*, que M. Faujas a regardé comme un cratère volcanique, n'est autre chose, selon moi, qu'une excavation qui s'est produite accidentellement dans le basalte et les brèches scoriacées de cette nappe.

En résumé, en outre de leur masse prodigieuse, plusieurs faits accompagnent les coulées basaltiques qui recouvrent le Coiron, qui les rendent peut-être les plus instructives au point de vue géologique qu'aucune autre de l'intérieur de la France. Leur disposition, d'abord en une bande étroite le long des hauteurs granitiques, puis en une large nappe, lorsqu'ils reposent sur le terrain secondaire, parfaitement parallèle à ses strates, et conservant partout le même degré d'inclinaison à partir du voisinage du Mézenc jusqu'à l'extrémité du Coiron, démontre clairement qu'elles se sont épanchées alors que la surface du plateau primaire se continuait immédiatement avec celles des strates secondaires. Tout cela paraît aussi indiquer que cette dernière formation au moins était alors dans un état d'intégrité relative.

Que les couches secondaires, cependant, fussent depuis longtemps émergées au-dessus de l'océan qui les a déposées, cela est attesté par cette circonstance qu'au-dessous du basalte on trouve un sol végétal contenant des coquilles terrestres d'une espèce qui existe encore dans le pays (*Cyclostoma elegans*).

L'immense quantité de matière qui a été enlevée au district secondaire de la vallée du Rhône depuis l'époque où ces laves ont été émises, époque que le dernier fait que nous venons de mentionner démontre comme récente, géologiquement parlant, ne peut que nous frapper d'étonnement. Il n'y a pas de doute que la surface sur laquelle repose le basalte du Coiron formait les points les plus bas qui fussent dans le voisinage, car autrement ces courants répétés de matières fluides n'auraient pu couler dans sa direction. Cependant cette même surface domine de beaucoup aujourd'hui tout le reste de la même formation et s'élève à plus de mille pieds (300 mètres), au-dessus du niveau moyen des vallées de l'Ardèche et du Rhône, situées de chaque côté. Qu'on puisse prouver directement qu'une grande partie de ces vallées a été excavée par *les pluies et les cours d'eau*, ou en d'autres termes, par les agents atmosphériques encore en activité, et non par aucune inondation diluviale ou universelle, cela ressort des observations que j'ai faites sur les formations volcaniques du Bas-Vivarais. Par conséquent, il semble contraire aux règles de l'analogie d'en attribuer le surplus à toute autre cause de nature hypothétique que ne vient appuyer aucun témoignage direct. Mais de cette conclusion que la plus grande partie de la vallée du Rhône a été creusée à une époque aussi récente, et, par ces seuls agents, découlent d'importantes conséquences; puisque les mêmes agents ont dû être partout ailleurs en activité, et produire d'aussi prodigieux résultats à cette même période relativement récente. Nous résumerons plus loin ces considérations.

Revenons maintenant aux autres restes basaltiques qui doivent leur origine au volcan du Mézenc. Ils recouvrent un espace fort étendu du Haut-Vivarais et du Velay; mais, dans une situation aussi élevée et aussi exposée, ils ont été découpés dans tous les sens par les lits des torrents, de telle sorte que la roche sous-jacente a été mise à nu, roche qui est partout du granite, excepté en dedans des limites de la formation d'eau douce du Puy.

Il est à remarquer que les plateaux détachés de basalte sont répandus en quantité vers les bords de la grande chaîne phonolitique dont nous avons parlé. Il n'est pas rare que l'intervalle qui sépare deux ou plusieurs rocs coniques de phonolite soit occupé par une couche superficielle applatie de basalte en contact avec leurs bases; et il est extrêmement difficile, à cause du grand état de dégradation du phonolite, et des amas de débris entassés autour de leur partie inférieure, de s'assurer si le basalte passe au-dessous de ces montagnes, ou s'il s'est déposé depuis leur morcellement. La première opinion est peut-être la plus probable.

Les nappes basaltiques qui ont coulé à l'est du Mézenc s'étendent depuis Fay-le-Froid jusqu'au delà de Sainte-Agrève, et constituent la crête qui sépare les eaux de la Loire de celles qui vont se verser dans le Rhône. Sur plusieurs points elles ont été réduites à des lambeaux épars par les mêmes causes qui ont déchiré et sillonné de gorges très-profondes l'aride et triste canton des Bouttières. Celles qui se dirigent vers le nord et le nord-ouest sont restées plus intactes, et descendent vers la vallée de la Loire qu'elles traversent, accompagnées par de vastes dépôts de conglomérats. Je regarde comme probable que le bassin de terrain lacustre était à sec lorsqu'il a été envahi par ces produits volcaniques, et qu'il était même en partie raviné par les torrents qui descendaient des hauteurs voisines : que la position de la rivière par où alors s'écoulaient ces cours d'eau, était plus à l'ouest que le lit actuel de la Loire, et au pied de la chaîne granitique orientale ; enfin, que dans cet état de choses, la totalité du bassin fut inondée par d'énormes coulées de basalte qui descendaient des environs du Mézenc, accompagnées d'immenses quantités de matériaux incohérents transportés par des torrents d'eau, et déposés avec la même confusion que les conglomérats du Cantal et du Mont-Dore.

Les faits sur lesquels je fonde cette opinion sont contenus dans les observations suivantes, mais seront rendus beaucoup plus clairs par l'esquisse panoramique de ce district (pl. XI) qui est jointe à l'ouvrage.

A partir du centre du système volcanique au voisinage du Mézenc, on voit de vastes nappes de basalte qui s'étendent avec une pente graduelle sur une large surface granitique vers l'ouest et vers le nord. Lorsqu'elles atteignent la formation d'eau douce, elles se continuent par-dessus exactement de la même façon, sans aucun changement sensible dans leur inclinaison et avec peu de solutions complètes de continuité. Lorsqu'il s'en présente, l'union primitive des divers segments reste évidente par suite des correspondances d'altitude, ainsi que par la disposition et la nature des masses qui bordent la vallée de chaque côté. Elles s'étendent dans cette direction jusque bien au-delà du Puy ; et quoiqu'elles aient été elles-mêmes recouvertes vers leurs extrémités par de plus récentes coulées de lave presque aussi abondantes et qui proviennent d'une source différente, on peut les reconnaître partout à leurs caractères particuliers, le long des flancs verticaux de nombreux ravins qui sillonnent ce plateau, presque jusqu'à la base de la chaîne granitique occidentale.

Lorsque j'ai décrit la formation d'eau douce du Puy, j'ai dit comment elle est disposée en couches dont le plongement décroît de plus en plus à mesure qu'elles s'éloignent du granite contre lequel elles viennent abuter. Il est à remarquer que les nappes volcaniques ne sont pas parallèles au plan de ces couches sur lesquelles elles reposent, mais les coupent irrégulièrement, et souvent sous des angles très-considérables. On en voit un exemple dans la montagne de Doue, où le plongement des argiles et des marnes est à peine de 10°, tandis que les assises superposées de basalte et de brèche sont inclinées en quelques points de 40° et 50°.

En général, ces assises volcaniques ne reposent pas immédiatement sur les strates calcaires, mais avec l'intermédiaire d'un lit de sable argileux et micacé mêlé à des cendres volcaniques et aux débris de roches granitiques et volcaniques, spécialement des fragments roulés de phonolite. Ce lit n'est pas parallèle aux couches d'eau douce sur lesquelles il repose, mais bien aux nappes volcaniques qui le surmontent, et il a été évidemment déposé dans des lits de torrents déjà profondément creusés à travers les couches calcaires tendres situées au-dessus. Il renferme généralement des débris végétaux légèrement carbonisés, et si abondants en certains points que cet alluvium passe à un lignite dont quelques couches sont assez épaisses pour être exploitées, comme à l'Aubépin et à la Roche-Lambert. Les plantes sont, soit des roseaux et des graminées; soit des feuilles, des jeunes pousses et des branches d'arbres dicotylédones. M. Aymard est d'avis que la *Flore* de cet alluvium se distingue à peine, sinon point du tout, de celle qui existe aujourd'hui dans le pays. La *Faune* de ces mêmes couches, qui sont très-ossifères, d'un autre côté, renferme plusieurs espèces non-seulement inconnues en France mais encore tout à fait éteintes. C'est spécialement le cas des mammifères, parmi lesquels on trouve les restes de trois espèces de mastodontes, de plusieurs carnivores, machairodus, hyæna, etc.; de pachydermes, un rhinocéros (Mésotropus, Aym.), et un tapir, etc. (Voyez le catalogue dans l'Appendix.)

Lorsque le lit d'alluvium intermédiaire manque, et que les produits volcaniques reposent directement sur les strates d'eau douce, la ligne de contact nous montre une brèche de scories et de pouzzolanes dans une pâte calcaire ou argileuse, de même que nous l'avons vu en Auvergne dans les circonstances semblables. Dans quelques cas, cette brèche paraît résulter en partie de la décomposition des couches volcaniques superposées, et pourrait être classée minéralogiquement comme une vacke. Elle offre ceci de remarquable, au-dessous du massif de brèche basaltique appelé *les rochers de Peylenc*, qu'elle contient de nombreux nodules d'olivine d'une grosseur extraordinaire. J'en ai mesuré un de forme ovale qui avait cinq pieds ($1^m,52$) de circonférence, et beaucoup d'autres alentour étaient presqu'aussi volumineux. Ces blocs d'olivine sont arrondis comme s'ils avaient été roulés; néanmoins ceux qui sont empâtés dans le basalte présentent la même forme (1). Ils se divisent facilement en fragments angulo-globulaires, et sont d'un vert transparent irrégulièrement tacheté de vert foncé quand ils ne sont point affectés par la décomposition; ceux dans les-

---

(1) Ils ont, j'imagine, été arrondis par le frottement intérieur de la lave qui les enveloppait, comme si elle avait coulé dans un état de fluidité imparfaite. *Voyez* Scrope, *On Volcanos*, p. 104. — Ajouté par le Traducteur : — Cette forme globulaire peut aussi être attribuée à l'attraction autour d'un centre des molécules d'olivine, alors que ce minéral prenait sa forme solide.

quelles cette action a commencé sont plus friables, opaques, d'une teinte jaune sale ou orangée.

La même colline est intéressante en ce que le ruisseau de Sumène, qui semble avoir jadis coulé dans une autre direction, a évidemment creusé son lit actuel (et cela très-récemment) dans les marnes argileuses qui supportent la grande nappe de basalte et de brèche dont une partie s'est par suite éboulée. Les amas de fragments rocheux sur lesquels le ruisseau jaillit et entre lesquels il disparaît alternativement, les formidables remparts qui s'élèvent de chaque côté et qui surplombent au-dessus de la gorge qu'ils assombrissent, tout cela forme un spectacle frappant de ruines et de grandeur.

La couche volcanique elle-même, partout où elle est visible, peut être considérée comme un vaste massif tabulaire de brèche endurcie d'une épaisseur qui varie de 100 à 300 pieds (33 à 100 mètres), et qui tour à tour supporte, recouvre et enveloppe des coulées de basaltes qui tantôt se réduisent à d'étroits filons, tantôt se développent en un massif énorme. Dans ce dernier cas, le basalte a été fréquemment dépouillé de son enveloppe de conglomérat, et se présente sous l'aspect de rocs presque isolés et de formes bizarres.

Les brèches sont en quelques endroits stratifiées, et ont souvent une tendance à prendre une structure prismatique grossière. Elles consistent en fragments anguleux ou arrondis de roches volcaniques de diverses sortes, de granite, de gneiss et de micaschiste, et quelquefois de calcaire marneux, les fragments volcaniques prédominant le plus souvent. Le ciment est ordinairement formé de cendres volcaniques durcies par l'eau et par la pression, participant un peu de la nature ponceuse du tuf trachytique, et qui passent à un mélange arénacé, le détritus des roches dont il enveloppe les fragments. Quelquefois la matière agglutinante est simplement un oxyde de fer, tandis que dans d'autres cas le basalte lui-même remplit les interstices de ces matériaux fragmentaires qu'il semble avoir enveloppés alors qu'il était dans un certain état de fluidité.

Les caractères du basalte varient sur différents points, et il semble appartenir à des coulées distinctes. Il est pourtant généralement prismatique ; présente souvent des formes très-régulières comme dans le rocher qui est derrière l'habitation de Doue, et en beaucoup d'autres points des vallées de la Loire et de ses tributaires. Dans plusieurs lieux j'ai observé les trois modifications principales de la structure divisionnaire : la prismatique, la tabulaire, et la sphéroïdale, en exemples distincts dans les différentes parties d'une même masse, et passant de l'une à l'autre. Ses caractères minéralogiques sont extrêmement diversifiés. Quelquefois, comme nous l'avons vu, les nœuds empâtés d'olivine prédominent; d'autres fois ce sont des cristaux d'augite, ou bien d'hornblende, ou encore de felspath vitreux. Plusieurs variétés sont remplies de petits globules de fer, et sont alors noires, compactes, dures et sonores. D'autres fois le basalte est presque terreux au toucher, de couleur feuille morte avec des taches gris-bleu ; il est poreux et se décompose rapidement en se séparant en petits fragments anguleux. Tel est celui qu'on rencontre de chaque côté d'un ravin qui descend du village d'Expailly, près du Puy, au pied de la colline du *Mont-Crousteix*, et où se trouve le gisement renommé de zircons, de saphirs, et de grenats d'Expailly. On les a pendant des siècles ramassés dans le sable d'un petit cours d'eau appelé le *Riou-Pezzouliou*, qui coule dans ce ravin; mais c'est seulement depuis peu qu'on les a découverts dans leur matrice qui n'est autre que le basalte que nous venons de décrire. On trouve les zircons en petits cristaux imparfaits, et on les récolte en telle quantité, que j'ai vu un grand tiroir qui en était plein. Les saphirs sont presque aussi abondants, et se rencontrent en prismes hexaèdres qui dépassent rarement trois lignes (6 millimètres) de diamètre. Les grenats sont rares et en dodécaèdres rhomboïdaux, ordinairement du volume d'un gros pois. Mais tous ces cristaux, non-seulement lorsqu'on les trouve dans l'alluvium du ravin, mais encore ceux qui sont empâtés dans le basalte compacte, ont perdu la vivacité de leurs arêtes et sont généralement fort usés. Il y a là, en vérité, tout lieu de penser, d'après leur apparence et la façon dont ils sont enchâssés, que leur cristallisation n'a pas été contemporaine de celle du felspath, de l'augite et de l'olivine qui les accompagnent, mais qu'elle l'a précédée, et qu'ils ont résisté à la fusion à laquelle a probablement été soumise leur matrice originelle avant sa conversion en lave basaltique.

Le basalte et les brèches enveloppent accidentellement des dépôts irréguliers de cendres volcaniques qui ressemblent à de l'argile desséchée ; et cette substance, lorsqu'elle est en contact avec le basalte, se divise jusqu'à la profondeur d'à peu près un pied (0,30 centim.) en prismes parfaitement réguliers, perpendiculaires à la surface du basalte adjacent, et dont elle reproduit ainsi en miniature le mode de structure le plus ordinaire. Leur texture est souvent fine, et elles ont une riche teinte saumonée ; quelquefois elles passent par degré à un sable micacé, détritus des roches volcaniques et primitives, semblable à celui qui forme quelquefois la pâte des brèches basaltiques ; d'autres fois elles passent à un conglomérat de cailloux roulés.

Les vallées creusées dans cette vaste nappe volcanique, et dans les strates lacustres sous-jacentes, offrent ici, comme dans le Cantal une suite de sites extraordinaires. Les brèches, là où elles sont le plus imprégnées de particules ferrugineuses, ou bien fortement endurcies, ont résisté à l'érosion, et se présentent en masses isolées de formes bizarres. Tels sont le *rocher de Polignac*, celui de *Corneille*, dont la base calcaire est à moitié enveloppée par la ville du Puy, et celui de *Saint-Michel*, pyramide aiguë et pittoresque, que couronne une chapelle et dont Faujas de Saint-Fond a donné une gravure passable (1).

---

(1) La tendance qu'ont les conglomérats grossiers à se réduire en pyramides est généralement connue. La cause en est démontrée par l'exemple si frappant des *Pyramides de Botzen* dans le Tyrol, qui doivent évidemment d'avoir été préservées au dépôt de cailloux roulés qui en coiffent le sommet; d'où il suit que la dénudation totale produite dans la couche de conglomérats dont ces restes pyramidaux et d'autres semblables sont formés a été effectuée uniquement par la force directe des pluies verticales. *Voyez* la note p. 116.

Fréquemment des filons ou dykes de basalte pénètrent les couches sous-jacentes, qu'elles soient de brèche, de calcaire ou de granite. Les exemples du premier cas sont extrêmement communs. On peut en observer un du second au pied de la colline de *Brunelet*, sur la droite de la route du Puy à Yssingeaux. Le dyke se détache d'un massif de basalte, et coupe verticalement les couches de calcaire marneux. Son extrémité inférieure n'est pas visible. La route du Puy à Rozières, à la descente de Mercœur, est traversée par un dyke basaltique d'environ un pied et demi (45 centimètres) de large, et qu'on ne peut suivre que sur une longueur de sept ou huit yards (7 ou 8 mètres). Il se trouve précisément au point où les couches de marne abutent contre le granite, et semble parallèle à leur plan de jonction, qui fait un angle d'environ 60° avec l'horizon. Une des parois qui l'encaissent est de granite non altéré; l'autre est formée par une bande étroite de granite, blanchi et réduit par la désagrégation à l'état de gravier, intercalée entre le basalte et les strates calcaires. Le basalte est accompagné de parties scoriacées, et, par sa ressemblance de structure, par d'autres caractères minéralogiques, ainsi que par sa position, semble dériver d'une masse conique qui recouvre encore le basalte à un niveau plus élevé.

Le flanc d'un ravin étroit à l'endroit appelé *les Pandrauds*, entre Lantriac et le Puy, offre l'exemple d'un autre dyke basaltique presque vertical, large de trois pieds (un mètre), qui coupe le granite, fortement altéré le long de la ligne de contact. Puis à une faible distance, dans le même vallon, on voit s'élever la *Roche-Rouge*. C'est une portion plus développée ou *renflement* d'un dyke basaltique, qui a résisté par suite de sa dureté et de sa texture solide, à l'érosion qui a graduellement rongé le granite environnant de nature très-friable, du sein duquel il surgit actuellement jusqu'à la hauteur de près de 60 pieds (20 mètres), avec une épaisseur moyenne qui peut être de 30 (10 mètres). La continuation de ce dyke se voit de chaque côté, semblable à un étroit filon qui n'a pas plus d'un pied de large (0,30 mètres), et qui court à partir de la Roche-

Rouge au nord-ouest et au sud-ouest. On peut le suivre jusqu'à la distance de 500 à 600 yards (500 à 600 mètres), suivant une direction plutôt sinueuse que rectiligne. Le basalte en est en partie scoriforme et cellulaire, et se divise en partie en petits prismes perpendiculaires aux parois du filon. Le granite qui compose ces parois est à peine altéré et adhère quelquefois fortement au basalte.

On peut se demander relativement au mode de formation de ce dyke et des autres dykes analogues, s'ils ont été injectés d'en haut ou d'en bas, en d'autres termes si chacun représente la cheminée d'une éruption volcanique, ou bien n'est qu'une portion d'une coulée de basalte supérieur qui se serait insinuée à l'état de lave fluide dans une fissure préexistante du granite. A l'appui de la seconde hypothèse, on peut faire observer que, dans le cas de la Roche-Rouge, la nappe de basalte dont les montagnes de *Doue* et de *Servissas* sont les principaux segments encore existants, s'étendait jadis au-dessus de cet endroit, et que les exemples de telles coulées ayant injecté des dykes volumineux dans le granite qui les supportent ne sont, comme nous l'avons vu, point du tout rares ; tandis que ceux qui inclinent vers l'opinion contraire peuvent alléguer la fraîcheur des scories et du basalte de la Roche-Rouge, ainsi que la fréquence des éruptions volcaniques récentes dans le voisinage (que nous allons décrire), et dont chacune doit avoir, selon toute probabilité, laissé un dyke, semblable à celui-ci, qui remplit la fissure par laquelle sa lave est montée. Quant à moi, je pencherais plutôt à croire que ce dyke est venu d'en bas ; et que nous avons là un exemple de l'état dans lequel se présentent tous les orifices volcaniques qui n'ont produit qu'une seule éruption peu abondante de lave basaltique, lorsqu'ils sont dépouillés de l'enveloppe extérieure de scories et autres matières fragmentaires qui cachent la plupart du temps l'ouverture des roches superficielles à travers laquelle ces matières ont été vomies au dehors. Il me paraît qu'en cet endroit un axe basaltique particulier traverse le cœur de la Roche-Rouge, comme si la lave avait continué à être poussée à travers une ouverture centrale après que se fussent consolidées jusqu'à une grande profondeur les parties extérieures en contact avec le granite. Le *rocher Saint-Michel* semble envelopper un dyke analogue, qui a probablement fait éruption sur les lieux. Cependant il est certainement évident que le conglomérat dont il est formé a été enveloppé dans l'origine et soutenu par des couches qui l'entouraient, composées de matériaux plus tendres, couches entraînées depuis par l'action érosive des eaux ; ce qui est vrai aussi pour les rochers de Corneille, de Polignac, etc. La vallée actuelle de la Borne, ainsi que celle de la Loire où elle vient s'ouvrir, ont dû être creusées postérieurement à la production de ces rocs remarquables, quelle que soit leur date. Dans cette région néanmoins, la ressemblance extrême de ces brèches basaltiques avec celles du Cantal atteste une origine analogue. Aussi, quoique les dykes qui les ont accidentellement traversées puissent être considérés comme le résultat d'éruptions locales, je ne doute pas que les brèches de Corneille, etc., ne dérivent principalement du Mézenc.

§ III. Produits d'éruptions plus modernes et plus dispersées.

Nous passons maintenant à la seconde classe des restes volcaniques qui se rencontrent dans les départements de la Haute-Loire et de l'Ardèche. Ils sont les produits d'une période plus récente d'activité volcanique, et couvrent presque sans interruption une large zône du plateau primaire à partir d'un point situé au nord de Poulhaguet et d'Allègre jusqu'à Aubenas vers le sud. Ils constituent un prolongement de la chaîne des puys d'Auvergne, mais ne paraissent dans aucun cas de date aussi récente que les plus anciens parmi ces derniers.

Les divers points sur lesquels ont éclaté ces éruptions sont indiqués par de nombreux cônes volcaniques de scories, dont la formation a accompagné, comme en Auvergne, le développement des phénomènes volcaniques. Ils sont si rapprochés les uns des autres le long de l'axe de la ligne de faîte granitique qui sépare la vallée de la Loire de celle de l'Allier depuis

Paulhaguet jusqu'à Pradelles, qu'en général ils se touchent mutuellement par leurs bases et forment une chaîne presque continue.

Des deux côtés de cette chaîne ils sont plus clairsemés, et répandus çà et là sur les pentes qui descendent vers l'une et l'autre rivière; tandis qu'on en retrouve encore un petit nombre sur la rive opposée de chacune d'elles. Ils se montrent plus rares entre Pradelles et Aubenas, et on n'en rencontre plus au delà de cette dernière ville. Néanmoins il en existe un groupe étendu et qui a fourni de nombreux produits dans le voisinage de Prézailles, au nord-est de Pradelles. J'ai compté plus de *cent cinquante* de ces cônes dans l'espace que je viens de mentionner, et probablement j'en ai omis beaucoup.

Ils sont loin de présenter le même état de fraîcheur que la plupart de ceux que nous avons décrits en Auvergne. Peu d'entre eux offrent un cratère entier, ou même des traces distinctes de cratères; et ils ont été réduits pour la plupart à des collines allongées en forme de selle, apparence que prennent ces cônes volcaniques, comme on le remarque souvent, par suite des dégradations qu'ils ont subies. Ils sont uniquement formés, comme à l'ordinaire de scories écumeuses et cordées, de bombes volcaniques, de lapillo, de sables volcaniques, de fragments de granite et de basalte, et quelquefois de masses volumineuses sur place (*in situ*) de cette dernière roche, restes des coulées qui sont descendues le long de leurs flancs, ou qui s'échappant de la cheminée volcanique s'élevaient en bouillonnant dans leurs cratères. Leur surface est à peine revêtue d'un maigre gazon, et parfois de quelques pins d'Écosse rabougris, mais que détruisent sans cesse des ravinements fréquents et vagabonds de la surface du sol.

Les coulées de lave dont l'émission a accompagné la formation des cônes de la chaîne principale ont dû être extrêmement abondantes. Selon l'emplacement de chaque point d'éruption relativement aux pentes de la chaîne granitique, elles se sont dirigées soit vers l'est, soit vers l'ouest, descendant les unes dans le lit de la Loire d'un côté, les autres dans celui de l'Allier de l'autre. Les premières ont couvert à peu près toute la pente orientale de la chaîne (le granite qui en forme le noyau n'apparaissant qu'à d'assez grands intervalles ou bien au fond des ravins creusés à travers des nappes basaltiques), et se continuent au-dessus des strates d'eau douce en une nappe uniforme, couvrant une étendue très-vaste qui n'est que légèrement inclinée, et qu'elles semblent avoir complètement inondée. Tout indique ici que la Loire fut chassée de son ancien lit et forcée de s'élever sur la pente formée par les produits analogues du Mézenc, par suite de ces éruptions prodigieuses, presque simultanées, peut-être, de lave dans le bassin de cette rivière. Elle a probablement erré longtemps entre les uns et les autres de ces produits volcaniques, chaque nouvelle invasion déplaçant et élevant partiellement son lit, de telle sorte que la vallée actuelle, et celles de ses affluents (spécialement la vallée de la Borne), sont creusées aussi bien à travers le vaste massif de basalte et de brèches anciens provenant de la grande bouche du Mézenc, qu'à travers une nappe supérieure, généralement unique de basalte seul, qui par suite de son grand état de fraîcheur et de son inclinaison uniforme à partir de la chaîne de cônes volcaniques, ne peut tirer son origine que de celle-ci. Ces dernières laves sont ordinairement séparées les unes des autres lorsqu'elles se répètent, ainsi que des basaltes et brèches plus anciens, par des couches de conglomérat qui renferment des scories, des fragments de granite, etc., et souvent par des bancs de cailloux roulés qui indiquent que les coulées ont, comme à l'ordinaire, occupé les lits souvent déplacés des rivières et des torrents. Là où les matériaux fragmentaires ont été transportés et déposés par ces torrents il s'est produit des brèches analogues à celles d'une date plus reculée (1).

(1) M. Aymard, avec lequel je diffère d'opinion tout en m'inclinant devant ses connaissances locales supérieures, croit que ces masses basaltiques sont de beaucoup antérieures aux cônes volcaniques de scories qu'elles entourent. De sorte qu'il paraît croire, si je comprends bien ses vues, que les éruptions qui ont donné lieu à la formation de ces nombreux cônes n'auraient produit aucune coulée de lave! Cela serait si à l'opposé de tous les cas analogues, non-seule-

Ces déplacements de la Loire paraissent avoir été accompagnés par le creusement progressif de la profonde et étroite gorge par laquelle cette rivière s'échappe aujourd'hui du bassin d'eau douce du Puy (1), et qui ne devait pas exister lorsque se sont épanchées certaines coulées de basalte (les plateaux de Chambeyrac et de l'Oulette), qui couronnent ses flancs escarpés; ou bien que la lave a dû entièrement remplir jusqu'au niveau de ces plateaux, de la même manière que les vallées du Bas-Vivarais dont nous ne tarderons pas à parler. Ce défilé a été creusé irrégulièrement à travers le haut chaînon granitique de Chaspinhac qui sépare le bassin du Puy de celui de l'Emblavès (ce dernier est une portion moins considérable du même terrain d'eau douce), et doit peut-être en partie son origine à une fissure qui se serait formée dans cette direction par l'effet de quelque tremblement de terre accompagnant les éruptions volcaniques. Il est même probable que les eaux du lac s'étaient antérieurement écoulées par une autre issue, peut-être par la partie la moins élevée de la chaîne de granite entre Blavozy et Saint-Etienne-Lardeyrolle.

Entre ces deux points on peut voir une autre preuve remarquable de l'énorme érosion effectuée par les torrents actuels, dans la gorge de la Sumène, cours d'eau qui se jette dans la Loire juste au moment où elle pénètre dans le défilé à Peyre-Neyre. A gauche de cette profonde dépression où coule la Sumène, le plateau basaltique de la Chaux-de-Fay repose sur les couches tertiaires. A droite le cône de scories qui porte le nom de Mont-Serre est perché sur le bord de l'escarpement granitique de Chaspinhac. Et cependant la position et l'inclinaison du basalte de la Chaux-de-Fay prouve qu'il a jadis coulé sous forme de courant de lave à partir de ce point éruptif à travers l'espace qu'occupe aujourd'hui le lit profond de la Sumème, lit qui n'a pu être creusé que par les eaux actuelles, aidées peut-être par

ment de l'Auvergne et du Vivarais, au nord et au sud de la chaîne du Velay, mais encore de ceux qu'offrent les phénomènes volcaniques en général, que je ne puis un seul instant en admettre la possibilité.

(1) Voyez pl. XI.

quelque fissure due à un tremblement de terre, puisque toutes les conditions du cône de scories incohérentes qui le domine repoussent l'hypothèse que quelque grande vague dénudante aurait passé sur ces hauteurs depuis qu'il a été formé.

Après avoir traversé le bassin inférieur, dit de l'Emblavès, la Loire s'échappe finalement à travers un autre défilé analogue, où son passage paraît avoir été jadis barré entièrement par la grande coulée de phonolite que nous avons décrite ci-devant, et dont deux débris colossaux, les rochers de Miaune et de Gerbison, qui s'élèvent de chaque côté de la gorge à une hauteur de 1800 pieds au-dessus de la rivière, attestent l'élévation originelle. Que cette immense digue, soudainement élevée en travers de la vallée de la Loire, ait forcé les eaux de cette rivière à s'étendre en formant un lac au-dessus de toute la formation d'eau douce, cela est extrêmement probable. Ce n'est pas, néanmoins, à cet événement que nous devons attribuer la formation première du lac dans lequel se sont déposées les strates d'eau douce ; puisque le granite qui sert de base à Gerbison et à Miaune, jusqu'à une élévation de 1100 pieds (366 mètres) au-dessus du niveau actuel de la rivière, a pu former à lui seul une barrière suffisante pour cela ; et que nous avons vu, en outre, qu'il y a des motifs de conclure à la postériorité du phonolite relativement à la formation d'eau douce.

L'excavation graduelle de la gorge de Chamalières à travers la masse de phonolite et le granite sur lequel repose cette roche, fut probablement synchronique avec le creusement du défilé par où se déchargent les eaux du bassin supérieur ; et quelques lambeaux basaltiques qui se montrent sur les pentes de la gorge à Pierre-Neyre et à Artias, démontrent qu'elle a été occupée à divers intervalles, pendant que l'excavation s'effectuait, par des coulées de lave venues des bouches éruptives voisines.

Parmi les puys de la chaîne des monts Dôme, nous avons pu, par suite de leur nombre relativement moindre et des espaces de terrain primaire qui séparent leurs produits, suivre presque toutes les coulées de lave jusqu'aux cratères qui marquent leur point d'émission ; mais dans la chaîne qui nous occupe, les cônes sont plus nombreux et plus serrés, la force volcanique semble avoir éclaté avec une furie bien plus grande, et les coulées paraissent s'être réunies en une véritable croûte continue énorme, où elles se sont toutes mêlées et confondues (1). Une vaste plaine en pente douce s'est ainsi formée. et est parsemée, çà et là, de cônes qui ont surgi à l'est de la ligne principale d'éruption. Chacun de ces cônes a, selon toute probabilité, fourni son contingent à la mer de basalte qui couvre la plaine tout entière ; mais il ne peut être question de tenter d'attribuer à chacun sa part. Un petit nombre de ces cônes se montre dans le voisinage du Puy, ayant éclaté à travers la grande nappe volcanique qui, descendant du Mézenc, avait plus anciennement envahi le bassin de formation lacustre. Telles sont les montagnes de Denise, Sainte-Anne, Seinzelles, Crousteix, Eysenac et Mons. De nombreux fragments de granite et de gneiss sont incrustés dans leurs scories ; et ce fait démontre que le foyer de leurs éruptions est placé bien au-dessous des brèches et des basaltes à travers lesquels elles ont éclaté. C'est à un de ces points éruptifs, et probablement à celui qui a produit la double colline de Mons, au sud-est du Puy, qu'est dû

(1) Je renvoie de nouveau aux circonstances analogues que présente la chaîne des cônes volcaniques qui ont surgi dans l'île de Lancerote, une des Canaries, à la suite des épouvantables éruptions volcaniques dont cette île a été le théâtre de 1730 à 1736. (*Voyez* ci-dessus la note de la page 105). M. Léopold de Buch a publié une description très-intéressante de ces produits volcaniques, accompagné d'un récit des circonstances principales que présenta l'éruption qui leur a donné naissance, d'après une relation manuscrite d'un témoin oculaire. La formation de 30 cônes distincts sur le trajet d'une fissure d'une grande longueur, dans un court espace de temps, conduit à cette supposition que plusieurs des éruptions qui ont produit les puys de l'Auvergne et du Velay ont eu lieu dans des circonstances analogues. Non pas qu'il faille en conclure que la chaîne entière se soit formée en une seule fois, le contraire étant démontré par les nombreux indices d'âges différents sur lesquels nous nous sommes arrêtés longuement lorsque nous la décrivions, surtout quand nous en étions au Mont-Dore ; mais des époques d'activité intense alternant, comme cela est ordinaire pour l'action volcanique, avec de longues périodes de repos, ont fréquemment donné naissance à un grand nombre d'éruptions par des bouches distinctes dans un court espace de temps, formant autant de cônes différents, alignés ou groupés, ainsi que des coulées de lave.

13

le petit plateau de basalte prismatique de Montredon qui s'élève
au milieu de la vallée de la Borne, et qui repose sur un lit
mince de cailloux roulés primitifs et volcaniques, qui était évidemment à une certaine époque le lit de la rivière, quoiqu'il
soit actuellement à plus de cinquante pieds (16 mètres) au-
dessus de son lit actuel. Ce basalte semble tirer son origine
d'une des plus récentes éruptions du district. Il est aussi à remarquer qu'on ne trouve dans aucun cas, comme en Auvergne,
des coulées de lave occupant les lits des cours d'eau des vallées actuelles comme si elles avaient coulé de hier seulement.

Le cône qui a le plus attiré l'attention, par suite de sa proximité immédiate de la ville du Puy, est la montagne de Denise.
Il offre en effet quelques traits intéressants, tout à la fois particuliers et problématiques. Le sommet et les flancs de cette
colline allongée sont couverts de grands amas de scories très-
fraîches d'aspect, de lapillo et de pouzzolane, hors desquels
quelques masses saillantes de basalte se projettent dans la vallée
qui entoure sa base. Une de ces masses forme un promontoire massif qui descend du côté du sud jusqu'à la rivière de la
Borne, et présente deux énormes rangées superposées de colonnes basaltiques. La rangée supérieure est appelée la Croix-
de-la-Paille ; l'inférieure, qui borde la rivière d'un escarpement à pic, est connue sous le nom des Orgues-d'Expailly.
Sur leurs flancs et à leurs bases, ces masses basaltiques sont
enveloppées par une brèche stratifiée et souvent feuilletée ou tuf
peu cohérent qui recouvre quelques-unes des pentes extérieures
de la montagne, et à laquelle elles passent. D'autres rochers
massifs d'une brèche ou pépérino analogue à celui du Rocher-
de-Corneille dans la ville du Puy, constituent le noyau de la colline elle-même, et c'est évidemment au travers qu'ont éclaté
les éruptions de laves et de scories plus récentes. Ce pépérino
massif et solide est plus ancien que celui qui accompagne les
laves et les scories qui ont fait éruption sur ce point, quoiqu'on ne puisse que difficilement distinguer ces deux brèches
entre elles, et qu'en certains points elles semblent passer l'une à
l'autre. Il n'y a rien de bien étonnant qu'on ait trouvé dans

ces brèches aussi bien que dans les dépôts stratifiés que nous venons de mentionner des quantités considérables d'ossements d'éléphants, de rhinocéros, de cervus elaphos et d'autres grands mammifères ; et, en un point, les restes non douteux d'au moins deux squelettes humains. Un bloc de cette brèche contenant la plus grande partie d'un crâne humain et quelques autres os est conservé au musée du Puy. La matrice dans laquelle ces fragments sont fortement incrustés est indubitablement une portion d'une couche du tuf induré ou brèche qui enveloppe la lave basaltique de Denise à laquelle il passe. L'étude que j'ai faite sur le lieu de la découverte, qui est juste au-dessus de la maison appelée l'Hermitage, sur la route du Puy à Brioude, n'a pas laissé le moindre doute dans mon esprit à ce sujet. Ces ossements humains ont été découverts en 1844 ; et M. Aymard rechercha soigneusement toutes les circonstances qui pouvaient s'y rapporter, et les communiqua à la Société académique du Puy. À la réunion du congrès scientifique de France qui eut lieu au Puy en 1856, l'authenticité de cet échantillon fut mise en discussion, mais on ne put élever aucun doute raisonnable à son sujet, et la grande majorité des savants qui ont étudié la question sont de cette opinion (1). Il n'y a rien d'étonnant, en vérité, à ce qu'on ait découvert que l'homme habitait ce district alors que les volcans les plus modernes étaient en éruption. La principale conséquence qui résulte de ces ossements est que l'homme avait pour contemporains dans cette contrée plusieurs races éteintes de mammifères appartenant aux genres rhinocéros, éléphant, etc., dont on trouve les restes dans des brèches stratifiées semblables qui occupent la même position sur les flancs du même cône volcanique. Il est évident aussi que de grands changements ont dû avoir lieu dans la configuration du pays postérieurement à l'éruption du volcan de Denise, et par suite depuis qu'il a été habité par l'homme. La vallée de la Borne doit avoir été considérablement élargie et approfondie, sinon entièrement excavée, depuis cette épo-

(1) Congrès scientifique, etc., 1856, tome I, p. 282.

que, et le temps que réclament ces changements renvoie à une époque bien éloignée la date de l'éruption qui a enseveli les deux squelettes humains de Denise dans ses éjections. D'un autre côté, il est évident pour ceux qui observent les vallées qui sillonnent le bassin du Puy dans les limites de la formation lacustre, que le progrès de la dénudation est extrêmement rapide. Les argiles rouges et bleues, les marnes gypseuses et les argiles calcaires feuilletées sont rapidement minées par les torrents, qui, quoique peu considérables en été, se précipitent en hiver avec une grande violence dans cette région montagneuse, et leurs débris sont comme jadis entraînés sous forme de limon. La quantité même de roche volcanique qui est précipitée lorsque les strates sous-jacentes leur laissent un passage libre est bientôt réduite en cailloux et emportée. Dans le Vivarais nous aurons occasion d'étudier cette opération marchant d'une façon très-sensible, et de telle manière qu'elle vous convainc parfaitement des résultats prodigieux qu'elle est capable d'effectuer dans un laps de temps assez peu considérable.

La plupart du temps, comme auprès de Chaspinhac, de Saint-Geneys, de Couron, d'Allègre, etc., les cônes reposent immédiatement sur le granite. Celui qui avoisine cette dernière ville, et qui porte le nom de *Montagne de Bar*, possède à son sommet un cratère large et régulier, d'environ un mille de circonférence et de 150 pieds (50 mètres) de profondeur. Au fond de ce cratère est un espace aplati, de 700 pieds (225 mètres) de diamètre, qui était jadis occupé par un petit lac ou amas d'eau, mais est aujourd'hui desséché artificiellement à l'aide d'un canal creusé à travers la partie la moins élevée de la paroi circulaire qui l'entoure.

Les coulées de lave qui descendent de la principale chaîne de cônes vers l'Allier ont de même recouvert d'un épais revêtement de basalte la pente occidentale, et paraissent avoir occupé l'ancien lit de la rivière à peu près dans la totalité de son trajet de Langogne à Vieille-Brioude. La chaîne primitive de la Margeride, cependant, qui s'élève immédiatement le long du bord ouest de l'Allier, a forcé la rivière à s'élever sur le basalte qui l'avait chassée de son lit, et à travers lequel, aussi bien que dans le granite sous-jacent, elle s'en est creusé un nouveau. De cette façon ont été mises à nu un grand nombre de colonnades basaltiques des plus magnifiques qui encaissent le lit de l'Allier, et donnent à ses rives un caractère sombre et sévère, à Chillac, Saint-Arcons, Monistrol, etc. Ces colonnades reposent en général sur un lit de cailloux roulés, à 100 ou 150 pieds (30 ou 50 mètres) au-dessus de la rivière actuelle, et on peut les suivre vers l'est, sans interruptions, jusqu'aux cônes volcaniques qui occupent les flancs ou le sommet de la chaîne qui les domine.

Le basalte, qui tire son origine de cette rangée de bouches volcaniques, prend, sur différents points, une structure prismatique très-régulière, ou bien une structure tabulaire, ou encore concrétionnée sphéroïdale. De plus, il se sépare souvent en petits fragments anguleux, variant de la grosseur d'une noix à celle d'un grain de millet, avec une telle facilité que les chemins en sont jonchés jusqu'à la profondeur de quelques pouces, et que le pied s'enfonce fréquemment dans des roches de cette nature comme dans du sable amoncelé. La roche varie d'un point à un autre dans ses caractères minéralogiques. Parmi les variétés remarquables, j'en ai noté une qui offre de larges cellules sphériques, et dont la texture est très-cristalline, les cristaux entrelacés étant du felspath, de l'augite et de l'olivine translucide d'un jaune clair. Elle se trouve aux alentours de La Roche, sur la route du Puy à Saint-Privat. Une autre variété, près de Saint-Georges-d'Aurat, dense, dure, ferrugineuse, renferme des cavités oblongues encore plus grandes, souvent tapissées intérieurement par de la fiorite.

On rencontre en outre, comme dans les monts Dôme et au Mont-Dore, un petit nombre de lacs qui occupent des bassins larges, profonds et presque circulaires qui sont, selon toute apparence, le résultat de quelques violentes explosions volcaniques. Néanmoins, ils diffèrent des cratères ordinaires, non-seulement par des dimensions plus grandes, mais encore par la nature et la disposition de leurs parois, qui sont ordinairement

formées de roches primaires, ou, plus généralement parlant,
de roches préexistantes, plus ou moins parsemées seulement de
scories et de pouzzolanes, et qui s'élèvent peu, sinon point du
tout, au-dessus de la surface du pays environnant. Tels sont les
lacs du Bouchet, de Limandre, d'Issarles, de Saint-Front,
ainsi qu'une vaste et remarquable cavité, actuellement à sec,
dans laquelle la rivière de Fontaulier prend sa source, et qui
est traversée par la route d'Usclades à Montpézat. Un petit
cône parasite s'élève au fond de ce dernier cratère. Je n'ai pas
besoin de répéter ici les observations que j'ai faites sur la modification particulière des phénomènes volcaniques à laquelle
est évidemment due la formation de cette variété de cratère,
car j'y ai suffisamment insisté lorsque j'ai décrit le Gour de
Tazanat.

Entre Pradelles et Aubenas, le nombre des cônes va en diminuant. Ils s'élèvent çà et là, à travers la vaste forêt de Bau-
zon, et apparaissent au-dessus de l'escarpement qui termine le
plateau du Haut-Vivarais.

Mais les restes volcaniques de beaucoup les plus remarquables et les plus intéressants de la zône que nous étudions, et
peut-être de toute la France, sont ceux qui se rencontrent sur
les déclivités rapides qui rattachent cet escarpement à la grande
vallée méridionale, c'est-à-dire, aux plaines du Bas-Vivarais
et du Languedoc.

J'ai déjà indiqué le plateau primaire comme coupé brusquement de ce côté. Ses pentes escarpées sont sillonnées par des
gorges montagneuses profondes où viennent fréquemment
s'ouvrir les vallées transversales en forme d'auge de la formation houillère. Vue d'en bas, cette face du grand plateau apparaît comme un rideau de précipices divisés par des enfoncements profonds en courts promontoires, escarpés et massifs, où
se déploient dans toute leur magnificence les scènes sauvages
et merveilleuses particulières aux montagnes granitiques (1).

(1) Il serait peut-être difficile de rencontrer dans quelque autre chaîne de
montagne des scènes offrant un mélange aussi heureux de beauté et de magni-

a Cône volcanique d[e] la Croserne de Montpezat.
b Hauteurs granitiques du Haut Vivarais.

Château de Pourcheïrol, sur un plateau basaltique.

c,c Ancienne cime volcanique écroulée de
[...] géologiques.
Confluent des rivières Fontaulier et Pourseille.

VALLÉE DE MONTPEZAT (ARDÈCHE).

C'est donc un contraste aussi frappant qu'inattendu que celui qui est présenté par quelques cônes volcaniques isolés et réguliers, perchés çà et là sur les crêtes rocheuses de ces ramifications granitiques. Il n'est pas moins surprenant de trouver les gorges qui séparent ces crêtes presque comblées sur un certain espace par d'énormes couches de basalte columnaire à surface supérieure horizontale, comme nous étions accoutumés à en voir jusqu'à présent qu'au sommet seulement de collines élevées.

Ces phénomènes d'un caractère si remarquable se rapportent à six points différents d'éruption, désignés par les six beaux cônes volcaniques de Montpézat, de Burzet, de Thueyts, de Jaujac, de Souillols et d'Ayzac.

1. Le premier de ces volcans, appelé par les paysans *la Gravenne de Montpézat*, à cause de la pouzzolane ou *gravier* dont il est composé presqu'entièrement, est un très-grand cône placé sur une crête granitique qui sépare la rivière de Fontaulier de celle de l'Ardèche. Il possède un cratère très-régulier en forme de coupe, doucement incliné vers le nord. Dans cette direction, la lave s'est précipitée par-dessus son bord le plus bas dans le bassin de Montpézat, qu'elle a entièrement rempli jusqu'à la hauteur de 150 pieds (50 mètres) en moyenne, et sur une largeur d'à peu près un demi-mille (800 mètres). De là, elle descend la vallée jusqu'au confluent des cours d'eau de Fontaulier et de Burzet, où elle paraît, soit s'être arrêtée, le volcan étant épuisé, soit s'être mêlée avec une coulée semblable qui atteint le même point et vient d'au-dessus le village de Burzet. La masse de lave ainsi déposée, aussi bien que le granite sous-jacent, ont été depuis entamés,

licence que dans quelques-unes des vallées du Bas-Vivarais, si peu visitées par les amateurs du pittoresque. La riche verdure des forêts de châtaignier, rehaussée par une atmosphère à la fois douce et brillante, est bien autrement favorable à la peinture que la couleur froide et transparente des Alpes et des Pyrénées, avec leurs forêts de sapins et leurs cascades. Le profil des masses n'est guère inférieur en grandeur à celui de ces grandes chaînes. Le paysage est tout à fait celui des Apennins, mais avec un luxe de végétation que ne peuvent offrir les grandes chaînes calcaires.

sur une épaisseur variant de 100 à 200 pieds (35 à 70 mètres), par l'action puissante des cours d'eau dont elle avait
usurpé le lit. On pourra juger imparfaitement de sa disposition
actuelle, et des superbes colonnades mises au jour par suite de
cette excavation, à l'aide de l'esquisse jointe à l'ouvrage et qui
est prise à la jonction des torrents de Fontaulier et de Pourseille, à un mille environ au-dessous de Montpézat. De semblables colonnades s'étendent tout du long jusqu'à sa terminaison à Aulière où elles sont encore plus symétriques, beaucoup de prismes étant droits, verticaux et d'une seule pièce
depuis le sommet de l'escarpement jusqu'à sa base. La gravure qu'a publiée Faujas, quoique d'une exécution fautive,
donne une idée suffisamment exacte de la régularité tout architecturale de cet escarpement. On peut observer sur beaucoup
de points le basalte reposant sur le granite avec l'intermédiaire
d'un lit de cailloux roulés. La surface supérieure est hérissée
de projections rocheuses et scoriacées, qui cependant se résol-
vent par la décomposition en un sol fertile fournissant à la nourriture de forêts très-productives de châtaigniers.

Un peu au-dessus de Montpézat, perché précisément au-
dessous du bord du plateau primitif, il existe un autre cône
de pouzzolanes et de scories qu'on aperçoit aussi dans la gravure, et qui paraît n'avoir donné naissance à aucune coulée
de lave.

2. Volcan de Burzet. — Une nappe de basalte occupe le
fond de la vallée de Burzet, et en suit toutes les sinuosités jusqu'au point où elle s'ouvre dans la vallée de l'Ardèche, à une
distance de huit milles (12 kil.). Elle provient d'un point éruptif
considérable situé au-dessus du village de Burzet, et à peu près à
la même hauteur que le dernier cône que nous venons de mentionner. Elle est surtout remarquable en ce qu'elle empâte de
nombreuses masses nodulaires d'olivine d'un vert brillant, souvent presqu'aussi grosses que le poing. Elle est en outre très-
régulièrement prismatique, et j'ai remarqué qu'il n'est pas rare
que la fissure qui sépare deux prismes voisins traverse un des
gros nœuds empâtés d'olivine, laissant une portion de cha-

que côté. Ce fait tend à prouver que la structure divisionnaire prismatique avait pour cause une *puissante force de contraction*, et, en outre, qu'elle n'est pas apparue avant que la lave se fût solidifiée jusqu'à un certain point, et que, par suite, l'olivine adhérât assez fermement à la substance cristalline du basalte pour se séparer le long de la ligne de fissure, même lorsque cela divise les nœuds en deux, plutôt que de quitter sa matrice (1).

Dans ses dispositions, ou, pour parler plus justement, dans son aspect, cette nappe basaltique diffère de la dernière que nous venons de décrire, en ce que la rivière, au lieu d'avoir creusé un lit profond à travers sa masse, et d'en avoir conséquemment découvert de chaque côté des sections verticales, coule en général sur sa surface, dont elle a entraîné les parties supérieures amorphes, et découvert ainsi une section horizontale dans laquelle les extrémités polygonales des prismes forment, par leur réunion, une sorte de pavé, appelé par les habitants du pays, comme par nous dans le nord de l'Irlande : *Pavés des Géants* ou *Chaussées des Géants* ; pavé qui ressemble assez à celui des routes romaines en Italie, mais qui est disposé sur un plan plus soigné et plus élégant.

Comme dans tout le Bas-Vivarais, les prismes sont généralement à six pans, souvent à cinq ; ceux à quatre faces sont peu fréquents, et ceux à sept sont encore plus rares. Je n'en ai point rencontré qui en ait huit ou neuf, et de ceux à trois côtés, que seulement interposés entre des prismes plus larges à la manière de coins pyramidaux. Ces prismes sont habituellement d'un petit diamètre, car ils ne dépassent pas dix ou, au plus, douze pouces (25 ou 30 centimètres). Ils sont quelquefois divisés par des joints fréquents, tandis que d'autres fois ils atteignent une longueur de soixante pieds (20 mètres) sans aucune division. Il est un fait qui me frappe comme une coïnci-

(1) En face d'un tel fait, il est difficile de nier la réalité de la *contraction*, ou de prétendre que la structure prismatique est due à la « *pression* mutuelle de concrétions sphériques. » — *Voyez* Scrope, *On Volcanos*, p. 155 et *seq.*

dence remarquable et qui n'est peut-être pas fortuite, c'est que, tandis que la lave basaltique de Burzet est criblée de nœuds d'olivine, le granite du sein duquel elle a coulé si abondamment, contient une égale proportion de nodules de même forme et de même volume, constitués par de la pinite granulaire avec du quarz et du mica disséminés ; ce caractère prédominant seulement dans une certaine région voisine de l'emplacement de la bouche éruptive. Si les laves basaltiques dérivent du granite fondu et cristallisé de nouveau, ne pourrions-nous pas soupçonner que les nœuds de pinite ont été convertis en olivine pendant l'opération ?

3. Volcan de Thueyts. — A l'est du village de Thueyts est un cône volcanique qui se rattache à celui de Montpézat par l'intermédiaire d'une petite partie de la crête primaire sur laquelle ont éclaté les deux éruptions qui leur ont donné naissance, et qui sont probablement synchroniques. Ce cône, bien moins considérable que celui de Montpézat, n'a pas de cratère régulier ; mais il a vomi une volumineuse coulée de lave dans le lit de l'Ardèche. Thueyts est bâti sur sa surface qui est cellulaire et scoriacée. La rivière s'est creusé un nouveau lit entre les escarpements qui bordent le plateau qu'elle forme et le granite de sa rive méridionale, et a mis à découvert une majestueuse colonnade basaltique de plus de cent cinquante pieds de haut, et qui s'étend presque sans interruption pendant un mille et demi (2500 mètres) le long de la vallée.

4. Volcan de Jaujac. — Le cône de Jaujac, désigné sous le nom de *Coupe de Jaujac* à cause de son cratère en forme de coupe, offre cela de particulier qu'il surgit de la formation houillère qui occupe le fond d'une longue vallée transversale, entre deux chaînes élevées de granite et de gneiss, et paraît ainsi appuyer l'opinion actuellement repoussée, que les feux volcaniques sont alimentés par d'immenses couches de charbon. Néanmoins les fragments de roches primitives qu'on trouve fréquemment enveloppés par ses scories et son basalte démontrent suffisamment, s'il était besoin de preuves, que le point d'origine des matières éruptives est situé, pour le

moins, au-dessous des grès qui enveloppent les lits de houille.

Le cratère est très-grand et très-régulier, mais il est ébréché vers le nord. Sa figure est elliptique, l'axe le plus long étant dans la direction du nord au sud. Ses pentes, aussi bien que celles du cône, sont couvertes d'une épaisse forêt de châtaigniers; et il est digne de remarque que, là comme ailleurs, ceux de ces arbres qui poussent sur le sol volcanique sont plus vigoureux que ceux qui viennent sur le sol primitif des environs. La terre qui résulte de la pulvérisation et de la décomposition du basalte moderne semble être particulièrement favorable à la végétation du châtaignier. Ceux de la région boisée de l'Etna sont un exemple bien connu d'une vigueur prodigieuse de végétation. Au pied du cône jaillit une source minérale très-chargée de gaz acide carbonique. A partir de la brèche septentrionale du cratère, on peut suivre une vaste coulée de basalte qui occupe le fond de la vallée de l'Alignon, le long de laquelle elle descend jusqu'à une distance de deux à trois milles (3200 à 4800 mètres). Le village de Jaujac est bâti sur cette nappe basaltique, au bord d'un précipice vertical qui s'étend jusqu'à l'extrémité de la coulée, et présente partout une colonnade d'une beauté presqu'unique, d'environ 150 pieds (50 mètres) de haut.

La rivière a creusé son lit entre la lave et le granite de sa rive occidentale, mais, sur l'autre côté, la coulée de basalte, qui est d'une grande largeur, s'applique étroitement à la chaîne de roches primaires opposée dont les débris, qui ont formé en s'accumulant à leur base une pente cultivée, ont recouvert la ligne de jonction. La lave de la coupe de Jaujac s'arrête avant d'atteindre l'Ardèche, ou bien, ce qui est plus probable, se confond avec celle d'un autre cône du voisinage, le volcan de Souillols.

5. LA GRAVENNE DE SOUILLOLS. — Ce volcan a déchargé sa lave dans le lit de l'Alignon à peu près à 300 yards (300 m.) au-dessus de la jonction de cette rivière avec l'Ardèche. Un large et massif plateau de basalte qui fut ainsi formé, après avoir pénétré dans la vallée de la Baume, se prolonge jusqu'à quelque

distance au-dessus de Niaigles, bordant la rive sud de l'Ardèche par une muraille escarpée et hardie qu'on peut voir reposer sur une couche de cailloux roulés, l'ancien lit de la rivière.

La surface de cette ligne d'escarpement, aussi bien que celle de la coulée de Jaujac, offre deux parties distinctes ou étages séparés par une ligne droite bien définie, en général parallèle aux deux surfaces. L'étage supérieur consiste en petits prismes irréguliers et entrelacés, l'étage inférieur, qui comprend presque toujours à peu près un tiers de la hauteur totale, est formé de grandes colonnes, régulières et verticales, qui semblent avoir été posées comme un support artificiel pour soutenir l'énorme entablement qui repose au-dessus. Quand on examine attentivement, on voit les colonnes régulières inférieures procéder si immédiatement de la masse supérieure relativement amorphe, qu'il est évident que le tout a coulé à la fois, et qu'on ne peut regarder les deux portions de la masse comme des nappes ou des coulées différentes. Cette singulière différence de structure peut s'expliquer, je pense, en admettant que la partie supérieure s'est consolidée par suite de son exposition à l'air, alors que la partie inférieure était encore en mouvement et coulait par-dessous dans le lit de la rivière. Lorsque l'émission de la lave par la bouche volcanique vint à cesser, cette dernière masse se refroidit avec une lenteur extrême, et se consolida régulièrement et tranquillement, de façon à faciliter la formation d'axes de contraction rectiligne et verticaux, et la production de concrétions prismatiques hexaédriques parfaitement régulières, perpendiculaires, comme à l'ordinaire, aux surfaces de refroidissement (1). Une vue d'une partie de cette escarpement près du Pont de Baume, gravée dans l'ouvrage de Faujas, en tenant compte de l'exagération dans les dimensions et de son exécution défectueuse, donne une idée assez exacte de la disposition des prismes.

C'est en cet endroit que le cours d'eau qui vient de Burzet

(1) Voyez *Considerations on Volcanos*, p. 156.

et de Montpézat se jette dans l'Ardèche ; de telle sorte qu'il n'est pas impossible, si nous supposons que leurs éruptions ont eu lieu en même temps, que les cinq coulées que nous avons décrites, descendant de plusieurs points différents, se sont jadis réunies en cet endroit, exactement comme cela a encore lieu pour les rivières dont elles ont occupé les lits. Dans le lit de l'Ardèche, et à une certaine distance au-dessous de ce point, on aperçoit en été, quand le courant est très-bas, une grande quantité d'articulations de prismes basaltiques, dans lesquels un observateur attentif reconnaît les caractères minéralogiques des différentes coulées des vallées tributaires. Si vous suivez le cours de la rivière, ces prismes deviennent de moins en moins nombreux et de plus en plus usés par l'eau, jusqu'à ce qu'à la distance d'un ou deux milles (1500 ou 3000 mètres) ils soient presque réduits à des blocs arrondis, et à peu près semblables aux autres cailloux roulés qui couvrent les parties à sec du lit de la rivière. Ces blocs roulés basaltiques continuent à diminuer de grosseur à mesure qu'on descend, et à Aubenas on en trouve peu qui soient de la grosseur de la tête ; au delà ils sont réduits à de simples cailloux, et deviennent sans doute encore moindres avant que l'Ardèche les entraîne avec elle dans le Rhône. Cette observation montre clairement par quelle opération ont disparu le basalte et le granite qui remplissaient jadis ces vallées. Une crue d'hiver sape en dessous et détache un prisme de basalte d'un des escarpements columnaires. La crue suivante le déplace de quelques pouces ; ou bien, si sa forme et sa position lui permettent d'avancer en roulant sans trop de difficulté, le déplacement est de quelques pieds. Cette opération se répète annuellement, et dans l'intervalle, même lorsqu'il reste stationnaire, le prisme est exposé au frottement considérable de tous les blocs moindres et de tous les cailloux qui sont roulés sur lui par la force ordinaire aussi bien que par la force accidentelle du courant. Par la continuité de ce procédé, il est tout à la fois transporté plus loin, diminué de grosseur, et réduit à une forme à peu près globulaire, la plus favorable pour son transport, en suite de quoi la rapidité de son voyage le long du cours de la rivière est progressivement accélérée, jusqu'à ce que, réduit en gravier ou en sable, il est tenu en suspension et transporté plus ou moins rapidement dans l'océan.

Au pied du cône de Souillols, près du hameau de Neyrac, sort une source fortement chargée, comme celle de Jaujac, de gaz acide carbonique ; et du fond d'une petite cavité voisine ce gaz se dégage en telle abondance que les phénomènes de la *Grotte du Chien* s'y reproduisent exactement, et que des chiens ou des oiseaux peuvent être asphyxiés puis ranimés à volonté.

6. VOLCAN D'AYZAC. — Le dernier des cônes dont nous avons fait mention, connu sous le nom de la *Coupe d'Ayzac*, s'élève sur la crête d'un des contreforts granitiques qui se projettent en avant du rapide escarpement du Haut-Vivarais. Il possède un magnifique cratère, légèrement échancré vers le nord-est: et on voit descendre le long du flanc de la montagne, à partir de la brèche, une coulée de basalte qui tournant au nord-est pénètre dans la vallée de la rivière du Volant, qui l'a subséquemment entièrement coupée en travers et a découvert trois étages distincts. Le plus inférieur de ces étages est très-régulièrement prismatique, celui du milieu l'est moins, et l'étage supérieur est presque amorphe, cellulaire, et offre une surface rugueuse et scoriacée. Cette coulée, qui paraît avoir occupé primitivement tout le fond de la gorge sur une étendue d'environ quatre milles (6 kilomètres), à peu près depuis le village d'Entraigues jusqu'à celui de Vals où le Volant se jette dans l'Ardèche, a été rongée et entraînée sur plusieurs points par la violence du torrent. Ses restes sont appliqués en masses énormes aux rochers granitiques qui sont de chaque côté, spécialement dans les angles rentrants de la vallée, quelquefois bordant la rivière pendant un assez long trajet, et atteignant à la hauteur de 160 pieds (50 mètres) au-dessus d'elle. La partie inférieure de cette nappe est très-régulièrement columnaire, la supérieure est plus obscurément prismatique ; cette dernière a été en partie détruite, et laisse à nu un pavage ou chaussée formée par l'assemblage de prismes verticaux et pres-

que géométriques, ajustés les uns aux autres avec la plus parfaite symétric. Les prismes sont, comme à l'ordinaire, toujours
perpendiculaires aux surfaces qui les encaissent, par lesquelles
la chaleur s'est échappée.

Tels sont les restes volcaniques si grandement intéressants
du Bas-Vivarais ; restes qui forment évidemment la continuation de la ligne d'éruptions modernes que nous avons décrite
dans la région élevée située au-dessus.

L'extrême fraîcheur de leurs scories et la régularité générale de leurs cratères sembleraient indiquer qu'ils sont de date
plus récente que les autres ; mais cet état de plus grande conservation peut être en partie attribué à leur moindre élévation
et à leur position plus abritée ; et les dénudations considérables
qui ont été accomplies par la force érosive des torrents de montagne , le long des vallées tributaires de l'Ardèche depuis leur
invasion par les coulées basaltiques , ces dénudations démontrent que leur origine , quoique récente relativement aux nappes
de même nature qui entourent le Mézenc , doit remonter à une
époque réellement très-reculée. Je ne pense pas qu'on ait observé sous ces lits de lave aucun débris organique , qui aurait
pu jeter quelque lumière sur l'âge géologique auquel on les
doit rapporter.

Il y a un point, dans le voisinage immédiat d'Aubenas, où une
éruption volcanique paraît s'être fait jour en dedans de la formation secondaire, quoique très-près de ses limites. La colline sur
laquelle est bâtie cette ville est formée par des couches qui plongent vers le sud sous un angle de 10°. A moins de cent yards
(100 mètres) des murs de la ville, et à une distance à peine
égale du grès sur lequel elles reposent , ces couches calcaires
sont brusquement coupées par un énorme dyke vertical de basalte qui se projette jusqu'à cent pieds environ (35 mètres)
au-dessus du sommet de la colline, et qu'on peut suivre dans
la vallée de l'Ardèche , se dirigeant du côté de l'est. A la partie
inférieure de la colline le dyke mesure de 12 à 20 pieds (4 à
6 mètres) entre ses deux faces; plus haut son épaisseur s'accroît , et au sommet il est large de 90 pieds. A partir de cet

endroit il tourne subitement vers le nord, s'infléchit de nouveau vers le nord-est, et on peut encore le suivre sur le même flanc de la colline à cent yards (100 mètres) environ de son autre branche; il entoure ainsi une portion considérable de couches calcaires qui conservent leur parallélisme et leur inclinaison générale. Cette deuxième branche du dyke a disloqué et fracassé les calcaires dans une étendue de 40 ou 50 yards (40 ou 50 mètres), en enveloppant des blocs et des fragments de toute dimension, avec lesquels il forme un mélange confus qui offre l'aspect d'une brèche calcaire incohérente traversée ou cimentée par des filons de basalte. On observe en outre deux filons plus petits qui coupent perpendiculairement les couches calcaires non dérangées, renfermées entre les deux branches du dyke principal. L'un est épais de 15 pouces (53 centimètres) et l'autre de 10 (25 centimètres).

Le basalte lui-même est de couleur gris-foncé, compacte, à grain fin, pesant et dur. Sa cassure passe jusqu'à un certain point à la cassure conchoïde, et il se sépare en pièces incurvées et anguleuses. Il renferme de nombreux et volumineux cristaux d'augite d'un noir tirant sur le vert, et de l'olivine d'un vert clair. Il est presque entièrement pénétré d'infiltrations calcaires qui tapissent toutes les cavités des portions cellulaires avec du spath calcaire d'un blanc de neige, et qu'on retrouve même dans l'intérieur de quelques-uns des cristaux d'augite. En outre de petits fragments de calcaire sont enveloppés par le basalte auquel ils adhèrent fortement, les deux substances paraissant s'être soudées ensemble par un mélange intime quoique partiel. Quelquefois le fragment de calcaire enveloppé est complétement durci, d'un gris foncé, d'une texture granulaire ou cristalline, d'un aspect siliceux ou opalin (*cherty*); dans quelques cas, au contraire, il est blanc, terreux, et fait une vive effervescence avec les acides; tandis que d'autres fois les particules basaltiques et calcaires semblent s'être unies puis séparées de nouveau, les dernières en petits grains ou en fragments qui ressemblent à de la porcelaine blanche empâtés dans une base basaltique d'un gris foncé. Les grosses masses de calcaire en contact avec les filons ne montrent que peu ou point de marque d'altération.

Tout dans l'aspect de ce dyke et des ramifications qui en dépendent annonce qu'il a été injecté de force de bas en haut à travers les couches calcaires ; mais il est difficile de conjecturer à quelle époque, et aussi s'il est en connexion par quelque voie souterraine avec les points éruptifs que nous avons décrits dans le voisinage.

C'est là l'exemple le plus méridional d'une formation volcanique se rattachant au massif montagneux primaire du centre de la France. L'espace qui s'étend de là jusqu'aux environs de Béziers, d'Agde et de Pézenas, ou bien d'Aix et de Toulon, tous points sur lesquels on trouve aussi des restes volcaniques, en est totalement exempt ; et il semble très-raisonnable de conclure que la masse énorme de couches secondaires qui, vers le sud à partir de cet endroit, recouvre le granite fondamental, et par suite le foyer de toute force volcanique, en a arrêté et contenu le développement ultérieur.

CHAPITRE IX.

Conclusions.

———◦———

Si maintenant nous nous retournons pour jeter un coup d'œil
général sur l'ensemble de l'intéressante région dont nous venons de décrire dans les pages précédentes chaque formation
particulière, quelques-uns de ses traits les plus saillants nous
suggèrent des considérations qui sont loin d'être d'une médiocre
importance géologique.

1. Nous remarquerons en premier lieu la situation particulière du grand massif de roches primaires ou plutoniques, perçant, comme une vaste protubérance, à travers les strates secondaires dont il est entouré de toute part, et qui paraît avoir
formé une île au milieu de l'Océan depuis le commencement de
la période secondaire, sans avoir jamais été depuis lors couvert
par les eaux de la mer.

2. Il est digne de remarque, en effet, qu'on ne rencontre
aucun dépôt marin postérieur au système jurassique en dedans
des limites de cette région élevée, ni qui en soit plus proche,
que les petites collines crayeuses de la Champagne et de la
Touraine vers le nord, et le bassin encore moins élevé du Languedoc vers le sud ; tandis que, au lieu de cela, une formation
très-puissante, calcaire et en partie arénacée, sédiment accumulé d'un ou de plusieurs grands lacs d'eau douce, occupe les
principales dépressions du plateau primitif, et se prolonge de
là vers le nord jusqu'à Moulins ainsi qu'à Nevers.

3. Comme nous avons décrit trois au moins de ces dépôts
de calcaire lacustre dans la contrée montagneuse à laquelle

nous avons borné nos observations, il vient naturellement à l'esprit de se demander d'où peuvent provenir de si énormes accumulations de carbonate de chaux. On rencontre communément d'autres exemples de formations analogues dans des cavités dont les parois sont formées par la craie ou le calcaire secondaire. Les formations calcaires de l'Auvergne, du Cantal, de la Haute-Loire et de Montbrison sont entièrement encaissées dans des roches granitiques. Cette circonstance s'oppose absolument à ce que nous puissions supposer que le carbonate de chaux procède des détritus d'autres couches calcaires; et par conséquent nous ne pouvons voir son origine que dans les sources calcarifères de Saint-Alyre, de Saint-Nectaire, de Rambaud, de Chalusset, et bien d'autres de même nature qui, nous pouvons difficilement en douter, ont dû être plus productrices (1) alors que les forces souterraines de cette région étaient en grande activité. Une grande partie de la chaux émise par de telles sources, lorsqu'elles sourdaient au-dessous du niveau des lacs, fut d'abord probablement absorbée par les chara et autres plantes aquatiques qui croissaient au fond de leurs lits (on en rencontre encore de nombreuses empreintes), et de là transportée comme aliment dans la substance d'innombrables mollusques qui ont donné naissance, par l'accumulation graduelle de leurs coquilles, aux couches marneuses de ces bassins lacustres. Pendant ce temps, là où les sources produisaient la matière calcaire en grande abondance ou bien à l'air libre, sa précipitation forma des couches de calcaire demi-cristallin plus ou moins compacte ou de travertin. Ce qui confirme fortement cette manière de voir, c'est le mélange avec la chaux à la fois de matière siliceuse, qu'on sait être fréquemment déposée par les sources thermales dans les contrées volcaniques, et de gypse. Comme nous avons montré qu'une suite d'éruptions s'est manifestée pendant que se déposaient les strates calcaires

---

(1) Non seulement les sources calcarifères étaient plus productrices et plus abondantes, mais encore elles étaient beaucoup plus nombreuses comme le démontrent de nombreux indices géologiques. — (*Note du traducteur.*)

de la Limagne et du Cantal, sinon celles de la Haute-Loire ; si de l'hydrogène sulfuré était dégagé, ainsi que cela a lieu ordinairement pendant de tels phénomènes, à travers les lits marneux à l'état de mollesse au fond de ces lacs, l'acide sulfurique se combinant avec la chaux a dû nécessairement produire ce dernier minéral, dont une partie peut avoir été précipitée sur place, tandis que le restant, transporté par l'eau dans les bassins inférieurs, a pu y être déposé en dernier ressort (gypse de Paris?). La forte odeur d'hydrogène sulfureux qui s'échappe du calcaire marneux du Puy semble prouver positivement que ce gaz était produit pendant la période à laquelle il se déposait.

En effet, les formations calcaires d'eau douce du centre de la France ne diffèrent qu'à ce seul égard (c'est-à-dire par la présence du gypse et de la silice, qu'expliquent les sources thermales volcaniques) des dépôts de marne coquillière du lac Bakie et d'autres lacs de l'Ecosse qui ont été décrits par sir C. Lyell. Dans les uns comme dans les autres on trouve des Lymnées, des Planorbes, des Hélices, une espèce de Cypris, des restes de Chara et des Gyrogonites. Dans les uns et les autres des strates marneuses où toute trace de coquille a disparu, mais qui contiennent parfois des ossements de mammifères et d'oiseaux, alternent avec d'autres formées d'un travertin calcaire jaunâtre, souvent demi-cristallin, tubulaire, renfermant des restes de végétaux, d'insectes, etc., et avec des lits de sable. Les bassins des uns et des autres contiennent encore des sources chargées de carbonate de chaux, et ils ont cela de commun qu'ils sont voisins de roches trappéennes ou volcaniques (1).

4. Quant à ce qui est des roches d'origine volcanique, elles se distinguent d'une manière générale sous deux chefs. 1°. Pro-

(1) Je conserve ces observations telles qu'elles ont été imprimées dans la première édition de cet ouvrage (1826), quoique je n'ignore pas que de tels arguments ne soient familiers au plus grand nombre de mes lecteurs à cause du développement admirable et de la confirmation qu'elles ont depuis reçue dans les œuvres de mon ami sir Charles Lyell. Voyez son *Manuel*, traduct. Hugard, tome I, p. 312.

duits de trois grandes bouches *périodiques ;* le *Mont-Dore*, le *Cantal* et le *Mézenc*, qui paraissent avoir été en activité vers la même époque, et avoir été en éruption par intervalles et avec une énergie intense durant une période d'une durée considérable. 2°. Produits de simples *éruptions adventices* par un grand nombre d'ouvertures séparées, étroitement rangées le long d'une ligne qui n'était probablement qu'une grande fracture composée dans le granite superficiel : fracture qui s'étendait du nord-nord-ouest au sud-sud-ouest à travers toute la région élevée, et qui coïncide avec la direction générale de ses couches et par conséquent avec l'axe de soulèvement. Les deux classes de produits volcaniques montrent une composition minérale très-variée, depuis le trachyte felspathique poreux jusqu'au basalte augitique compacte. Toutes deux reposent indifféremment sur le granite et sur les strates d'eau douce, et même dans quelques cas on les voit alterner avec ces dernières, par exemple le trachyte du Cantal près d'Aurillac, et le basalte de Gergovia, du puy de Dallet, de Pont-du-Château, etc. Cette dernière circonstance prouve suffisamment que des éruptions ont eu lieu habituellement, et par les volcans principaux, et par la fissure longitudinale, pendant la période de déposition de la formation d'eau douce. Mais il n'est pas moins certain qu'une grande partie des laves basaltiques a fait éruption postérieurement au desséchement des lacs d'eau douce de la Limagne et de la Haute-Loire, puisqu'elles ont rempli les cavités et les vallées creusées dans leurs dépôts stratifiés.

Plusieurs géologues français ont tenté d'attribuer la production des roches volcaniques de la France centrale à deux ou trois périodes distinctes seulement, se fondant soit sur le caractère minéralogique spécial, soit sur leur superposition à certaines couches alluviales particulières. Il me semble, néanmoins, qu'on ne peut se fier à une classification chronologique établie sur de telles données. La classification la plus répandue peut-être est celle de M. Rozet (1) qui rapporte ces roches

(1) Bulletin XIV, p. 167.

volcaniques à trois époques distinctes, qu'il nomme : « *trachytique*, *basaltique* et *lavique* ». Mais il est hors de doute, par
suite des faits de superposition les plus directement évidents,
que beaucoup de basaltes ont été produits à une époque aussi
ancienne qu'une grande partie des trachytes ; et que, d'un
autre côté, beaucoup de trachytes, par exemple les puys domitiques, sont tellement associés avec les cônes les plus récents
de scories et à coulées de lave, qu'on doit les regarder comme
contemporains de ces derniers ; à quoi il faut ajouter qu'on voit
parfois les trachytes les mieux définis passer au phonolite, et
celui-ci à son tour au basalte (1). Quelques-unes des laves les
plus récentes des monts Dôme, telles que celle de la Nugère
ou de Volvic, sont presque entièrement formées de felspath,
et diffèrent peu, sinon point du tout, de plusieurs des coulées
de trachyte du Mont-Dore (2). En réalité, tout ce qu'on peut
dire sur ce sujet, c'est que, généralement parlant, l'éruption
du trachyte a précédé celle du basalte, mais qu'il y a eu indubitablement ici, sur quelques points, des émissions alternatives
des deux sortes de lave ; et ceci s'accorde avec ce qui a été observé dans les autres régions volcaniques où la règle générale
semble avoir été la production en premier lieu du trachyte,
quoique les exceptions soient fréquentes (3).

Pour ce qui est d'alléguer la superposition uniforme des
coulées de basalte aux alluvions contenant des cailloux roulés
de basalte comme déterminant une période particulière, ainsi
que le veut M. Pissis (4), il est parfaitement certain que c'est
un trait commun au basalte de tous les âges presque depuis le
plus ancien jusqu'au dernier produit ; et il n'en pouvait être
autrement, puisqu'un courant de lave a toujours dû couler dans
le lit des cours d'eau alors existants, lit qui devait généralement
contenir du gravier alluvial et des cailloux roulés, les débris

(1) Voyez un Mémoire de M. Raulin sur le Cantal. Bulletin XIV, p. 114.
(2) Voyez la note à la p. 142, *suprà*.
(3) En Islande de même qu'à Ténériffe des dômes et des coulées de trachyte
sont sortis à travers les nappes basaltiques les plus anciennes.
(4) Bulletin XIV, p. 240, etc., 1843.

des pentes voisines; en effet, on trouve de tels lits alluviaux au-dessous de coulées de lave que leur position, leur aspect, leur degré de décomposition et de dénudation, dénotent positivement être les unes parmi les plus anciennes et les autres parmi les plus récentes. Pour ces motifs, il ne faut admettre d'autre critérium de l'âge relatif des produits volcaniques que j'ai décrits que ceux qui dérivent des circonstances ci-dessus mentionnées; spécialement, et avant tout, leur position relativement au niveau, et la somme de la dégradation qu'eux ou les roches environnantes ont évidemment soufferte depuis qu'ils ont coulé à l'état de laves plus ou moins liquides sur les lieux qu'ils occupent aujourd'hui. De nouvelles observations à ce sujet seraient nécessaires.

5. Il est impossible d'observer les nombreux lambeaux de la formation d'eau douce, primitivement continue, qui s'élèvent au-dessus de la plaine de la Limagne en formant des plateaux allongés dans une direction transversale au cours de la rivière par où s'écoulent actuellement les eaux de la vallée-plaine principale, sans être convaincu qu'ils ont été préservés de la destruction qui a emporté le reste de la formation par leurs chapeaux de basalte, chapeaux qui ont naturellement protégé, en raison de leur solidité supérieure, les strates sous-jacentes contre l'action des pluies, des gelées et des autres agents météoriques, à laquelle étaient continuellement exposés les intervalles non recouverts de la plaine marneuse laissée par le dessèchement du lac. Un tel revêtement d'un autre côté, aurait fourni une protection très-insuffisante contre la force dénudatrice de quelque violent déluge ou débâcle générale, phénomènes auxquels quelques auteurs ont attribué le creusement des vallées qui séparent ces plateaux basaltiques. Et cela d'autant plus que la direction d'aucun de ces violents courants d'eau n'aurait coïncidé avec la direction générale de la vallée de la Limagne, qui est du sud au nord; attendu que les lambeaux allongés et les promontoires aplatis en question vont invariablement de l'est à l'ouest, conservant, comme on devait s'y attendre, la direction qui fut primitivement donnée par les

pentes latérales de la vallée aux courants de lave qui y ont coulé des hauteurs de l'un et de l'autre côté.

De plus, si la totalité de l'érosion effectuée dans la formation d'eau douce de la Limagne avait été produite *tout d'un coup*, par quelque débâcle accompagnant un mouvement élévatoire de la base granitique, ou l'éruption de quelques-uns des volcans, ou bien par quelque *déluge* ou autre *catastrophe violente*, il est clair que les restes des coulées de lave qui se sont épanchées dans le bassin lacustre *avant* cette époque devraient nécessairement se trouver à un seul niveau, ou à peu près, lequel correspondrait au niveau moyen du fond du bassin lacustre à cette époque ; tandis que, d'un autre côté, toutes les coulées de lave qui se seraient épanchées depuis la débâcle ou le déluge supposés devraient se rencontrer à un autre niveau presque uniforme, mais beaucoup inférieur, c'est-à-dire au niveau des parties les plus basses de la vallée excavée. Mais, comme nous l'avons vu, il n'existe aucune distinction marquée de cette sorte, on ne peut trouver *aucune ligne de démarcation* entre les couches de basalte qui se trouvent à des niveaux élevés et celles qui sont placées plus bas. On trouve ces basaltes à toutes les hauteurs, depuis 1500 pieds (500 mètres), pour les plus élevés, au-dessus du lit des cours d'eaux des vallées voisines ; et quelques-uns même, situés à des niveaux très-différents, sont placés topographiquement près l'un de l'autre.

Prenons, par exemple, les deux plateaux basaltiques voisins de Gergovia et de la Serre, et la coulée de basalte qui occupe le fond de l'étroite vallée qui les sépare, et qui provient de la bouche moderne indiquée par le puy Noir. Nous avons là trois longues bandes de basalte, que leur inclinaison graduelle dans le sens de la plus grande longueur ainsi que les restes positifs du cône de scories, dans deux cas au moins sinon dans les trois, démontrent avoir coulé à l'état liquide, à partir de bouches volcaniques ouvertes sur le plateau granitique, dans le bassin de la formation d'eau douce. Chacune de ces coulées a nécessairement occupé les niveaux les plus bas de ce bassin dans lequel elles pénètrent ; aussi est-il évident qu'à l'époque où la lave de

Gergovia a coulé là où elle gît encore, il ne pouvait y avoir aucune dépression plus profonde dans le voisinage immédiat. Par conséquent la dépression dans laquelle la lave de la Serre a coulé peut avoir été subséquemment creusée, attendu que cette dernière est partout, c'est-à-dire sur toute la ligne tirée perpendiculairement à travers les deux plateaux, à un niveau inférieur de 300 à 500 pieds (100 à 180 mètres) au basalte de Gergovia qui court parallèlement, à trois milles (4500 m.) au plus de distance. En outre, par suite du même raisonnement, il est évident que la vallée interposée de Chanonat, dont le fond est aujourd'hui occupé par une coulée encore plus récente de basalte, doit avoir été excavée depuis la production de la lave de la Serre qui la domine d'une hauteur de plus de 500 pieds (180 mètres). Il y a donc ici trois degrés distincts dans la marche de l'action érosive (on pourrait même dire *quatre*, puisque le ruisseau de la vallée de Chanonat a creusé un nouveau lit de vingt à cinquante pieds (6 à 16 mètres), en quelques endroits, au-dessous du substratum qui supporte la plus récente des trois coulées), tandis que, suivant la théorie diluvienne, toute l'opération aurait eu lieu d'un seul coup.

En outre, dans son aspect minéralogique, le basalte de ces différentes coulées apporte une preuve confirmative que leur âge relatif correspond à leur niveau relatif. Celui de Gergovia est compacte, en partie amygdaloïde, fortement atteint par la décomposition dans ses parties extérieures. Celui de la Serre a une apparence de fraîcheur beaucoup plus grande, quoiqu'il conserve encore les traits distinctifs des basaltes les plus anciens. Celui de la coulée inférieure de Chanonat a un aspect presque aussi moderne que plusieurs courants de l'Etna dont la date est connue. De plus, le cône et le cratère d'où procède ce dernier sont entiers et intacts. Le cône qui a donné naissance à la lave de la Serre a été fortement dégradé, les scories et les bombes, etc., les plus pesantes et les plus massives restant seules. La source du courant basaltique de Gergovia était probablement le puy de Berzé, qui conserve le caractère d'une

Pl. XVII.

COUPE DU MÉZENC, SE PROLONGEANT A TRAVERS LA FORMATION D'EAU DOUCE DU PUY; N.O. — S.E.

bouche éruptive, mais qui a été réduit encore plus à l'état de ruine véritable.

On pourrait, si cela était nécessaire, multiplier indéfiniment les exemples de cette espèce qui conduisent inévitablement à cette conclusion, que l'immense soustraction de matière qui a eu lieu dans la formation lacustre de la Limagne s'est effectuée, pour la plus grande partie, *graduellement* et *progressivement*, et a marché de concert avec l'envahissement accidentel de portions de cette vallée et de ses vallons tributaires par des laves qu'émettaient dans leurs paroxysmes éruptifs les volcans des hauteurs voisines. Est-il admissible seulement d'avoir recours à des conjectures vagues et hypothétiques, alors que nous ne pouvons concevoir aucune *force érosive, graduelle et progressive* autre que celles qui sont encore en travail partout où les pluies, les gelées, les torrents et la décomposition atmosphérique agissent sur la surface du globe? Nous devons donc rapporter à ces agents les effets en question, effets dont personne ne peut les déclarer incapables si on leur accorde un laps de temps indéfini.

Les coupes composées d'une partie de la Limagne qui sont jointes à notre ouvrage, où on a placé à leur hauteur respective les plus remarquables coulées de basaltes parmi celles qui sont descendues à différentes époques dans ce bassin lacustre, montreront combien ces restes volcaniques marquent pleinement par leur emplacement actuel la marche progressive de l'érosion, et présentent une échelle naturelle pour mesurer la durée de cette opération, une échelle si complète, que peu s'en faut qu'elle ne fasse connaître les intervalles de temps qui se sont écoulés entre les éruptions successives par lesquelles la chaîne des monts Dôme a donné naissance à ces coulées.

Les laves du Bas-Vivarais offrent des preuves incontestables du même fait. Nous y voyons une quantité de profondes et étroites vallées creusées dans les flancs d'une chaîne granitique escarpée, qui ont été occupées à une certaine époque, sur une longueur de plusieurs milles, par de la lave vomie à l'état liquide par les bouches volcaniques voisines; lave qui les a évidemment remplies sur une grande épaisseur, exactement comme du métal en fusion remplit le moule dans lequel il est coulé. Depuis cette époque les vallées ont été creusées de nouveau , en quelques points avec plus de largeur et de profondeur qu'elles n'en possédaient auparavant; le nouveau lit étant excavé quelquefois dans la lave basaltique , d'autres fois dans les flancs granitiques de la vallée originelle. Actuellement, si le creusement premier de ces vallées doit s'expliquer par l'hypothèse d'un déluge, à quoi attribuerons-nous la seconde opération? Ce ne sera pas , bien certainement, à un *deuxième déluge*, puisque l'état de conservation des cônes volcaniques, cônes qui consistent en cendres et en scories incohérentes dans lesquels le pied s'enfonce aujourd'hui jusqu'à la cheville, ôte toute possibilité de supposer qu'aucune grande vague ou débâcle ait balayé la contrée depuis la production de ces cônes. Le total de l'excavation qui s'est produite postérieurement à l'époque de ces éruptions *peut* donc avoir été effectué par les cours d'eau qui y coulent encore ; et comme ce total est très-considérable relativement à la dimension de l'excavation primitive , on ne peut trouver ici de motif raisonnable pour hésiter à attribuer le dernier creusement à la même action qui a effectué le premier ; il est seulement nécessaire d'assigner une longue durée à l'opération pour rendre raison de la différence dans la grandeur du résultat. Ceux qui, ayant devant les yeux la preuve que l'immense quantité de roche solide enlevée de ces vallées, depuis leur envahissement par la lave, a été entraînée par des causes naturelles telles que celles qui sont encore en action, recourrait néanmoins à une hypothèse vague et sans exemple pour expliquer le déplacement d'une quantité semblable, ou guère plus considérable, antérieurement à cette époque, agissent contre toutes les lois du raisonnement analogique, dont la stricte observation peut seule nous faire espérer d'obtenir quelques notions sur ces opérations du laboratoire de la nature dont nous n'avons pas été effectivement les témoins oculaires.

Le dictrict volcanique de la Haute-Loire présente un autre enchaînement de preuves également concluantes du même fait.

On ne peut douter que la vallée actuelle de la Loire et celles de ses affluents dans le bassin du Puy ont été creusées depuis l'épanchement des coulées de laves, dont les sections correspondantes bordent les rives opposées de ces cours d'eau par des colonnades de basalte, et qui constituent les plateaux qui les séparent. Cependant ces laves sont incontestablement contemporaines par leur origine des cônes de scories incohérentes qui s'élèvent çà et là au-dessus de leur surface, et qui auraient été nécessairement entraînés au loin par une irruption d'eau quelconque, générale et violente, sur cet espace de pays. Il est évidemment impossible qu'aucune inondation pareille ait eu lieu ; et nous sommes, en conséquence, forcés de conclure que la force érosive des cours d'eau qui coulent encore dans ces vallées, aussi bien que l'action directe des pluies, la gelée et les autres phénomènes météoriques, ont seuls creusé ce vaste système de profondes, et parfois, comme celle de la Loire elle-même, larges vallées (1).

(1) [Il n'est guère nécessaire de tenter une réfutation sérieuse d'une sorte de jeu de mot qui n'a été que trop souvent produit en place d'argument par les partisans de la théorie diluvienne ; c'est-à-dire que les rivières doivent leur origine à la préexistence des bassins dans lesquels elles coulent, et que par conséquent ceux-ci ne peuvent devoir leur formation aux rivières qui les traversent ! Il est clair qu'à aucune époque nul espace de la surface terrestre a pu être assez uniformément plat et de niveau pour que les eaux des pluies qui y tombaient n'aient pu se rassembler en cours d'eau par où elles s'écoulaient. La force érosive de ces cours d'eau a dû nécessairement creuser graduellement des lits d'une largeur et d'une profondeur proportionnée à la durée de l'opération, à leur importance et à leur rapidité, ainsi qu'à la nature plus ou moins destructible des roches sur lesquelles ils coulaient.

D'un autre côté, on ne peut douter que de grandes inégalités dans le niveau, des élévations et des dépressions de la surface du globe de toute grandeur, aient été occasionnées par d'autres causes, principalement par l'expansion souterraine. Les montagnes et les vallées, en d'autres termes, les bassins de nos mers, de nos lacs et de nos rivières, doivent indubitablement à des circonstances de cette nature leurs formes *originelles*. Les courants sous-marins et l'action destructrice des vagues contre les falaises du littoral ont creusé des dépressions dans les roches exposées à leur force érosive ; et les oscillations convulsives de l'Océan ou d'autres réservoirs d'eau, causées par le soulèvement soudain de vastes portions de la croûte terrestre, ont *pu* conséquemment envoyer des vagues répétées sur des parties de nos continents, vagues dont l'ef-

Le temps qu'il faut admettre pour que des effets de cette grandeur puissent être produits par des causes évidemment si lentes dans leur action est réellement immense ; mais il serait assurément absurde de faire valoir cela comme un argument contre l'adoption d'une explication si convaincante pour nous. Les périodes qui, dans notre étroite compréhension et comparées avec nos existences éphémères, paraissent d'une incommensurable durée, ne sont, selon toute probabilité, que des bagatelles dans le calendrier de la nature. C'est la géologie qui vous apprendra, plus que toutes les autres sciences, ce fait im-

fet a été d'ouvrir des communications entre des bassins distants les uns des autres, de créer des dénudations nouvelles et étendues, et d'accumuler de vastes couches de fragments de transport sur le trajet de ces furieux courants. Mais le passage de tels déluges destructeurs sur quelque contrée demande à être rigoureusement démontré et fortement appuyé par des faits. Il est rarement impossible de prouver que ces résultats ne peuvent avoir été occasionnés par la débâcle de bassins lacustres, ou d'autres moindres agents encore actifs, opérant pendant une période illimitée. Avant qu'on puisse faire aucun calcul exact de ce qui doit être attribué à des catastrophes extraordinaires, et de ce qu'on doit rapporter à ces forces dénudatrices moindres mais constantes, ainsi que de la totalité des changements qui ont été évidemment produits par l'action de l'eau en mouvement sur la surface de la terre, il est absolument nécessaire d'acquérir une connaissance des lois qui règlent la circulation de l'eau à la surface du globe et de ses effets sur cette surface qui soit beaucoup plus précise que celle que nous pouvons posséder présentement. Il n'est que trop vrai que le plus grand nombre des géologues s'est borné à rechercher par une sorte de travail conjectural l'origine des changements et le mode de production des masses minérales qu'ils rencontrent à la surface du globe, ignorant complétement, ou du moins négligeant tout à fait l'étude de ces procédés qui sont encore journellement employés par la nature pour créer les modifications actuelles, et pour produire de nouvelles masses minérales sur cette surface, procédés qui présentent, pour le moins, une analogie complète avec les phénomènes plus anciens et les formations antérieures qu'il est de la géologie d'expliquer.]

J'ai conservé ce passage dans la présente édition, quoique l'argumentation puisse sembler inutile dans l'état actuel plus avancé de la science géologique, et spécialement depuis la publication des remarquables *principes* de sir Ch. Lyell ; parce que ni mon éminent ami, ni l'ensemble des géologues, n'ont même encore, je pense, suffisamment écrit relativement à l'énorme quantité de dénudation ou d'excavation effectuée sur la terre émergée par la force érosive des eaux pluviales et fluviatiles, en d'autres termes, par *les averses et les rivières* (rain and rivers). L'histoire de ces phénomènes mériterait pourtant bien d'être faite, mais non par l'excentrique auteur d'un ouvrage sous ce titre.

portant quoique humiliant. Chaque pas que nous faisons en la poursuivant, nous force à porter nos regards vers une ancienneté presque sans limite. L'idée principale qui se présente dans toutes nos recherches et qui accompagne chaque nouvelle observation, le son qui, à l'oreille de celui qui étudie la nature, semble incessamment répété par chaque partie de ses œuvres est celui-ci :

Time ! Time ! Time ! (1)

Au moins, puisque par une heureuse rencontre des phénomènes ignés et aqueux, nous avons pu démontrer que les vallées qui coupent le district montagneux du centre de la France ont été, pour la plus grande partie, graduellement excavées par l'action des causes naturelles telles que celles qui sont encore en action, il nous est assurément imposé de réfléchir avant d'attribuer de pareilles excavations dans d'autres régions élevées, où, par suite de l'absence de volcans récents, une démonstration de cette nature manquerait, à l'occurrence de catastrophes sans exemple et sans preuves, d'une nature purement hypothétique.

Toutefois, bien que le témoignage de leur aspect plus ou moins dégradé et de leur position prouve que les roches volcaniques du centre de la France ont été en éruption à de nombreuses périodes différentes, et non à une, deux ou trois époques seulement, cependant il y a ici lieu de supposer que quelques-unes de ces périodes éruptives, plus ou moins prolongées, ont été d'une énergie extrême et paroxysmale. Ceci n'est que d'accord, du reste, avec les lois habituelles de l'action volcani-

---

(1) Le temps ! Le temps ! Le temps ! — Il est très-remarquable que tandis que les mots *éternel*, *éternité*, *à jamais*, sont constamment dans nos bouches et appliqués sans hésitation, nous éprouvons cependant une grande difficulté à embrasser un terme défini quelconque qui possède de vastes proportions relativement au cycle raccourci de nos courtes annales. Il est de nombreux esprits qui ne douteraient pas un seul instant que le Dieu de la nature a existé *de toute éternité*, et qui repousseraient cependant comme absurde l'idée de reculer d'un million d'années dans l'histoire de *ses œuvres*. Cependant que sont un million, et même un million de millions de révolutions solaires en regard de l'éternité ?

que. A la plus ancienne de ces périodes, nous pouvons attribuer la production des trois montagnes volcaniques principales : le Mont-Dore, le Cantal et le Mézenc. Elles semblent s'être allumées vers la fin du dépôt des strates lacustres miocènes. De même, plusieurs des nappes indépendantes de basalte qui surmontent les collines les plus élevées de cette formation appartiennent évidemment à une date tout-à-fait reculée, aussi bien que les hauteurs de pépérino calcaire qui se trouvent dans le milieu du bassin. La plus grande partie de la chaîne des puys des monts Dôme et de la Haute-Loire, spécialement ces derniers, peut être attribuée à une autre ère éruptive relativement récente, qui, d'après le témoignage des restes organiques qu'on trouve dans les alluvions sous-jacentes, peut se rapporter à l'époque pliocène. Pendant le long intervalle qui a séparé ces deux périodes, de nombreuses éruptions ont certainement eu lieu par des orifices ouverts sur les flancs des massifs volcaniques, aussi bien que le long de la zône orientale de la Limagne et du Forez ; éruptions dont on trouve les laves à des hauteurs variables au-dessus du lit des rivières actuelles, et qui, par suite, ne peuvent se rapporter à une seule époque. En outre, les laves et les cônes les plus récents des monts Dôme et du Bas-Vivarais ont manifestement éclaté à une époque encore plus récente, le Post-Pliocène ; probablement même depuis l'apparition de l'homme dans la contrée, quoique quelques espèces de gros mammifères, aujourd'hui éteintes, l'habitassent en même temps (1).

(1) Il existe une remarquable analogie sur tous les points entre les nombreuses roches volcaniques du centre de la France et celles du district de l'Asie-Mineure, appelé par Strabon « Κατακεκαυμενη », comme cela a été observé par MM. Hamilton et Strickland dans leur description de ce dernier district (*Geological transactions*, vol. VI, 1816). Ces restes volcaniques de l'Asie-Mineure, pareillement, paraissent avoir été en éruption à plusieurs périodes distinctes, à cause de la position occupée par les nappes de lave, relativement aux vallées adjacentes, creusées, comme en Auvergne, à travers le calcaire tertiaire d'eau douce ; les plus anciennes formant des plateaux élevés de 600 pieds (200 mètres) ou davantage au-dessus des lits de rivière actuels, les plus récentes occupant les lits de ces cours d'eau (souvent dénudées pourtant par ces derniers), tandis que d'autres occupent des positions intermédiaires entre ces deux extrêmes.

6. Une autre question très-intéressante se présente d'elle-même, savoir : Quelles étaient les limites originelles de chacun des bassins lacustres du centre de la France, et les niveaux auxquels se tenaient leurs eaux ?

Relativement aux bassins lacustres de la Loire supérieure (du Puy et de Montbrison), il y a peu de difficulté à résoudre la question, puisque les barrières granitiques subsistent. Barrières en dedans desquelles, si les étroits défilés qui forment les issues de ces bassins étaient comblés, les eaux superficielles s'élèveraient encore aujourd'hui jusqu'aux niveaux les plus élevés auxquels on trouve des couches sédimentaires. Tel n'est pas, néanmoins, le cas des bassins de la Limagne et du Cantal. Les couches tertiaires de la Limagne peuvent être suivies sans interruption depuis Brioude, vers le nord, jusqu'à Decize, près du confluent de la Loire et de l'Allier au sud, et le lac semble par conséquent continu. Mais dans le voisinage du dernier point, nous ne trouvons aucune hauteur granitique ou secondaire capable de retenir une masse d'eau dont la surface atteindrait 2,700 pieds (800 mètres), au-dessus de la mer, ce qui est l'élévation qu'atteignent quelques-unes des strates lacustres aux environs de Clermont et d'Issoire (1). Les collines les plus élevées qui soient actuellement vers la terminaison septentrionale de cette formation lacustre n'atteignent pas 1,000 pieds (330 mètres) (2). Il semble difficile de supposer qu'une épaisseur de 1,700 pieds (470 mètres) de roches ait été enlevée des petites collines situées au nord de Moulins depuis l'ère tertiaire ; et il est plus raisonnable d'imaginer que des changements ont eu lieu dans le niveau relatif, par lesquels les portions méridionales de la formation tertiaire ont pu être soulevées, ou les portions septentrionales abaissées.

M. Raulin pense qu'on peut suivre les traces de l'existence d'un axe transversal de soulèvement de l'est à l'ouest en tra-

(1) Au puy Girou, 2,700 pieds (800 mètres) ; au puy de Barnère, 2,780 pieds (856 mètres).

(2) Hauteur du signal télégraphique entre Nevers et Magny (argile d'Oxford), 960 pieds (520 mètres).

vers de la direction de la Limagne, sur le parallèle du Mont-Dore et du puy de Barnère, le point où les strates tertiaires atteignent à la plus grande élévation (1). M. Pissis (2) prétend que toute la formation d'eau douce a été soulevée depuis son dépôt de façon à acquérir une inclinaison générale de l'ouest à l'est et du sud au nord.

Il ne paraît pas nécessaire de se prononcer exclusivement pour l'une ou pour l'autre de ces hypothèses, qui peuvent toutes les deux s'accorder plus ou moins avec les faits. Quoique l'absence de strates secondaires dans l'étendue de la région granitique prouve qu'elle a formé une île dans l'ancien Océan où ces strates se sont déposées, il est très-possible qu'elle ait pu acquérir une élévation absolue considérable depuis la formation de ses couches tertiaires, et spécialement durant l'ère éruptive ; aussi bien, il serait invraisemblable que le centre de la France fût demeuré immobile pendant le soulèvement de la chaîne peu distante des Alpes et du bassin de la Suisse, depuis le fond de la mer jusqu'à une hauteur de 5,000 ou de 6,000 pieds (1,665 ou 2,000 mètres). Et, d'un autre côté, quand on connaît les alternances répétées de dépôts marins et d'eau douce du bassin de Paris dans lequel venaient se rendre les eaux calcarifères de la Limagne, il est impossible de révoquer en doute la possibilité d'un enfoncement accidentel le long de la ligne des collines qui interviennent entre le bassin de l'Allier et celui de Paris.

Toutefois, mon opinion est que, quoique des changements du niveau relatif aient eu lieu, ils se sont opérés sur de larges espaces superficiels, puisque peu ou point de traces de dislocation se remarquent dans les strates sédimentaires de la Limagne. Les surfaces sur lesquelles ont coulé les torrents basaltiques, et qui, ainsi protégées par eux de la chute directe de la pluie, sont restées les surfaces actuelles les plus élevées de la formation lacustre (malgré qu'elles aient pu être, lors de l'in-

(1) *Bulletin* XIV, p. 587.
(2) *Bulletin*, 2e série, p. 46, 1845.

vasion des laves, les niveaux les plus bas), montant précisément cette inclinaison graduelle à partir des hauteurs qui formaient les rivages , et d'où proviennent la plupart de ces courants, qu'on devait s'attendre à voir dominer dans le fond d'un lac peu profond , mais dont la profondeur s'accroît peu à peu. Aucune faille soudaine ni aucune dislocation ne paraît indiquer quelque changement relatif de niveau sur des espaces d'une étendue médiocre (1). D'un autre côté, on peut bien penser que le vaste total de dénudation auquel la formation d'eau douce de la Limagne a été soumise, et qui n'a laissé , suivant l'expression de M. Ramond, que quelques collines détachées, restes d'une ancienne plaine élevée de plusieurs centaines de pieds au-dessus de celle qui existe actuellement, a été accompagné par une destruction correspondante des roches superficielles de l'extrémité nord de la plaine. J'ai cherché à démontrer, et non sans succès, je l'espère, qu'une grande partie, sinon la totalité de la dégradation à laquelle ont été soumis, depuis la période tertiaire, aussi bien le plateau granitique lui-même et la zone de terrain secondaire qui l'entoure que les strates d'eau douce , a été effectuée par l'action érosive, lente et graduelle, mais continue pendant un long laps de temps des agents météoriques ordinaires de la dénudation, pluies, torrents et rivières, coopérant, comme ils ont très-probablement fait dans ce district, au moins pendant les périodes éruptives, avec de fréquentes secousses de tremblement de terre, et peut-être avec un soulèvement général de la partie méridionale du plateau.

Je ne puis mieux conclure la description détaillée que j'ai tenté de donner de cette intéressante contrée qu'en citant l'élo-

---

(1) Cette observation cependant doit être bornée à la Limagne. Les strates lacustres du Cantal ont évidemment souffert un certain dérangement. M. Raulin décrit les couches calcaires de la vallée de l'Allagnon comme atteignant à une élévation de 600 à 700 pieds (200 à 233 mètres) au-dessus des couches correspondantes dans la vallée de la Cère ; et quelques portions de ces couches tertiaires (comme à Dienne) ont été soulevées à une hauteur absolue de 5,680 pieds (1,226 mètres) à laquelle il est difficile de supposer qu'elles ont été déposées.

quent sommaire qu'a donné sir Charles Lyell de ses traits caractéristiques (1) :

« Nous sommes là en présence des préuves évidentes d'une
» série d'événements étonnants de grandeur et de magnifi-
» cence, qui ont profondément modifié la forme primitive et
» les traits de la contrée, sans cependant les effacer telle-
» ment qu'on ne puisse encore, au moins en partie, les réta-
» blir par la pensée. De grands lacs ont disparu ; de hautes
» montagnes se sont formées par suite de l'émission réitérée
» de la lave que précédaient et que suivaient des pluies de
» cendres et de scories ; puis de profondes vallées sont venues
» sillonner des masses d'origine lacustre ou volcanique, et,
» plus récemment encore, de nouveaux cônes se sont élevés
» dans ces vallées, de nouveaux lacs ont pris naissance par
» suite du barrage des rivières ; et plusieurs créations de qua-
» drupèdes, d'oiseaux et de plantes appartenant aux périodes
» Miocène, Pliocène et Post-Pliocène, se sont succédées les unes
» aux autres. Néanmoins la région a conservé du commence-
» ment à la fin son individualité géographique (geographical
» identity) ; et nous pouvons encore nous retracer à l'esprit
» quelles étaient ses conditions extérieures et sa structure phy-
» sique avant qu'aient commencé ces prodigieuses révolutions,
» ou bien lorsqu'elles n'étaient encore qu'en partie accomplies.
» Il y eut une première période où des lacs spacieux, dont
» nous pouvons encore suivre les rivages, s'étendaient au pied de
» montagnes d'une médiocre élévation que ne hérissaient point
» les pics ardus et les précipices du Mont-Dore, et que n'em-
» bellissaient pas encore le profil pittoresque du Puy-de-Dôme,
» ainsi que des cônes volcaniques et des cratères qui surmon-
» tent maintenant le plateau granitique. Durant cette première
» époque de repos des deltas se formèrent lentement ; des
» couches de marne et de sable de plusieurs centaines de pieds
» d'épaisseur se déposèrent ; des roches siliceuses et calcaires

____

(1) Lyell. *Manuel de Géologie*, I, p. 127, éd. 1855.

» se précipitèrent des eaux des sources minérales ; des co-
» quilles et des insectes furent enveloppés conjointement avec
» les restes de crocodiles et de tortues ; avec les œufs et les
» ossements d'oiseaux aquatiques ; avec les squelettes de qua-
» drupèdes dont quelques-uns appartiennent aux mêmes genres
» que ceux qui ont été ensevelis dans le gypse Éocène de Paris.
» À cet état de tranquillité de la surface succéda l'ère des
» éruptions volcaniques ; alors que les lacs étaient desséchés,
» alors que la fertilité du district montagneux était probable-
» ment augmentée par la matière ignée qui, projetée des en-
» trailles du globe, vint se répandre sur le granite plus stérile.
» Pendant ces éruptions qui paraissent avoir eu lieu après la
» disparition de la faune Miocène inférieure, et en partie à
» l'époque Pliocène, le mastodonte, le rhinocéros, l'éléphant,
» le tapir, l'hippopotame, aussi bien que le bœuf et différentes
» espèces de daims, l'ours, l'hyène et divers carnassiers par-
» couraient les forêts ou paissaient dans la plaine, et ces ani-
» maux étaient parfois atteints par la chute des cendres in-
» candescentes, ou ensevelis dans ces torrents de boue qui
» accompagnent les éruptions volcaniques.

» Enfin ces quadrupèdes disparurent et firent place aux mam-
» mifères de l'époque Post-Pliocène qui, à leur tour, furent
» remplacés par les espèces actuelles. Rien n'indique ici aucune
» intervention de la mer pendant le temps qu'a demandé cette
» succession d'événements, ni qu'il y ait eu quelque dénuda-
» tion autre que celles dues à l'action des courants lacustres,
» aux rivières et aux inondations qui accompagnaient des trem-
» blements de terre répétés, alors que le niveau de la contrée
» était modifié sur certains points, et que la région tout en-
» tière était peut-être exhaussée au-dessus des parties de la
» France qui l'environnent. »

FIN.

APPENDIX.

RESTES ORGANIQUES

DES FORMATIONS TERTIAIRES ET POST-TERTIAIRES
DU CENTRE DE LA FRANCE.

Les restes végétaux abondent dans les couches arénacées inférieures des formations lacustres aussi bien que dans les tufs de la période volcanique où ils forment accidentellement des couches de lignite exploitable. Mais ils n'ont cependant encore jamais été déterminés scientifiquement. Ils consistent surtout en feuilles, fruits, et parfois en troncs d'arbres dicotylédones, ou bien en roseaux et autres plantes des lieux marécageux. Les tiges de chara sont très-abondantes ainsi que leurs fructifications. Je puis parler un peu plus des mollusques qui se rencontrent dans ces mêmes formations. Les grès tertiaires contiennent rarement des coquilles, quoiqu'on y ait trouvé quelques espèces de Cyrène (1). Les calcaires et les marnes qui leur sont associés ou superposés abondent en coquilles des genres Helix, Lymnœus, Paludina, Bulimus, Cerithium, Cyrena, Unio et Cypris. Quelques-unes des espèces mentionnées par M. Bouillet (2) paraissent devoir se rapporter à une période plus ancienne que celle que nous avons considérée, d'après les meil-

(1) Pomel, *Bulletin*, 2ᵉ série, tome I, p. 579.
(2) *Bulletin*, tome VI, p. 99 et 255.

leures autorités paléontologiques, comme comprenant la totalité de la formation d'eau douce du centre de la France, c'est-à-dire le Miocène inférieur. Sir Charles Lyell a récemment touché cette question dans un supplément à son *Manuel* (1). Et la matière demeure encore ouverte à de futures investigations.

On dit que MM. Bravard et Pomel ont découvert deux coquilles marines dans une couche sableuse des environs d'Issoire, qui appartiennent aux genres Natica et Pleurotoma, et sont voisines de quelques-unes de celles qui se rencontrent dans les faluns du bassin inférieur de la Loire. Cette circonstance semblerait indiquer soit un reflux des eaux de cette rivière à une certaine époque, soit que la mer Miocène a remonté réellement l'Allier. Mais il n'est pas impossible d'expliquer un cas semblable se répétant une ou deux fois en supposant que quelques petits mollusques vivant dans les eaux saumâtres de l'embouchure de la rivière, ont été transportés dans la vallée par des oiseaux qui se nourrissent de coquillages. Les ossements d'oiseaux appartenant à la famille des mouettes ne sont pas rares dans les couches d'eau douce de l'Auvergne.

Les paléontologistes qui ont le mieux étudié la faune du centre de la France sont MM. Pomel et Aymard. Comme les listes données par ces deux savants ne sont pas identiques, et comme leurs opinions varient touchant les divisions sous lesquelles on doit classer les différentes séries, je crois que le lecteur sera plus satisfait si, au lieu de tenter d'en donner un aperçu comparatif, je donne les deux catalogues avec un résumé des remarques dont leurs auteurs les ont accompagnés.

Le tableau suivant est le catalogue de la faune des strates lacustres (miocènes) du centre de la France donné par M. Pomel (2).

<hr>

(1) 1857, p. 10 (traduct. franç. d'Hugard).
(2) Pomel, *Catalogue des vertébrés fossiles du bassin supérieur de la Loire*, etc. Paris, 1854.

I. — Faune des couches lacustres du centre de la France.

Les espèces marquées * n'ont été trouvées que dans le bassin de la Haute-Loire; celles marquées † l'ont été et dans ce bassin et dans celui de l'Allier; celles qui ne portent aucune marque ont été trouvées seulement dans la Limagne.

MAMMALIA.

Order CHEIROPTERA.   LOCALITÉS.

Palœonicteris Robustus.	*Nobis.*	Langy près St-Gerand-le-Puy (Allier).

O. INSECTIVORA.

Geotrypus Acutidens.	*Nob.*	Cournon, Chaufours près Issoire.
— Antiquus.	*Id.*	Puy-de-Dôme (collect. Laiz.).
Galeospalax Mygaloïdes.	*Id.*	Marcoin près Volvic.
Mygale Nayadum.	*Pomel.*	Chaufours près Issoire.
Plesiosorex Talpoïdes.	*Nob.*	Cournon et Chaufours.
Mysarachne Picteti.	*Id.*	Chaufours.
Sorex Antiquus.	*Id.*	Langy.
— Ambiguus.	*Id.*	Id.
Echinogale Laurillardi.	*Id.*	Mont. de Perriers près Issoire.
— Gracilis.	*Id.*	Antoingt près Issoire.
Erinaceus Arvernensis.	*Blainv.*	Cournon et Chaufours.
— Nanus *.	*Aymard.*	Ronzon près le Puy.

O. RODENTIA.

Palœosciurus Feignouxi.	*Nob.*	Langy.
— Chalaniati.	*Id.*	Id.
Steneofiber Escheri.	*Id.* (Castor).	Id. et Chaufours.
Myoxus Murinus.	*Id.*	Langy.
Myarrion Antiquum †.	*Id.*	Id., Cournon, Chaufours, le Puy.
— Masculoïdes.	*Id.*	Cournon.
— Minutum †.	*Id.*	Chaufours (le Puy?).
— Angustidens.	*Id.*	Chaufours.
Theridomys Breviceps.	*Jourd.*	Perrier, Antoingt, Saint-Yvoine.
Isoptychus Jourdani *.	*Nob.*	Le Puy.

Isoptychus Aquatilis *.	*Aym.*	Le Puy.
— Vassoni.	*Nob.*	La Sauvelas.
Tæniodus Curvistriatus.	*Id.*	Id.
Omegadus Echimyoïdes.	*Id.*	Chaufours.
Archæomis Arvernensis.	*Laiz.*	Vaumas (Allier), Cournon, Chaufours, Langy.
Palanæma Antiquus.	*Nob.*	Cournon et Pérignat.
Lagodus Picoïdes.	*Id.*	Langy.
Amphilagus Antiquus.	*Id.*	Id. Volvic.

O. Carnivora.

Lutrictis Valetoni.	*Pom.*	Langy, Vaumas, Gannat, Gergovia.
Plesiogale Angustifrons.	*Id.*	Langy.
— Robusta.	*Nob.*	Id. et Vaumas.
— Waterhousii.	*Id.*	Id. Cournon.
— Mustelina.	*Id.*	Id.
Plesictis Robustus.	*Id.*	Id.
— Gracilis.	*Id.*	Id.
— Croizeti.	*Pom.*	Id.
— Lemanensis.	*Nob.*	Id.
— Genetoïdes.	*Pom.*	Cournon.
— Palustris.	*Nob.*	Langy.
— Elegans.	*Id.*	Id.
Amphictis Antiquus.	*Nob.*	Id.
— Leptorynchus.	*Id.*	Id.
— Lemanensis.	*Id.*	Id.
Herpestes Antiquus.	*Id.*	Id.
— Lemanensis.	*Id.*	Id.
— Primæva.	*Pom.*	Vaumas.
Elocyon Martrides *.	*Aym.*	Le Puy.
Cynodon Velaunum *.	*Id.*	Id.
— Palustre *.	*Id.*	Id.
Canis Brevirostris.	*Croizet.*	Gergovia, Langy.
Amphicyon Brevirostris.	*Nob.*	Langy.
— Leptorynchus.	*Id.*	Id.
— Incertus.	*Id.*	Id.
— Crapidens.	*Pom.*	Id.

O. Ungulata.

Mastodon Tapiroïdes.	*Cuvier.*	Gannat.
Deinotherium Giganteum.	*Kaup.*	Chaptuzat, Aurillac.
— Cuvieri.	*Id.*	Saint-Germain-Lembron.

Rhinoceros Lemanensis.	*Nob.*	Billy, Vichy, Gannat, Chaptuzat, Le Puy, Bournon de St-Pierre près Brioude.
— Croizeti.	*Id.*	Vaumas, Gannat, Bansac.
— Paradoxus.	*Id.*	Gannat, Vaumas, Perriers.
Palæotherium Magnum *.	*Cuv.*	Le Puy (*Aymard*).
— Gracile *.	*Aym.*	Id. Id.
— Velaunum †.	*Cuv.*	Le Puy, Ronzon, Bournon de Saint-Pierre.
— Duvalii *.	*Nob.*	Ronzon.
Plagiolophus Ovinus *.	*Nob.*	Le Puy.
— Minor *.	*Pom.*	Id.
Tapirus Porrieri.	*Id.*	Vaumas.
Palæochœrus Major.	*Id.*	Langy.
— Waterhousii.	*Nob.*	Pérignat.
— Typus.	*Pom.*	Id. Langy.
— Suillus.	*Nob.*	Langy.
Elotherium Aymardi.	*Id.*	Ronzon.
— Ronzoni.	*Id.*	Id.
Antracotherium Magnum.	*Cuv.*	Issoire, Cournon, Chaufours, Vaumas, Digoin.
— Cuvieri.	*Pom.*	Saint-Germain-Lembron.
Ancodus Velaunus †.	*Nob.*	Ronzon, Vaumas.
— Leptorynchus †.	*Id.*	Id. Id.
— Incertus †.	*Id.*	Le Puy.
— Aymardi *.	*Id.*	Ronzon.
Synaphodus Gergovianus.	*Id.*	Gergovia.
Cœnotherium Laticarvatum.	*Pom.*	Langy.
— Metopias.	*Nob.*	Id.
— Commune †.	*Bravard.*	Cournon, Le Puy, Chaptuzat.
— Elegans.	*Pom.*	Langy.
— Leptognatum.	*Nob.*	Chaptuzat, Cournon.
— Geoffroyi.	*Id.*	Langy.
— Gracilis.	*Pom.*	Vaumas.
Lophiomerix Chalaniati.	*Nob.*	La Sauvetas, Cournon, Apt.
Dremotherium Troguloïdes.	*Id.*	Langy.
— Feignouxi.	*E. Geoff.*	Langy, Cournon, Chaufours.
Amphitragalas Elegans.	*Pom.*	Id.
— Lemanensis.	*Nob.*	Id.
— Communis *.	*Aym.*	Ronzon.
— Boulangeri.	*Nob.*	Langy.
— Meminoïdes.	*Id.*	Id.
— Gracilis.	*Id.*	Id.

O. Marsupialia.

Hyænodon Leptorynchus †.	*Laiz.*	Cournon, La Sauvetas, Le Puy.
— Laurillardi.	*Nob.*	Antoingt.
Didelphis Arvernensis †.	*Gerv.*	Langy, Cournon, La Sauvetas, Le Puy.
— Crassa *.	*Aym.*	Le Puy.
— Antiqua·	*Nob.*	Cournon.
— Lemanensis.	*Id.*	La Sauvetas.
— Minuta *.	*Aym.*	Le Puy.

AVES.

M. Pomel laisse indéterminés de nombreux restes d'oiseaux trouvés dans la région, et mentionne seulement les genres Phœnicopterus, Anas, Ardea, un ressemblant au Numenius, et plusieurs de l'ordre des Rapaces et de celui des Gallinacés, dont un appartenant à ce dernier ordre est aussi gros qu'un paon.

REPTILIA.

O. Chelonia.

Testudo Hypsonota.	*Nob.*	Langy, Bournoncle.
— Lemanensis.	*Brav.*	Id. Cournon.
Ptychogaster Heckei.	*Nob.*	Id. Chaptuzat.
— Emydoïdes.	*Pom.*	Id.
— Abbreviata.	*Nob.*	Id.
Chelydra Meilheuratiæ.	*Id.*	Vaumas, Chaufours.
Trionyx.	*Geoff.*	Id. Chignat.

O. Sauria.

Diplocynodus Rateli †.	*Pom.*	Ronzon, Langy, Chaptuzat, Perriers, Antoingt, La Sauvetas.
Varanus Lemanensis.	*Nob.*	Chaufours.
Dracœnosaurus Croizeti.	*Id.*	Cournon.
Sauromorus Ambiguus.	*Id.*	Langy, Marcoin.
— Lacertinus.	*Id.*	Id.
Lacerta Antiqua.	*Id.*	Cournon.

O. Ophidia.

Ophidion Antiquus.	*Nob.*	Langy.

O. BATRACHIA.

Batrachus Lemanensis.	*Nob.*	Langy, Cournon, Chaufours.
— Nayadum.	*Id.*	Chaufours.
— Lacustris.	*Id.*	Id.
Protophrynus Arethusa.	*Id.*	Id.
Chelotriton Paradoxus.	*Id.*	Id.

PISCES.

O. CTENOÏDES.

Perca Lepidota.	*Agassiz.*	Vichy, Gergovia.

O. CYCLOÏDES.

Cobitopsis Exilis.	*Nob.*	Chadrat près St-Amant-Tall.
Lebias Cephalotis.	*Agass.*	Corent.
— Perpusilus.	*Id.*	Laps.

D'après cette liste la faune des strates lacustres miocènes, connue de M. Pomel, comprend le nombre d'espèces qui suit : — Cheiroptères, 1 ; Insectivores, 12 ; Rongeurs, 18 ; Carnassiers, 27 ; Ongulés, 42 ; Marsupiaux, 7 ; Chéloniens, 7 ; Sauriens, 6 : Ophidiens, 1 ; Batraciens, 5 ; Poissons, 4 : en tout 130 espèces, outre plusieurs espèces d'oiseaux non encore déterminés. Dans ce nombre douze espèces se trouvent seulement dans le bassin du Puy ; et huit sont communes aux bassins de l'Allier et de la Loire (c'est-à-dire de la Limagne et du Puy). Quelques-unes des espèces les plus caractéristiques, comme, par exemple, celles qui appartiennent à la localité de Vaumas (dép. de l'Allier, non loin du confluent des deux rivières de l'Allier et de la Loire) comprenant les genres *Ancodus, Antracotherium, Tapir, Rhinoceros* et *Chelydra*, associés avec les *Archemys, Amphictis, Herpestes, Amphicyon, Cœnotherium, Testudo* et *Crocodilus*, se rencontrent dans les sables et les grès qui forment les couches inférieures de la série lacustre. D'un autre côté la localité de Langy, près de Saint-Gerand-le-Puy (Allier), si riche en Cheiroptères, Insectivores, Rongeurs, Carnassiers, Ongulés, et en outre en Oiseaux, Sauriens, Tortues, Lézards, Ophidiens et Batraciens ;

appartient au calcaire indusien, qui se montre généralement dans les couches supérieures de la série. Chaptuzat, Marcoin, dans le Puy-de-Dôme, et Gannat sont dans le même cas.

De ces observations et de quelques autres, M. Pomel conclut que la série entière des couches lacustres des deux bassins appartient à la même époque géologique et zoologique, et qu'on ne peut les distinguer paléontologiquement. Les mêmes espèces se trouvent en effet dans les couches les plus récentes comme les plus anciennes de ces séries ; et toutes les différences qu'on y trouve pouvant se rapporter à des accidents de distribution locale ou de découvertes.

En comparant cette Faune avec celle d'autres localités tertiaires de l'Europe, M. Pomel lui trouve une très-grande analogie avec celle des couches fossilifères de Mayence, et la regarde par suite comme plus ancienne que l'époque falunienne (Miocène supérieur), et plus récente que le gypse du bassin de Paris (Eocène). Cela les rapporte à la période Miocène inférieure, qui est en effet l'âge, comme nous l'avons déjà constaté, que leur assigne sir Ch. Lyell.

II. — Faune pliocène de l'époque volcanique du centre de la France.

(Tufs et brèches de la mont. de Perriers, de Cussac et Vialette (H^te-Loire), etc.)

MAMMALIA.

Ord. Rodentia.

Castor Issiodorensis.	*Croiz.*	Tuf ponceux de Perriers.
Arvicola Robustus.	*Nob.*	Id.
(?)	*Id.*	Id.
Hystrix (?)	*Croiz.*	Id.
Lepus Lacostii.	*Nob.*	Id.

O. Carnivora.

Ursus Arvernensis.	*Croiz. et Jobert.*	Tuf ponceux de Perriers.
Lutra Bravardii.	*Pomel.*	Id.
— Mustelina.	*Nob.*	Id.

Zorilla Antiqua.	*(Rabdogale Nob.)*	Tuf ponceux de Perriers.
Felis Arvernensis.	*Croiz. et Job.*	Id.
— Pardinensis.	*Id.*	Id.
— Brachyryncha.	*Id.*	Id.
— Issiodorensis.	*Id.*	Id.
— Brevirostris.	*Id.*	Id.
— Incerta.	*Pom.*	Id.
Megantheron Cultridens [*].	*Nob.*	Sous le basalte à Sainzelle près Polignac.
— Macroscelis.	*Brav.*	Tuf de Perriers.
Hyæna Perrieri.	*Croiz. et Job.*	Id.
— Arvernensis.	*Id.*	Id.
— Dubia.	*Id.*	Id.
— Vialetti [*].	*Aym.*	Vialette (Haute-Loire).
Canis Megamastoïdes.	*Pom.*	Tuf de Perriers.

O. UNGULATA.

Mastodon Arvernensis †.	*Croiz. et Job.*	Tuf de Perriers, Vialette, Mirabelle (Ardèche).
— Borsoni †. (M. Vellavus, *Aym.*)	*Kays.*	Tuf de Perriers, Vialette, Le Puy.
Rhinoceros Elatus.	*Croiz. et Job.*	Perriers.
Tapirus Arvernensis.	*Id.*	Id.
Sus Arvernensis.	*Id.*	Id.
Cervus Roberti [*].	*Job.*	Polignac, près Le Puy.
— Perrieri.	*Croiz. et Job.*	Tuf de Perriers.
— Issiodorensis.	*Croiz. et Job.*	Id.
— Etueriarum.	*Id.*	Id.
— Pardinensis.	*Id.*	Id.
— Rusoides.	*Nob.*	Id.
— Ardens.	*Croiz. et Job.*	Id.
— Cladocerus.	*Nob.*	Id.
— Ramosus.	*Croiz. et Job.*	Id.
— Solilhacus [*].	*F. Robert*	Solilhac près le Puy.
— Cusanus.	*Croiz. et Job.*	Perriers.

Cervus Leptoceros.	*Nob.*	Perriers.
— Platyceros.	*Id.*	Id.
— Furcifer.	*Id.*	Id.
Antilope Antiqua.	*Id.*	Id.
Bos Elatus.	*Croiz.*	Id.
— Elaphus.	*Nob.*	Id.

La Faune de la période Pliocène contient ainsi 5 Rongeurs, 17 Carnivores, 23 espèces d'Ongulés : en tout 45. On n'y a jusqu'à présent trouvé ni Chéloniens ni Sauriens. Les lacs étaient évidemment desséchés.

On observera que cette Faune Pliocène est presque entièrement confinée aux conglomérats tufacés d'une seule localité, celle de Perriers près d'Issoire (1). Le Mémoire de sir Ch. Lyell au sujet de ce remarquable dépôt, lu devant la Société géologique, le 19 novembre 1845, est bien connu. Les strates d'eau douce et les couches sus-jacentes de lave basaltique ont évidemment été divisées par de profondes vallées avant que ces tufs se fussent déposés, ainsi que les lits de graviers sur lesquels ils reposent. Sir Ch. Lyell distingue deux couches distinctes renfermant des ossements interstratifiées avec les tufs. Postérieurement à ce dépôt de tuf-trass du Mont-Dore, de nouvelles vallées semblent avoir été creusées à travers, dans lesquelles on trouve un nouveau dépôt d'alluvions ossifères. C'est à ces lits alluviaux qu'appartiennent pour la plupart les restes de la Faune Post-Pliocène du Catalogue de M. Pomel.

M. Pomel remarque que les caractères les plus frappants de la Faune Pliocène que nous venons de donner sont une grande quantité de *Cerfs*, un grand nombre de grands Féliens, dont un, le Meganthereon est, avec le Mastodonte, le seul genre éteint de cette Faune. Les Rongeurs appartiennent à des genres européens. Les Ongulés comprennent les genres Mastodonte, Rhinocéros, Tapir, Sus, Cerf, Antilope et Bœuf. L'Éléphant, l'Hippopotame et le Cheval manquent. M. Pomel considère ce dépôt comme de l'âge des strates tertiaires subapennines.

(1) Voyez page 147.

POISSONS DU BASSIN DE MENAT. — *QU.* POST-PLIOCÈNE?

Perca Angusta,	*Agassiz.*
Cyclurus Valenciensi.	*Id.*
Pœcilops Breviceps.	*Nob.*
Esox . . . . ?	

III. — Faune des alluvions anciennes (Post-Pliocène).

Cette série, comme on va le voir, se compose de deux périodes distinctes ou même davantage.

Sir Ch. Lyell, en effet, fait quatre divisions de ces alluvions des environs d'Issoire (n°s 6, 7, 8, 9, de cette section. — *Manuel de Géologie*, traduct. Hugard).

MAMMALIA.

Ord. INSECTIVORA.

Talpa Fossilis.	*Nob.*	Brèche osseuse de Coudes près Issoire et Neschers.
Sorex Exilis.	*Id.*	Id.
— Fossilis.	*Id.*	Id.
Myosictis Fodiens.	*Pom.*	Id.
Musaraneus Priscus.	*Nob.*	Id.
Erinaceus Major.	*Pom.*	Alluvions à Peyrolles près Issoire.

O. RODENTIA

Sciurus Ambiguus.	*Nob.*	Dans les crevasses de lave de Gravenoire.
Spermophilus Superciliosus.	*Kaup.*	Paix près Issoire, Coudes, Neschers.
Arctomys Lecoq.	*Nob.*	Champeix, Chatelperron, crevasses de la lave de Gravenoire.
Castor Fiber?	*Linn.*	Environs de Clermont.
Myoxus Nitella?	*Id.*	Coudes.
Arvicola Antiquus.	*Nob.*	Id. Neschers, Langy.
— Pseudoglareolus.	*Pom.*	Coudes.
— Arvaloides.	*Nob.*	Id. Neschers, etc.
— Joberti.	*Id.*	Coudes.
Lemnus Fossilis.	*Id.*	

Mus sylvaticus.	*Linn.*	Coudes.
Cricetus Musculus.	*Nob.*	Id.
Lagomys Spelæus?	*Owen.*	Id.
Lepus Diluvianus?	*Pictet.*	Id. Aubière, Champeix, Neschers, Chatelperron.
— Cuniculi Affinis.	*Id.*	Id.

O. Carnivora.

Usus Spelæus.	*Blum.*	Caves de Chatelperron, Champeix, Montaigut-le-Blanc.
Meles Fossilis.	*Auct.*	Id.
Mustela Schmarlingii.	*Nob.*	Coudes, Aubière, Neschers.
Putorius Fossilis.	*Auct.*	Id.
— Gale.	*Nob.*	Id.
— Microgale.	*Id.*	Id. Neschers.
— Macrossoma.	*Id.*	Id.
Felis Lyncoides.	*Id.*	Id. Tour de Boulade.
— Minuta.	*Id.*	Id. Aubière.
— Spelæa.	*Goldf.*	Caverne de Montaigut.
Meganthereon Latidens *.	*Nob.*	Sainzelles (Haute-Loire).
Canis Spelæus.	*Goldf.*	Coudes, Tour de Boulade, Montaigut.
— Neschersensis.	*Croiz.*	Neschers.
— Vulpes Fossilis.	*Auct.*	Id. Coudes, Aubière, Chatelperron, Sainzelles?
Hyæna Spelæa †.	*Goldf.*	Scories de St-Privat d'Allier (Haute-Loire).
— Brevirostris †.	*Aym.*	Sainzelles, Ardes près Issoire.

O. Ungulata.

Elephas Meridionalis.	*Blum.*	Tour de Boulade, Vichy, etc.
— Primigenius.	*Nesti.*	Malbattu, Clermont, Le Puy, etc.
— Priscus.	*Goldf.*	Plaine de Sarlièvc.
Rhinoceros Leptorhinus.	*Cuv.*	Peyrolles près Issoire, Malbattu.
— Aymardi *.	*Nob.*	Sous le basalte (Haute-Loire).
— Theiorhinus.	*Id.*	Tour de Boulade, Vichy, Chatelperron.
Equus Adamiticus †.	*Schl.*	Paix, Boulade, Coudes, Neschers, Gergovia, Le Puy, etc.

Equus Robustus.	*Nob.*	Champeix, Malbattu, Peyrolles, couches supérieures de Perriers.
Tapicus Elegans †.	*Id.*	Le Puy, Tormeil.
Sus Priscus.	*M. Serr.*	Coudes, Boulade, Montaigut, cavernes de Chatelperron.
Hippopotamus Major †.	*Cuv.*	St-Yvoine, Tormeil, Montaigut, Sainzelles près Le Puy.
Cervus Guettardi †.	*Id.*	Boulade, Neschers, Saint-Yvoine, Chatelperron.
— Somonensis.	*Id.*	Gergovia.
— Intermedius †.	*M. Serr.*	Boulade, Champeix, Chatelperron, scories de St-Prival (Gard).
— Macroglochis.	*Nob.*	Peyrolles près Issoire.
— Ambiguus.	*Id.*	Id.
Antilope Aymardi *.	*Nob.*	Boulade, Le Puy.
— Incerta.	*Id.*	Coudes.
Ovis Primæva.	*Gerv.*	Id. Chatelperron.
Capra Rozeti.	*Pom.*	Malbattu.
Bos Primigenius †.	*Blum.*	Boulade, Champeix, Aubière, Vichy, Chatelperron.
— Giganteus *.	(*Velaunus?*)	Cussac.
— Priscus †.	*Schl.*	Peyrolles, Tormeil, Anciat.

O. Reptilia.

Lacerta Fossilis.	*Nob.*	Neschers.
Coluber Gervasii.	*Id.*	Coudes.
— Fossilis.	*Id.*	Id.
Rana Fossilis.	*Id.*	Id.

J'ai dit que M. Pomel rapporte cette Faune alluviale à deux périodes distinctes, dont la plus ancienne est caractérisée parce qu'elle contient seule les espèces suivantes : *Erinaceus Major*, *Ursus Spelœus* (*Neschersensis*, *Croizet*), *Hyœna Brevirostris*, *Canis Neschersensis*, *Elephas Meridionalis*, *Rhinoceros Leptorhinus*, *R. Aymardi*, *Meganthereon Latidens*, *Tapirus...?*, *Equus Robustus*, *Hippopotamus Major*, *Cervus Ambiguus*, *C. Macroglochis*, *Capra Rozeti*, *Bos Priscus*. Les autres espèces du Catalogue sont pour la plupart communes à ces couches d'alluvions plus anciennes, et aux plus modernes, qu'on rencontre dans la plaine de l'Allier à une faible élévation au-dessus de son niveau actuel, ou dans les talus qui reposent contre les flancs des vallées existantes, ou bien dans les couches de gravier qui supportent les coulées de laves les plus récentes, ou enfin dans les cavernes et les fissures de ces laves et des roches plus anciennes. M. Pomel ne voit aucune différence d'âge, fondée sur les faits paléontologiques, entre ces derniers divers dépôts.

Le plus grand nombre des *genres* qui y sont représentés se rencontrent encore en France, et peut-être quelques-unes des *espèces*. Ceux qui n'existent plus actuellement dans le pays sont les genres *Spermophilus*, *Arctomys*, *Lemur*, *Cricetis*, *Lagomys*, *Ursus*, *Hyœna*, *Elephas*, *Rhinoceros*, *Antilope*. Et encore trouve-t-on encore en Europe plusieurs de ces espèces. M. Pomel remarque comme singulier qu'en même temps que l'Éléphant, le Rhinocéros, l'Hyène, qui réclament un climat plus chaud que le climat actuel de la France, on trouve des Marmottes, des Lemmings, des Ours et d'autres animaux habitant presque tous aujourd'hui des climats alpins et plus froids. Il fait observer aussi que les molaires des Herbivores de cette Faune indiquent que leur nourriture consistait surtout en plantes conifères, ce qui vient à l'appui de l'opinion que le pays possédait alors un climat plus froid que celui qui règne aujourd'hui.

Cette Faune est identique à celle des alluvions superficielles anciennes ou *drift* de toute l'Europe.

J'ai montré ci-dessus qu'associés avec ce dernier groupe d'espèces actuellement éteintes, on a découvert des ossements humains dans le tuf volcanique du Puy.

M. Aymard, vice-président de la Société académique du Puy, naturaliste qui a étudié avec soin la géologie et la paléontologie de la Haute-Loire, et qui possède une très-riche collection de ses fossiles , classe comme il suit la formation tertiaire de ce département (1) :

STRATES LACUSTRES.

1. *Eocène inférieur.* — Argiles bigarrées et marnes du Puy , de l'Emblavès et de Brioude.

2. *Eocène supérieur.* — Marnes gypseuses et argiles du bassin du Puy.

3. *Miocène inférieur.* — Marnes calcaires, calcaires siliceux , et couches sableuses des bassins du Puy et de Brioude, Saint-Pierre-Eynac , Mathias près Fay-le-Froid , etc.

4. *Pliocène.* — Comprenant trois séries successives de dépôts alluviaux , qui sont tous sous-jacents aux roches volcaniques. A. — Couches sableuses inférieures de Vialette , Picheviel , Taulhac , Laroche près Vals , Coupet, etc. B. — Couches alluviales moyennes et brèches stratifiées de Sainzelles près Polignac , etc. C. — Alluvions supérieures , brèches , tufs , etc. de Solilhac , Polignac , Le Collet , Estronilhas , Saint-Privat d'Allier , Chilhac , Montredon , Cussac , Les trois Pierres , Corsac près Brives , etc.

5. *Post-Pliocène.* — Alluvions post-pliocènes ou superficielles et brèches volcaniques stratifiées , fentes ossifères , détritus , etc., de Denise , la Croix-de-la-Paille , Malpas près Aiguille , etc.

Les restes organiques contenus dans ces différentes divisions sont les suivants, d'après M. Aymard :

N° 1. — Une petite quantité de plantes herbacées, aucune trace d'animal , sauf peut-être. quelques os de *Palæotherium Primævum.*

N° 2. — Deux espèces de mammifères : le *Palæotherium Subgracile* , Aym., et le *Monacrum Velaunum* , Aym., les

(1) Dans un Mémoire lu devant le Congrès scientifique de France , séant au Puy, en sept. 1855. *Voyez le Rapport sur ce Congrès* , tome I, p. 228.

œufs de quelques grands oiseaux aquatiques, des empreintes de petits poissons, un crustacé, l'*Elosilphus Limosus*, et un petit nombre de mollusques d'eau douce : Lymnées, Paludines, Planorbes et Cyclades.

N° 3. — Cette division est beaucoup plus riche en fossiles ; une seule couche à Ronzon, près du Puy, renferme la plus grande partie de la liste suivante d'espèces nouvelles et nommées par M. Aymard. *Insectivora :* — Tetracus Nanus. *Carnivora :* — Cynodon Velaunus, C. Palustris, Elocyon Martrides. *Rodentia :* — Theridomys Aquatilis et T. Jourdani, Myotherium Minutum, M. Anicense, Decticus Antiquus, Elomys Priscus. *Pachydermi :* — Ronzotherium Velaunum, R. Cuvieri, Palæotherium Gervaisii, Paloplotherium Ovinum, Entelodon Magnus, E. Ronzoni, Bothriodon Platorynchus, B. Leptorynchus, B. Velaunus, Zooligus Picteti, Gelocus Communis, G. Minor, Palæon Riparium, Lathonus Vallensis. *Ruminantia :* — Orotherium Ligeris. *Subdidelphi :* — Hyænodon Leptorynchus de Laizer. *Didelphi :* — Peratherium Elegans, P. Crassum, P. Minutum. M. Aymard reconnaît les restes de quinze espèces encore mal déterminées d'oiseaux, principalement aquatiques, tels que Grues, Flamants, Pluviers, Mouettes, avec quelques-uns de l'ordre des *Rapaces*. Parmi les reptiles quelques Cheloniens : Chersites, Elodites, et peut-être Potamites ; plusieurs Sauriens grands et petits et un petit nombre de Batraciens. Parmi les poissons une seule espèce, petite mais très-multipliée, le Pachystelus Gregatus, Aym. Dans les insectes deux Coléoptères, et plusieurs espèces appartenant aux genres qui fréquentent les lieux marécageux. Deux espèces de Crustacés, Elosilphus Limosus et Cypris Faba ; plusieurs coquilles paludéennes des genres Lymneus, Planorbis, Hélix, Cyclas, etc. ; des infusoires, et de nombreuses empreintes de feuilles de plantes dicotylédones et légumineuses, des Comptonia, des Chara (Gyrogonites).

Lorsqu'on examine ces Catalogues, les faits paléontologiques semblent à peine suffisants pour établir les trois divisions de la formation lacustre que propose M. Aymard ; et il semble plus rationnel de rapporter le tout à une période unique, le Miocène inférieur, comme le font M. Pomel et sir Ch. Lyell.

D'un autre côté, la division de la 4e classe de M. Aymard en trois séries paraît une complication également inutile. Elle correspond au Pliocène ou alluvions anciennes de MM. Pomel et Lyell. Les observations de M. Aymard sur les restes organiques de cette division sont précieuses à cause de sa parfaite connaissance des gisements. Ils sont tous ce qu'il appelle sous-volcaniques, c'est-à-dire contemporains des produits volcaniques du district, généralement interstratifiés avec les plateaux basaltiques, ou leurs brèches et tufs sous-jacents. Un intervalle sensible sépare la Faune paléontologique de ces alluvions pliocènes de celle des strates lacustres. Elles ne contiennent presque aucun des genres, et *pas une des espèces*, qu'on a trouvés jusqu'à présent dans cette dernière formation. Et il n'est pas déraisonnable de rapporter ce fait aux plus anciennes convulsions volcaniques survenues dans l'intervalle, et d'où s'est suivi le desséchement et le creusement partiel des couches lacustres. De nouvelles races d'êtres vivants ont succédé à celles qui existaient pendant la période lacustre, et plusieurs d'entre elles ont continué à habiter le district, même après l'extinction des volcans les plus récents. La Flore de la période volcanique est représentée principalement par des empreintes de feuilles et de fruits d'arbres qui croissent encore dans le voisinage. On peut dire la même chose de sa Faune, en ce qui regarde les mollusques, les insectes et les batraciens. Les mammifères seuls montrent une différence bien marquée avec ceux de l'époque actuelle. Il y a au moins trois espèces de Mastodontes (1), un Machairodus, un Tapir, des Hyènes, un Rhinocéros, des Eléphants, des Hippopotames, ainsi que plusieurs espèces éteintes des genres Canis, Cervus, Antilope, Bos, Equus et Sus.

La 5e classe de M. Aymard, les alluvions superficielles post-

---

(1) L'un d'eux, trouvé à Vialette, le Mastodon Vellavus, dépasse d'un tiers la taille du M. Giganteus de Cuvier.

pliocènes , les fentes ossifères , etc., s'accorde avec la division parallèle de M. Pomel. Sa Faune est caractérisée par la première apparition de l'Ours , et par quelques petites espèces éteintes de Cerfs , et comprend en outre quelques espèces éteintes d'Eléphants , de Rhinocéros , de Chevaux et de Cerfs identiques à celles qu'on rencontre dans les séries plus anciennes. L'homme aussi (comme nous l'avons vu) paraît avoir habité ce district avant la fin de la dernière période volcanique.

TABLEAU DES HAUTEURS

DU

DISTRICT VOLCANIQUE DU CENTRE DE LA FRANCE.

		HAUTEUR absolue. mètres.
Pic Sancy (Mont-Dore).	Trachyte.	1886
Plomb du Cantal.	Phonolite.	1854
Le Mézenc.	Phonolite.	1769
Col de Cabre (Cantal).	Phonolite.	1685
Mont Lozère	Micaschiste.	1682
Puy Mary (Cantal).	Phonolite.	1654
Pierre-Sur-Haute (Forez).	Granite.	1644
Puy Violant (Cantal).	Phonolite.	1609
Puy Gros, au nord des Bains du Mont-Dore.	Trachyte.	1482
Puy-de-Dôme.	Trachyte.	1465
Plateau de la Croix-Morand.	Basalte.	1420
Source de la Loire.	Phonolite.	1396
Les Estables, vill. (H^{te}-Loire).	Granite.	1348
Route du Puy à Pradelles (H.-L.).	Basalte reposant sur le granite.	1277
Puy de Laschamps (M^{ts} Dôme).	Scories.	1260
Petit Puy-de-Dôme.	Scories.	1267
P. de Côme (M^{ts} Dôme).	Scories.	1265
P. de Pariou (M^{ts} Dôme).	Scories.	1210
P. de Cliersou (M^{ts} Dôme).	Trachyte.	1199
P. du Petit-Suchet (M^{ts} Dôme).	Trachyte.	1209
P. de Louchadière (M^{ts} Dôme).	Scories.	1200
P. de Lassolas (M^{ts} Dôme).	Scories.	1170
Lac Pavin (Mt Dore).	Basalte.	1198
P. de Montchal (M^{ts} Dôme).	Scories.	1187
P. Chopine (M^{ts} Dôme).	Trachyte.	1181
P. de Jumes (M^{ts} Dôme).	Scories.	1165
P. Veny (H.-L.) près Mt Bonnet.	Scories.	1161

Montagne de Bar (H^te-Loire).	Scories.	1159
Grand Sarcouy (M^ts Dôme).	Trachyte.	1147
P. des Goules (M^ts Dôme).	Scories.	1149
P. de Montgy (M^ts Dôme).	Scories.	1152
Tête de la Serre (M^ts Dôme).	Basalte reposant sur le granite.	1006
P. de Chatrat (M^ts Dôme).	*Id.*	1016
P. de Manson (M^ts Dôme).	*Id.*	998
P. de St-Sandoux (M^ts Dôme).	*Id.*	843
P. Girou (M^ts Dôme).	Basalte reposant sur le calcaire marneux d'eau douce.	839
P. de Barnère (M^ts Dôme).	Basalte reposant sur le calcaire marneux d'eau douce.	722
Orcines, vill. (M^ts Dôme).	Granite.	844
Gravenoire (M^ts Dôme).	Scories.	823
Prudelles (M^ts Dôme).	Basalte reposant sur le granite.	700
Côtes de Clermont.	Basalte reposant sur le calcaire marneux d'eau douce.	814
P. de Dallet.	*Id.*	601
Seuil de l'Hôtel-de-Ville du Puy.	*Id.*	519
P. de Crouël.	Peperino calcaire.	429
Clermont, place de Jaude.		390
Niveau de l'Allier au Pont-du-Château.		308

INDEX ALPHABÉTIQUE.

C

Lyell (sir Ch.), renvois à ses ouvrages, 20 n., 23 et n., 24 et n. 26 n., 58, 4.., 105 n., 127 n., 134 n., 147 n., 213 et n.; esquisse de la géologie du centre de la France, 228.

Lyonnais (le), 59.

Lyon, 162.

M

Maccaluba, 134.

Madère, 127 n.

Malesherbes (M.), 43.

Manzat, 91.

Marais (dent du), 146.

Marcilly, 59.

Margeride (la), 161, 167, 196.

Mary (puy). 101.

Marins (dépôts), aucun n'est plus ancien que le système jurassique dans les régions décrites dans cet ouvrage, 211.

Marmant (puy de), 29, 31.

Maronne, rivière, 158.

Mars, rivière, 158.

Marsat, 93.

Massiac, 13.

Mauriac, 14.

Mayence, 23.

Mayet-d'Ecole, 23.

Mazayes, 71; lac de Mazayes, ib..

Mercœur (puy de). 100.

Meerfeld (lac de), 92.

Menat (bassin de tripoli de), 40; la disposition de ses couches découverte par les excavations, ib.; origine de son tripoli, 41.

Mésotype, 31.

Meve (puy de la), 100, 101, 113.

Mézenc (le), 30, 62, 136 n., 188, 190, 193, 207.

Mézenc (le), et ses dépendances; caractère de cette région volcanique, 168; cause de son aspect différent des autres régions, 167, 169: prédominance du phonolite dans sa constitution, 169; espace recouvert par le phonolite, 170; strates sur lesquels le phonolite repose, 171, 172; nature et variétés du phonolite, 172, 173; origine discutable des montagnes phonolitiques, 174 n.; étendue et direction des coulées basaltiques du district, 180; opinion de l'auteur sur leur origine, 180; faits sur lesquels est basée cette opinion, 1.0, 184; dykes basaltiques, 185, 183; voyez en outre, 214, 224.

Miaune, 170, 174 n., 192.

Michel (rocher Saint-), 185.

Mirefleurs (puy de), 24.

Modène, 134.

Monges (les), 71.

Monistrol, 197.

Mons (montagne de), 193.

Montaigut, 40.

Montaudou, 95, 109; sa composition, 109 n.

Montbrison, 12; étendue et caractères de son bassin, 59; sa formation calcaire, 212; limites originelles de son bassin lacustre, 223.

Montbrul (les Balmes de), 178.

Montchagny, 25.

Montchal, 103.

Montchalme, 134.

Montchar, 100.

Montchié, 93.

Mont-Dore, 46, 47, 50, 60, 61, 62, 63, 69, 80 n., 88, 93, 99, 103, 120, 157, 158, 159, 161, 164, 168, 169, 173, 180, 214, 215, 224, 226. — Région volcanique du Mont-Dore. 1°. *Esquisse générale:* sa forme, 125, 126; son ancien nom, 125 n.; points de ressemblance entre le Mont-Dore et d'autres montagnes volcaniques isolées, 126; circonstances qui tendent à réduire l'Etna à la condition du Mont-Dore, 127 n.; positions relatives de ses basaltes et de ses trachytes, 128, 129; ils offrent souvent une apparence presque semblable, 129; étendue, disposition et caractères des conglomérats, 130-133; faits qui tendent à démontrer la collaboration de l'eau pour la formation de ces conglomérats, 132-134; causes d'inondations pendant les éruptions volcaniques, 133; faits qui peuvent naturellement en résulter, 134; chute considérable de neige chaque année au Mont-Dore et sa longue persistance, 133 n. 2°. *Sa structure:* élévation et aspect du puy Ferrand et du pic Sancy, 135; nature de la roche qui forme les plateaux, 136; gisement de soufre et d'alun au-dessous de la cascade de la Dore, 137; riches pâturages des montagnes et contraste marqué entre les vallées et les hauteurs, 136 n.; vallées d'Enfer et de la Cour, 137; emplacement de la principale bouche (cratère central) d'où proviennent les formations trachytiques de la montagne, 138, 139; Le Cliergue et ses carrières de pierre de taille, 140; grande cascade du Mont-Dore, 141, plateaux de Rigolet, Bozat, Charlanne, et puy de la Grange, 143; points les plus élevés où on découvre le substratum granitique du Mont-Dore, 146 n.; vallées du Chambon et de Besse, et couches à ossements de Perriers, 145, 146; flanc nord du Mont-Dore, 147, 150; flanc sud, abondance du basalte, 150; limites peu définies et maigreur de la végétation de ce district, 151. 3°. *Eruptions volcaniques récentes:* puy de Tartaret, son emplacement et sa composition, 152, 153; preuves décisives de l'origine ignée du basalte, 153 et n.; caractère du basalte du Tar-

Q

R

S

T

U

V

W

Y

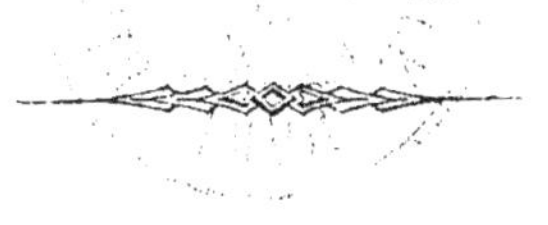

Clermont, typ. Ferdinand Thibaud.